海洋环境风险评价和区划方法与应用

编 著 刘 霜 宋文鹏 刘 莹
曹 婧 李玲玲

中国海洋大学出版社
·青岛·

图书在版编目(CIP)数据

海洋环境风险评价和区划方法与应用 / 刘霜等编著.
—青岛:中国海洋大学出版社,2017.4(2019.7重印)
ISBN 978-7-5670-1347-6

Ⅰ.①海… Ⅱ.①刘… Ⅲ.①海洋环境－环境管理－
风险评价－研究 Ⅳ.①X834

中国版本图书馆 CIP 数据核字(2017)第 071044 号

出版发行	中国海洋大学出版社			
社　　址	青岛市香港东路 23 号		邮政编码	266071
出 版 人	杨立敏			
网　　址	http://pub.ouc.edu.cn			
电子信箱	2586345806@qq.com			
订购电话	0532—82032573(传真)			
责任编辑	矫恒鹏		电　　话	0532—85902349
印　　制	日照日报印务中心			
版　　次	2017 年 7 月第 1 版			
印　　次	2019 年 7 月第 2 次印刷			
成品尺寸	185 mm×260 mm			
印　　张	16			
字　　数	381 千			
印　　数	1—500			
定　　价	68.00 元			

发现印装质量问题,请致电 18663037500,由印刷厂负责调换。

前　言

随着沿海经济的迅猛发展和海洋开发活动的不断增加,近岸海域环境面临的压力也越来越大,近岸海域海洋环境灾害、突发污染事件频发,对海洋环境、海洋经济与公众健康安全造成了严重威胁。

风险评价是一个普遍意义上的概念,是针对人类各种社会经济活动所引发或面临的危害(包括自然灾害),可能会对人体健康、社会经济、生态系统等造成的损失进行评估,并据此进行管理和决策的过程。

针对日益凸显的风险事故,国内外政府、企业和学者开展了有关环境风险评价(ERA)的大量研究和实践,为降低事故风险,维护人类健康,保护生态环境提供技术支持,但国内外针对海洋环境风险的研究水平不一。

20 世纪 80 年代,美国环境保护署(Environmental Protection Agency, EPA)公布了关于 64 种污染物的水质标准,这是对致癌物风险定量分析程序的首次应用。1992 年,EPA 发布了《暴露评价导则》,生态风险评价的基本模型也开始用于植物、动物和整个生态系统。

2004 年,欧洲委员会通过了《欧洲环境与健康行动计划 2004～2010》,该计划明确指出,要确保对潜在的环境和健康风险采取积极的识别和应对措施,加强风险交流,调整减小风险的相关政策。在接下来的第七次框架规划(2007～2013)中,环境健康风险分析方法和决策支持工具的研究及其相关政策的发展已被列为优先解决事项。

日本的环境风险评价工作主要是针对化学物质展开的,环境省(Ministry of Environment,MOE)的环境健康部门下设有风险评价 ERA 办公室,专门针对化学物质存在的环境风险进行初步分析评价,从而为 MOE 制定风险减小对策提供科学依据。

随着风险评价应用领域的逐步拓展,风险评价方法也产生差异,出现了一系列针对不同风险评价类型的评价体系和适用技术,提高了风险事故预测和事故后果评价的准确性。

在风险方面实践经验最多和方法学研究成果最丰厚的当属美国,其在系统安全性评价、人体健康与生态风险评价方面建立了系统的评价体系。

国内外 ERA 类型往往因评价对象和评价范围不同而存在较大差异,主要围绕危险源评价、人体健康评价和生态环境评价 3 个方面,采用相应的评价方法实施 ERA。

概率风险评价是危险源评价的最主要方法,包括几个步骤:系统分析与风险识别、事故概率计算、事故后果计算、风险值计算。

人体健康风险评价多以有毒有害污染物质作为评价对象,以暴露于污染物质的人体健康作为评价终点,目前,人体健康风险评价多采用美国国家标准协会(National Standards Association, NAS)于 1983 年提出的四步法作为评价程序,即危害鉴定、剂量—反应评估、暴露评估、风险表征。

随着经济的发展和人类社会的不断进步,环境恶化现象日益严重,由此引发了生态系统的结构紊乱和功能衰减,生态风险评价逐渐受到人们的重视。生态风险评价起步较晚,使用较多的是美国 EPA 在 1998 年正式颁布的《生态风险评价指南》给出的三步法:①问题阐述,②分析阶段,③风险表征。从评价内容上看,生态风险评价由四部分构成:受体评价、危害评价、暴露评价、风险表征。与人群健康风险评价有类似之处,但由于其评价对象不限于一种,因此要复杂得多。

但是无论开展何种类型的风险评价,其在评价内容和评价程序上或多或少会有相似和重叠。实际操作过程中的环境风险评价,往往是上述 3 种评价内容的综合,即利用概率风险评价框架进行危险源识别和事故概率计算,采用生态风险评价方法预测风险状态下环境受污染的程度,通过人体健康风险评价模型估算环境污染事故对暴露人群健康的影响。ERA 是一个全面评估、综合管理的系统工程,它不仅包括前述 3 方面的风险评价内容,还涉及评价后的一系列风险管理和环境决策内容。

目前,我国风险评价尚处于发展阶段的初期。2005 年中石油吉林石化公司因爆炸事故引发的松花江污染事件,在我国风险评价研究领域具有里程碑意义。该事故的爆发促使中国环境保护部门开始关注设施安全性,开展了化工、石化等行业的危险源识别和监测工作,并且将较多精力投身于建设项目环境风险评价,并对此发布了相应的技术导则。导则涵盖了危险源的评价、事故发生后污染物释放和扩散造成的影响等内容。同时,我国环境污染防治和区域生态保护方面的学者,也围绕环境风险评价展开了多领域研究,与此同时,国家与社会管理对海洋环境风险评价的需求十分迫切,但海洋领域的区域风险评价几乎是空白阶段,因此,迫切需要探索适合我国海域的海洋环境风险评价方法。

针对日益凸显的海洋环境风险,迫切需要明确所辖海域海洋环境风险的类型、主要风险源及风险等级,由此,探索海洋环境风险评价的方法,系统开展各类海洋风险源的普查,分析所辖海域主要海洋环境风险、评价其风险等级,对于各辖区有关海洋管理部门明确海洋风险管理优先顺序,主要风险应对预案的准备,有针对性的完善防灾抗灾能力,合理安排和调配各类应急物质等,最终实现"预防为主""针对性应对"的管理对策具有重大的意义。

本书尝试着探索了海洋环境风险的评价和区划方法,并对北海区海洋环境的主要风险进行了初步评价,本书共分五章,第一章为北海区海洋环境风险概况,从我国海洋环境的灾害入手,介绍了北海区主要的海洋环境风险及其类型。第二章为概念和技术方法,在这章中,编者梳理和分析了当前国内外生态风险评价的主要理论、技术和方法。第三章至第五章为探索与应用,详细介绍了风险评价团队对北海区海洋环境风险评价的探索与应用过程。期待通过著者的努力,为北海区海洋环境风险评价和管理工作略尽绵薄之力。

特别感谢国家海洋局北海环境监测中心的领导与同仁的大力支持,在风险评价团队全体成员的共同努力下,克服种种困难完成了评价方法的建立和完善,其中,张爱君、张洪亮在评价模型和方法的建立和完善过程中提供了非常多的宝贵意见和建议;齐衍萍、温若冰和王兴等分别承担了水母旺发、绿潮和海洋石油勘探开发溢油风险评价相关工作;于庆云、王兴分别参与了危化品泄露和海水入侵风险评价相关工作,单春芝完成了风险评价和区划图件的绘制工作。同时,本书中的北海区海洋环境风险评价工作得到了国家海洋局北海分局环保处的大力组织和协调支持,本书涉及的海域环境风险评价的方法和在北海区的评价工作得到了山东省海洋环境监测中心刘爱英等、辽宁省海洋环境监测总站宋伦等、天津市海洋环境监测预报中心屠建波等、国家海洋局秦皇岛海洋环境监测中心站张永丰等各个单位有关人员的大力支持,提供了宝贵的历史资料,积极参与了北海区海洋环境风险评价的工作,提供了评价结果,在此一并表示衷心的感谢!

鉴于著者水平有限和海域环境及灾害的复杂性,同时风险评价方法仍处在不断发展和完善的过程中,本书难以全面准确地反映海洋环境的风险情况,谨以此书抛砖引玉,希望有更多的人关注海洋环境的风险问题,为提升和完善我国海洋环境风险评价水平,为海洋环境风险管理工作提供技术支撑。书中可能存在一些不足和错误之处,敬请各界人士批评指正!

目　录

第三章　海洋环境风险评价方法的探索与构建

第四章　建立的海洋环境风险评价模型和区划方法

第五章　在北海区的应用

第一章　北海区海洋环境风险概况

第一节　北海区主要海洋灾害

一、中国沿海海洋灾害概况

沿海地区处于海洋与大陆的交汇地带，是海洋灾害袭击的前沿。因此，沿海地区一向是海洋灾害最严重的地带。随着沿海社会经济的快速发展，重大海洋自然灾害对社会经济发展和人民生命财产的威胁也日益严重。

中国沿海不同程度地遭受风暴潮、海浪、赤潮、海岸侵蚀、海冰等海洋灾害的影响，其中台风引起的风暴潮灾害造成的损失最为严重，其次为台风、寒潮相伴生的海浪灾害。

风暴潮和海浪是最直接可见的、影响较大的主要灾种。

我国周边沿海处于环太平洋地震带上，面临区域海啸和越洋海啸的双重威胁。

2010 年年初，我国渤海和黄海北部区域发生近三十年来最为严重的海冰灾害，造成部分港口封冻、航道停航以及大量养殖水产品死亡。

海平面上升是由全球气候变暖引起的一种缓发性、全球性海洋灾害；造成低洼地带淹没、湿地变迁、生态系统改变、沿海防护工程功能降低，加剧了风暴潮、海岸侵蚀、海水入侵、土壤盐渍化等海洋灾害。1980～2010 年，中国沿海的海平面平均上升速率为 2.6 mm/a，高于全球平均水平；其中，1993～2003 年，中国沿海海平面的上升速率为 5.5 mm/a。

除上述灾种外，我国同时还面临着赤潮、海岸侵蚀、海水入侵与土壤盐渍化等其他海洋灾害。

随着近岸海域海水富营养化程度不断提高，近岸海域赤潮频繁发生，其发生频率和规模均有增加的态势，频繁赤潮的发生加剧了中国近岸海洋生态系统的退化，对沿海水产养殖业和旅游业产生了巨大的影响，每年因此造成的经济损失数亿元，赤潮问题已不容忽视。总体上，赤潮发生的频次和累计面积呈现增长趋势，尤其是 21 世纪前 10 年的赤潮发生频次和规模是 20 世纪后 50 年的 2 倍多。与 20 世纪不同，东海的赤潮问题最严重，远远超过了南海；而渤海的赤潮规模也明显增加。尽管渤海的面积最小，但 2000～2010 年期间（张青田，2013），渤海赤潮发生次数经常超过黄海或与之持平，甚至有时会超过南海。这两个海区成为赤潮的重灾区。赤潮生物中有毒藻类所占比例不断上升，对渔业和人类健康造成了不小的威胁。

我国沿海海岸北起辽东湾，南至海南岛，无论是大陆海岸，还是岛屿海岸，均有侵蚀分布。侵蚀海岸在岸线总长中占有较高的比重，相关研究显示，在渤海沿岸为 46%，黄海沿岸为 49%,东海沿岸(包括台湾岛)为 44%,南海沿岸(包括海南岛)为 21%。

我国海水入侵以渤海和黄海沿岸最为严重。渤海沿岸的海水入侵距离可达 20~30 km,北黄海沿岸的入侵距离一般为 5 km 左右。东海和南海的入侵距离较小,一般为 2 km 左右,主要集中在长江口与珠江口区域。遭受海水入侵的地区,地下水盐分增加,如果长期使用高盐分的地下水灌溉,盐分不断地在土壤表层聚积,导致土壤盐渍化。

根据国家海洋局公布的《中国海洋灾害公报(2015 年)》,影响我国的海洋灾害以风暴潮、海浪、海冰和赤潮为主,绿潮、海岸侵蚀、海水入侵与土壤盐渍化、咸潮入侵等其他灾害也有不同程度的发生。2015 年年度海洋灾害总体灾情偏轻,低于近 10 年的平均值,各类灾害共造成直接经济损失 72.74 亿元,死亡(含失踪)30 人。受气候变化和海平面上升累积效应等多种因素影响,河北、江苏和海南等省的海岸侵蚀范围加大,辽宁、河北和山东等省的海水入侵与土壤盐渍化严重。

2014 年,我国海洋灾害以风暴潮、海浪、海冰和赤潮灾害为主,绿潮、海岸侵蚀、海水入侵与土壤盐渍化、咸潮入侵等灾害也均有不同程度的发生。各类海洋灾害造成直接经济损失 136.14 亿元,死亡(含失踪)24 人。

2013 年,我国海洋灾害以风暴潮、海浪、海冰和赤潮灾害为主,绿潮、海岸侵蚀、海水入侵与土壤盐渍化、咸潮入侵等灾害也均有不同程度的发生。各类海洋灾害造成直接经济损失 163.48 亿元,死亡(含失踪)121 人。

各类海洋灾害中,造成直接经济损失最严重的是风暴潮灾害,通常占全部直接经济损失的 90% 以上;人员死亡(含失踪)基本全部由海浪灾害造成。

其中,风暴潮灾害中南方沿海多发的台风风暴潮造成的损失大,北方海域常发的温带风暴潮过程造成的损失相对较小,数量也少。此外,因海浪造成的灾害也几乎都发生在南海和东海沿岸,因此,我国海洋灾害的区域性特别明显。

二、我国海洋灾害的主要类型

按照性质,中国沿海海洋灾害一般可分为海洋气象灾害、海洋水文灾害、海洋地质灾害和海洋生态灾害四大类。

海洋气象灾害主要包括风暴潮、寒潮大风、海冰和海雾灾害。

海洋水文灾害主要为海浪、海啸灾害,海浪灾害,亦称灾害性海浪灾害,主要是由沿海台风、寒潮大风引起的大浪造成的,分为台风浪和寒潮大浪。

海洋地质灾害主要是指海岸带、近海由内外力地质作用引起的海洋灾害,包括海洋地震灾害及次生灾害(如海啸等)、海岸侵蚀、海水入侵、海湾淤积等。

海洋生态灾害主要包括赤潮灾害、绿潮灾害等。

三、北海区海洋灾害

按照风暴潮、海浪、海冰、海啸、赤潮等主要海洋灾害的空间分布特点,可以把中国沿海海区分成 3 个海洋灾害区:渤、黄海区域,东海区域(包括台湾海峡及台湾省以东、巴士海峡等海区)及南海区域。

其中,北海区即渤海和北黄海海域灾害种类较多,对沿海地区生态环境和工农业生产具有广泛、严重的影响。其主要灾害有海冰灾害、温带风暴潮灾害、赤潮灾害、岸线侵蚀以及海水入侵和土壤盐渍化灾害,绿潮灾害自2007年开始暴发,台风风暴潮灾害发生次数相对较少,也有一定数量的海浪灾害。

由于所处的地理环境所致,海冰灾害和温带风暴潮灾害是渤海、黄海北部海域独有的海洋灾害类型。

因此,北海区的海洋灾害种类则主要包括以风暴潮、海冰为主的海洋气象灾害,岸线侵蚀、海水入侵及土壤盐渍化为主的海洋地质灾害,赤潮、绿潮等为主的海洋生态灾害,以海浪为主的海洋水文灾害较少。

四、北海区主要海洋生态灾害

海洋生态灾害的概念最初是借用陆地生态灾害的定义引申而来的,将赤潮、海域污染、溢油等事故造成的海岸带和近海生态环境恶化,都归入海洋生态灾害之中(张绪良,2004;董月娥,左书华,2009)。随着绿潮、水母旺发等新型生态灾害的在我国沿海频繁发生,人们将海洋生态灾害用于专指赤潮、绿潮和水母旺发等由海洋生物引发的海洋灾害(范士亮,等,2012;王辉,等,2013),这类灾害与海洋生态环境污染和富营养化等环境问题有关,但不包括海水富营养化、环境污染事件。同时,很多学者也注意到外来物种入侵对我国近海生态的危害,因此外来物种入侵也属于一种海洋生态灾害(白佳玉,史磊,2013;郝林华,等,2005)。

张洪亮等(2014)依据致灾因子对海洋灾害进行分类,将海洋生态灾害定义为局部海域一种或少数几种海洋生物数量过度增多引起的海洋生态异常现象,包括赤潮、绿潮、水母旺发和外来物种入侵等。

张洪亮等的研究结果表明,北海区赤潮和绿潮灾害频发,影响面积较大,渤海北部秦皇岛附近海域赤潮灾害严重,黄海西部山东半岛近岸海域绿潮灾害严重;水母灾害呈上升趋势,对人体健康威胁较大,北海区滨海城市都曾发生过水母蜇伤致死案例;黄河三角洲区域米草和泥螺入侵扩展速度较快。面对这些海洋生态灾害巨大威胁,北海区亟须加强海洋生态灾害防控研究。

参考文献

[1] 白佳玉,史磊.我国应对海洋外来物种入侵之立法体系研究[J].中国渔业经济,2013,31(1):55-61.

[2] 董月娥,左书华.1989年以来我国海洋灾害类型危害及特征分析[J].海洋地质动态,2009,25(6):28-33.

[3] 范士亮,傅明珠,李艳,等.2009-2010年黄海绿潮起源与发生过程调查研究[J].海洋学报:中文版,2012,34(6):187-194.

[4] 郝林华,石红旗,王能飞,等.外来海洋生物的入侵现状及其生态危害[J].海洋科学进展,2005,23(增):121-126.

[5] 王辉,刘桂梅,刘钦政,等.海洋生态动力学模型研究及应用[J].中国科技成果,2013,23:56-57.

[6] 张洪亮,张继民.北海区海洋生态灾害的主要类型及分布现状研究,激光生物学报,2014,23(6):566-571.

[7] 张青田,中国海域赤潮发生趋势的年际变化[J].中国环境监测,2013,29(5):98-102.

[8] 张绪良.山东省海洋灾害及防治研究[J].海洋通报,2004,23(3):66-72.

第二节　北海区海洋环境风险主要类型及发生状况

环渤海地区作为中国三大海洋经济区之一,是中国海洋经济发达地区,经济战略地位十分重要。改革开放以来,环渤海已经形成了发达便捷的交通、雄厚的工业基础、先进的科技教育、丰富的自然资源以及密集的骨干城市群等五大优势。环渤海经济区由三个次级的经济区组成,即京津冀圈、山东半岛圈和辽宁半岛圈。靠独特的地缘优势、丰富的海洋资源、便捷的海陆运输,环渤海地区海洋经济总产值一直占全国海洋经济总产值的1/3左右。

同时,环渤海地区也是中国最大的工业密集区,是中国的重工业和化学工业基地,有资源和市场的比较优势。环渤海经济圈是保证我国政治和经济稳定的核心地区,现已成为中国经济发展的第三大增长极。

从短期来看,环渤海地区海洋经济发展水平在全国处于较发达水平。但从可持续发展的角度来看,该区域海洋经济发展已呈现不平衡态势,对资源环境的依赖性很大。随着海洋产业与海洋经济的飞速发展,以环渤海经济区近岸海域为主的北海区近岸海域海洋环境灾害与突发污染事件频发,对海洋环境、海洋经济与公众健康安全造成了严重威胁,构成了北海区主要的海洋环境风险。

一、海洋生态灾害

(一)赤潮

据《中国海洋灾害公报(2013年)》,我国沿海共发现赤潮46次,其中有毒赤潮7次。沿海赤潮高发期为5～6月,5月发现赤潮19次,累计面积1 593 km²;6月发现赤潮15次,累计面积511 km²。引发赤潮的优势种共13种,多次或大面积引发赤潮优势种主要有东海原甲藻和抑食金球藻。

2014年,我国管辖海域共发现赤潮56次,累计面积7 290 km²。2014年,我国沿岸海域赤潮高发期为5月,共发现赤潮22次,累计面积4 344 km²。引发赤潮的优势种共13种,多次或大面积引发赤潮的优势种有东海原甲藻和抑食金球藻。

2015年,我国沿岸海域共发现赤潮35次,累计面积2 809 km²,发现次数与累计面积均为近5年最低值。我国沿岸海域赤潮高发期为5月,发现赤潮6次,累计面积为1 006 km²。我国渤海海域赤潮累计面积最大,为1 522 km²,东海海域发现赤潮次数最多,为15次。我国沿岸海域引发赤潮的优势种共11种。夜光藻和中肋骨条藻引发赤潮次数最多,分别为 9 次和 8 次,累计面积分别为 314 km² 和 299 km²。单次持续时间最长、面积最大的赤潮过程发生在辽宁绥中至滦河口海域,由抑食金球藻引发,持续时间近 3 个月,最大面积为 825 km²。

近几年来,北海区仍然是我国近岸赤潮多发区和重灾区之一,赤潮是北海区最常见的生态灾害。每年北海区发现的赤潮灾害有 10 余次,年累计赤潮海域面积一般在 3 000 km² 左右。赤潮多发区集中在鲅鱼圈、秦皇岛附近、大连近岸、烟台四十里湾、胶州湾和青岛前海等近岸海域。

2013 年,北海区赤潮发生次数为 14 次,发生面积为 1 880 km²。其中,发生在河北秦皇岛沿岸海域的抑食金球藻赤潮,为 2013 年持续时间最长和单次过程影响面积最大的赤潮,分别为 98 d 和 1 450 km²,对当地滨海旅游业等影响较大。

秦皇岛附近海域为近几年北海区最严重的赤潮多发区。自 2009 年首次发生微微藻赤潮以来,至 2014 年夏季,河北秦皇岛—辽宁绥中沿岸海域已连续 6 年发生同种类型的赤潮。秦皇岛近海微微藻赤潮持续时间长、影响范围大,其主要发生区域在河北省唐山市至辽宁省绥中县沿岸海域。

2014 年,北秦皇岛海域发生单次最大面积赤潮过程,持续 85 d,最大面积 2 000 km²。2014 年赤潮过程统计见表 1-1。

表 1-1　2014 年北海区赤潮统计表

省/直辖市	起止时间	发现海域	赤潮优势种	最大面积(km²)
辽宁	5.30～6.13	辽东湾东部海域	夜光藻	110
河北	6.11～15	秦皇岛近岸海域	夜光藻、微小原甲藻	228
河北	9.13～17	渤海中部海域	米氏凯伦藻	400
河北	5.15～8.7	秦皇岛近岸海域	抑食金球藻	2 000
天津	8.26～9.25	天津滨海旅游区附近海域	离心列海链藻、多环旋沟藻、叉状角藻	300
山东	9.21～23	烟台长岛县附近海域	海域卡盾藻	890

＊上表仅列出最大面积超过 100 km² 的赤潮。

2015 年单次持续时间最长、面积最大的赤潮过程也发生在北海区,持续时间近 3 个月。

(二)绿潮

绿潮是指海洋中某些大型藻类(如浒苔)在一定的环境条件下,暴发性增殖或聚集达到某一水平,导致生态环境异常的一种生态现象。

2008 年 5 月 30 日,在距第 29 届奥帆赛不足两月之际,青岛东南约 150 km 处发现大面积浒苔绿潮,绿潮持续时间达两个多月,规模之大历史罕见。自 2007 年至今,山东半岛南部沿岸海域连续发生绿潮,绿潮暴发及登陆对沿途各市的滨海旅游业的发展造成了严重的影响,对岸滩生态环境影响严重。

绿潮已成为我国沿海新型的海洋生态灾害。自 2008 年以来,每年 5～8 月份在黄海海域周期性暴发与消亡,给沿海地区造成不同的环境影响和经济损失。

自 20 世纪 80 年代起,法国等欧洲国家沿海开始出现绿潮。近年来,包括我国在内的多个沿海国家近海均发生过不同规模的绿潮灾害。

2008～2013 年我国黄海沿岸海域绿潮最大分布面积和最大覆盖面积见表 1-2。

表 1-2 2008～2013 年我国黄海沿岸海域绿潮最大分布面积和最大覆盖面积

年份	最大分布面积(km^2)	最大覆盖面积(km^2)
2008	25 000	650
2009	58 000	2 100
2010	29 800	530
2011	26 400	560
2012	19 610	267
2013	29 733	790

2013 年 3 月中下旬在江苏如东沿岸海域发现零星漂浮绿潮藻;5 月 10 日,黄海南部海域绿潮覆盖面积约 5.5 km^2,分布面积约 330 km^2;5 月中下旬,绿潮持续向偏北方向漂移,分布面积不断扩大;6 月初开始有绿潮陆续影响日照、青岛、烟台和威海沿海;6 月 27 日前后,绿潮外缘线最北端到达威海乳山南侧近岸海域;7 月,绿潮主体向北偏东方向漂移,分布面积逐渐减小,进入消亡期;8 月中旬,绿潮全部消失。

2013 年 5 月～8 月,绿潮灾害覆盖面积于 6 月 27 日达到最大值,约 790 km^2,分布面积于 6 月 30 日达到最大值,约 29 733 km^2。

2013 年,绿潮影响岸线长,整体位置偏西;达到卫星可监测规模的时间较早;持续天数仅次于 2008 年和 2012 年;对渔业、水产养殖、海洋环境、景观和生态服务功能的影响较重。

2014 年 4～8 月,绿潮灾害影响我国黄海沿岸海域,覆盖面积于 7 月 3 日达到最大值,约 540 km^2,分布面积于 7 月 14 日达到最大值,约 50 000 km^2。

2015 年 5 月～8 月,绿潮灾害影响我国黄海沿岸海域,覆盖面积于 7 月 4 日达到最大值,约 594 km^2,分布面积于 6 月 19 日达到最大值,约 52 700 km^2,为 5 年内最大值。

(三)水母旺发

近年来,继赤潮、绿潮之后,水母灾害成为世界范围内的新型海洋生态灾害。水母灾害是由局部海域大型水母数量异常增多形成的一种生态异常现象,北海区水母灾害呈上升趋势,对滨海电厂安全运行和游人身体健康构成了一定威胁。

我国北方海域水母灾害发生频率显著高于南方海域,近年渤海水母分布密度呈上升趋势,局部海域水母灾害发生概率明显增高。

近年来,北海区水母蜇伤致死事件呈增多趋势,大连、营口、秦皇岛、威海和青岛等滨海城市均发生过水母蜇伤致死案例。水母暴发对沿海浴场、滨海旅游度假区休闲人群身体健康带来严重安全隐患。日益增多的水母数量使沿岸海水浴场受到影响,据青岛医学院调查数据,1987 年以来北戴河浴场有 5 人被水母蜇死、3 000 人被蜇伤;秦皇岛海滨近几年被蜇伤的人数也达到了 3 400 多人。近几年来,青岛第一海水浴场泳期每天有数十人被水母蜇伤。2013 年 8 月,南戴河旅游度假区一男孩被水母蜇死。

水母对工业的影响也很明显。在滨海发电厂、淡化水厂以及核电站等工程区,频频出现水母缠绕、堵塞上述工程设施取排水口的事故。自 2008 年以来,北海区青岛、龙口等滨海电厂连续多年遭受水母旺发的侵扰。2009 年 7 月,华电青岛发电有限公司海水循环泵的过滤网遭到了水母的"袭击",青岛市 1/3 的工业和居民用电受到了严重威胁。2013年 7 月下旬(张洪亮,等,2014),辽宁红沿河核电厂附近海域形成了高密度水母种群。

二、海洋地质灾害

(一)岸线侵蚀

海岸侵蚀是海岸在海洋动力等因素作用下发生后退的现象。

近几十年来,由于人为因素和自然因素的影响,北海区砂质和粉砂淤泥质海岸海滩不断遭受侵蚀,海岸侵蚀后退的速度不断加大。

2013 年重点岸段海岸侵蚀监测显示,我国砂质海岸和粉砂淤泥质海岸侵蚀严重,局部地区侵蚀速度呈加快趋势。河北省滦河口至戴河口砂质海岸岸段平均侵蚀速度为 9.1 m/a。江苏省振东河闸至射阳河口粉砂淤泥质岸段平均侵蚀速度为 26.4 m/a。海岸侵蚀造成土地流失,房屋、道路、沿岸工程、旅游设施和养殖区域损毁,给沿海地区的社会经济带来较大损失。

2013 年重点监测岸段海岸侵蚀情况见表 1-3。

表 1-3　2013 年重点监测岸段海岸侵蚀情况

省(自治区、直辖市)	重点岸段	侵蚀海岸类型	监测海岸长度(km)	侵蚀海岸长度(km)	平均侵蚀速度(m/a)
辽宁	绥中	砂质	112	28.1	1.8
	盖州	砂质	21.8	18	3.8
河北	滦河口至戴河口	砂质	99.7	0.3	9.1
山东	三山岛—刁龙嘴岸段	砂质	15.8	6.3	2.6
江苏	振东河闸至射阳河口	粉砂淤泥质	62.9	36.7	26.4
上海	崇明东滩	粉砂淤泥质	48	2.5	10.1
广东	雷州市赤坎村	砂质	0.8	0.4	2
海南	海口市镇海村	砂质	1.4	0.8	8

2014 年,全国 8 个重点岸段海岸侵蚀监测显示,砂质海岸和粉砂淤泥质海岸侵蚀依然严重。辽宁省绥中地区海岸侵蚀长度和速度均明显加大。江苏省振东河闸至射阳河口粉砂淤泥质岸段平均侵蚀速度为 14.1 m/a,比 2013 年海岸侵蚀速度减缓。南海地区

海岸侵蚀加重,广东雷州市赤坎村岸段和海南海口市镇海村岸段海岸侵蚀速度为 5.0 m/a。海岸侵蚀造成土地流失,道路、沿岸工程、旅游设施和养殖区域损毁,给沿海地区的社会经济带来较大损失。

2015 年,重点岸段侵蚀监测结果显示,我国局部地区砂质海岸和粉砂淤泥质海岸侵蚀依然严重,与 2014 年相比,辽宁盖州砂质海岸、上海崇明东滩粉砂淤泥质海岸平均侵蚀速度均有所增大,分别为 3 km/a 和 7.9 km/a。江苏振东河闸至射阳河口粉砂淤泥质海岸侵蚀海岸长度有所增加,侵蚀海岸长度为 37.9 km。

(二)海水入侵与土壤盐渍化

1. 海水入侵

海水入侵是海水或与海水有直接关系的地下咸水沿含水层向陆地方向扩展的现象。据《中国海洋环境状况公报》,渤海滨海平原地区海水入侵较为严重,局部地区呈加重趋势,辽宁锦州和葫芦岛、河北沧州、山东潍坊和滨州等沿海地区海水入侵最大距离一般为 10～30 km。

2013 年,渤海滨海平原地区海水入侵较为严重,主要分布于辽宁盘锦地区,河北秦皇岛、唐山和沧州地区,山东滨州和潍坊地区,海水入侵距离一般距岸 10～30 km。与 2012 年相比,辽宁锦州、山东潍坊滨海地区个别站位氯离子含量明显升高,辽宁盘锦和唐山监测区入侵范围有所扩大。

黄海、东海和南海沿岸海水入侵影响范围较小,除江苏盐城和浙江台州滨海地区监测区海水入侵距离稍大外,其他监测区海水入侵距离一般距岸 5 km 以内。与 2012 年相比,江苏连云港滨海地区海水入侵范围略有扩大,福建长乐滨海地区监测区海水入侵呈加重趋势。

2013 年重点监测区海水入侵范围见表 1-4。

表 1-4　2013 年重点监测区海水入侵范围

省(自治区、 直辖市)	监测断面	断面长度(km)	重度入侵 距岸距离(km)	轻度入侵 距岸距离(km)
辽宁	盘锦清水乡永红村	17.91	—	＞17.91
	营口盖州团山乡西河口	3.91	3.22	3.42
	葫芦岛龙港区北港镇	1.92	1.65	＞1.92
河北	秦皇岛抚宁	15.93	8.46	14.78
	唐山梨树园村	29.01		25.57
	沧州黄骅南排河镇赵家堡	6.24		＞6.24
	沧州渤海新区冯家堡	18.08	—	＞18.08
山东	滨州沾化县	22.48	＞22.48	＞22.48
	潍坊寿光市	21.66	21.6	＞21.66
	威海张村镇	6.56	2.86	3.04

（续表）

省（自治区、直辖市）	监测断面	断面长度（km）	重度入侵距岸距离（km）	轻度入侵距岸距离（km）
江苏	盐城大丰区裕华镇Ⅱ	10.56	7.87	＞10.56
浙江	台州椒江三甲	11.9	3.91	9.25
福建	长乐漳港镇Ⅰ	4.7	0.32	0.91
	茂名电白县陈村	1.12	—	0.39
广东	湛江湖光镇世乔村	3.45	—	1.4
广西	北海大王埠	2.71	1.36	1.42
海南	三亚海棠湾	0.66	0.37	0.57

2014 年，渤海滨海平原地区海水入侵较为严重，主要分布于辽宁盘锦地区，河北秦皇岛、唐山和沧州地区，山东滨州和潍坊地区，海水入侵距离一般距岸 15～30 km。与 2013 年相比，山东潍坊寒亭监测区个别站位氯离子含量明显升高，辽宁营口、河北沧州、山东烟台监测区入侵范围有所扩大。

2. 土壤盐渍化

土壤盐渍化是土壤底层或地下水的盐分随毛细管水上升到地表，水分蒸发后，使盐分积累在表层土壤中的过程，是指易溶性盐分在土壤表层积累的现象或过程，也称盐碱化。一般是指因海水入侵漫溢以及其他原因所引起的沿海土地含盐量增多的现象。

土壤盐渍化是由自然或人类活动引起的一种主要的环境风险，全球大约有 8.31 亿公顷的土壤受到盐渍化的威胁，面积相当于委内瑞拉国土面积的 10 倍、法国的 20 倍。而次生盐渍化的面积大约为 7 700 万公顷，其中 58% 发生在灌溉农业区，接近 20% 的灌溉土壤受到盐渍化的威胁，而且这个比例还在增加（Ghassemi F et al, 1995；Conner A J et al, 2003）。土壤盐渍化可能不像地震和海啸那样引人注目和具有巨大的破坏性，但是具有很严重的环境风险和危害。尤其是在干旱地区的灌溉农业，由于落后的水资源管理引起的土壤盐渍化会对作物产量以及区域农业生产造成巨大的影响。一般情况下，灌溉土地中受盐渍化影响的面积比例为 20%，而在干旱和半干旱国家一般会达到 30%，比如埃及、伊朗和委内瑞拉（Goossens R & Van Ranst E., 1998）。未来随着人口的激增将会有更多的荒地被开垦为耕地，这主要靠灌溉来实现，同时带来的盐渍化问题也将更加突出。

中国盐渍土或称盐碱土的分布范围广、面积大、类型多，总面积约 1 亿公顷。主要发生在干旱、半干旱和半湿润地区。盐碱土的可溶性盐主要包括钠、钾、钙、镁等的硫酸盐、氯化物、碳酸盐和重碳酸盐。硫酸盐和氯化物一般为中性盐，碳酸盐和重碳酸盐为碱性盐。我国盐渍土总面积约 3 600 万公顷，占全国可利用土地面积的 4.88%（王佳丽，等，2011）。我国从 20 世纪 30～40 年代开始关注盐渍土问题，并组织大规模的土壤盐渍化调查和摸底，基本上搞清楚了我国盐渍土的分布与面积；70 年代以后，我国启动了多项与旱涝盐碱综合治理相关的国家科技攻关项目,如"黄淮海平原中低产地区的旱涝盐碱综合治理"(杨劲松,2008)。

环渤海地区由于受地质条件与气候因素的影响,地下水位高,地下水矿化度大,且蒸降比较高,是土壤盐渍化灾害的易发区。北海区土壤盐渍化严重地区分布于渤海滨海平原地区,盐渍化范围一般距岸 10~30 km。

2013 年,土壤盐渍化较严重的区域主要分布于辽宁、河北和山东滨海平原地区。与 2012 年相比,河北秦皇岛和唐山土壤盐渍化范围稍有扩大,山东潍坊监测区在枯水期时近岸站位含盐量略有上升,威海监测区近岸站位含盐量明显上升。

2014 年,土壤盐渍化较严重的区域主要分布于辽宁、河北和山东滨海平原地区。与 2013 年相比,渤海沿岸各监测区土壤盐渍化范围较稳定;黄海沿岸山东青岛监测区盐渍化范围略有扩大,江苏盐城监测区土壤含盐量略有上升;东海滨海地区上海崇明岛、浙江温州和南海广东湛江监测区盐渍化范围有所增加。

三、海洋突发事件风险

(一)危化品泄漏

近年来,我国危化品泄漏事故时有发生,2012 年一货船 3 天发生 2 次化学品泄漏,据报道,8 月 5 日,深圳盐田国际码头一艘外籍货轮发生了危险化学品集装箱泄漏事故,而正是这艘货船,在两天前也发生过化学品泄漏,这一次事件,距离上次事故处理完毕还不到 30 个小时。这艘外籍货轮载货量为 8 t,船上共有两个集装箱储存单氰胺,据船上工作人员反映,除了单氰胺外,泄漏的货柜周围还有数量不明的甲苯二异氰酸酯。据专家介绍,与两天前发生泄漏事故集装箱内危险物品完全相同,初步估计事故原因是由于集装箱内物品自身化学性质不稳定,受气候等多方面因素膨胀爆炸。

目前,北海区沿岸危化品相关码头、企业众多,危化品储量较大,危化品码头吞吐量日益上升,风险防范能力普遍不匹配。

2015 年,天津港"8·12"瑞海公司危险品仓库火灾爆炸事故发生,这起特别重大的生产安全责任事故已造成 165 名人员遇难,8 人失联,直接经济损失 68.66 万元,据事后公布的调查报告显示,出事仓库内的危险品分七大类,111 种,共计 11 383.79 t,包括硝酸铵 800 t,氰化钠(剧毒物质)680.5 t,硝化棉、硝化棉溶液及硝基漆片 229.37 t,其中,运抵区多次违规存放硝酸铵,事发当日违规存放硝酸铵高达 800 t。

针对氰化物,事故现场指挥部成立专门处置小组,紧急采取围堰、危险废物集中处置等五项措施,力争事故区域污染不外泄。8 月 13 日,爆炸点下风向监测点甲苯、三氯甲烷超有关标准。8 月 16 日,防化团进入事故区采样,事故区域空气中有害气体一度超出仪器能够测量的最高值。8 月 26 日水质监测结果显示,现场 79 个采样点中的 34 个检出氰化物,其中,位于警戒区的 7 个点位氰化物超标。海水 6 个点位中 4 个点位检出氰化物,但不超标。特征大气污染物监测显示,24 个检出点,累计 14 个点位检出挥发性有机物,7 个检出氰化氢,6 个点位检出硫化氢,7 个点位检出氨。

(二)溢油

渤海是我国海上油气生产的重要基地,同时海上运输活动繁忙,溢油事故频繁,其中不乏重大溢油事故,如 2006 年长岛海域油污染事故和 2003～2005 年期间埕岛油田管道发生泄漏事件 36 起等。2010 年 7 月 16 日 18 时,中石油大连新港石油储备库输油管道发生爆炸,大量原油泄漏入海,导致大连湾、大窑湾和小窑湾等局部海域及岸线受到严重污染。2011 年 6 月 4 日和 6 月 17 日,蓬莱 19-3 油田相继发生两起溢油事故,导致大量原油和油基泥浆入海,对渤海海洋生态环境造成严重污染损害。2013 年 11 月 22 日,位于青岛黄岛区的中石化输油储运公司潍坊分公司输油管线破裂,约 1 000 m^2 路面被原油污染,部分原油沿雨水管线进入胶州湾边的港池,海面过油面积约 3 000 m^2。处置过程中管线溢油进入市政雨水涵道油气混合发生爆燃,同时在入海口被油污染海面上也发生爆燃,输油管道爆裂附近岸滩受到石油污染。

参考文献

[1] Conner A J, Glare T R, Nap J P. The release of genetically modified crops into the environment: Part Ⅱ. Overview of ecological risk assessment[J]. Plant Journal. 2003, 33(1): 19-46.

[2] Ghassemi F, Jakeman A J, Nix H A. Salinisation of land and water resources: Human causes, extent, management and case studies[J]. Canberra, Australia. 1995: 1-3.

[3] Goossens R, Van Ranst E. The use of remote sensing to map gypsiferous soils in the Ismailia Province (Egypt)[J]. Geoderma. 1998, 87: 47-56.

[4] 王佳丽,黄贤金,钟太洋,等.盐碱地可持续利用研究综述[J].地理学报,2011,66(5):673-684.

[5] 杨劲松.中国盐渍土研究的发展历程与展望[J].土壤学报,2008,45(5):837-845.

[6] 张洪亮,张继民.北海区海洋生态灾害的主要类型及分布现状研究[J].激光生物学报,2014,23(6),566-571.

第二章 风险评价相关概念和技术方法

第一节 基本概念

一、风险

风险的概念最早出现于 19 世纪末的西方经济学。

风险,就是生产目的与劳动成果之间的不确定性,大致有两层含义:一种定义强调了风险表现为收益不确定性;而另一种定义则强调风险表现为成本或代价的不确定性。若风险表现为收益或者代价的不确定性,说明风险产生的结果可能带来损失、获利或是无损失也无获利,属于广义风险,所有人行使所有权的活动,应被视为管理风险,金融风险属于此类。而风险表现为损失的不确定性,说明风险只能表现出损失,没有从风险中获利的可能性,属于狭义风险。

从广义上讲,只要某一事件的发生存在着两种或两种以上的可能性,那么就认为该事件存在着风险。而在保险理论与实务中,风险仅指损失的不确定性。这种不确定性包括发生与否的不确定、发生时间的不确定和导致结果的不确定。

通俗地讲,风险就是发生不幸事件的概率。换句话说,风险是指一个事件产生我们所不希望的后果的可能性。某一特定危险情况发生的可能性和后果的组合。

风险具有客观性、普遍性、必然性、可识别性、可控性、损失性、不确定性和社会性。

美国传统词典给风险的定义是:遭受损失、危险的可能性;有不确定危险、危害的因子、组分或过程。陆雍森(1999)和胡二邦(2009)认为,风险是由不幸事件发生的可能性及其发生后将要造成的损害所组成的概念,它由风险度(不幸事件发生的可能性)和风险后果(不幸事件所造成的损害)两者的乘积来表示。

二、环境风险

环境风险是由人类活动引起或由人类活动与自然界的运动过程共同作用造成的,通过环境介质传播的,能对人类社会及其生存、发展的基础——环境产生破坏、损失乃至毁灭性作用等不利后果的事件的发生概率。环境风险具有两个主要特点,即不确定性和危害性。

三、风险评价

在风险识别和风险估测的基础上,对风险发生的概率,损失程度,结合其他因素进行全面考虑，评估发生风险的可能性及危害程度，并与公认的安全指标相比较，以衡量风险的程度，并决定是否需要采取相应的措施的过程。

风险评价(RA)起初是作为经济学的一项决策技术，广泛应用于金融、保险和投资业等领域。

风险评价是一个普遍意义上的概念，是针对人类各种社会经济活动所引发或所面临的危害(包括自然灾害)。对可能造成人体健康、社会经济、生态系统等的损失进行评估，并据此进行管理和决策的过程。

作为一种分析、预测和评价过程，风险评价本身具有一套适用范围较广的定性、定量和半定量评价的技术方法。随着风险评价应用领域的逐步拓展，风险评价方法也产生差异，出现了一系列针对不同风险评价类型的评价体系和适用技术，提高了风险事故预测和事故后果评价的准确性。

随着风险评价技术的进一步发展及其应用范围的逐步扩大，风险评价分别与工程建设项目管理、人体健康和生态环境等学科相结合，产生了多种风险评价类型和评价方法，该演变过程见图 2-1。

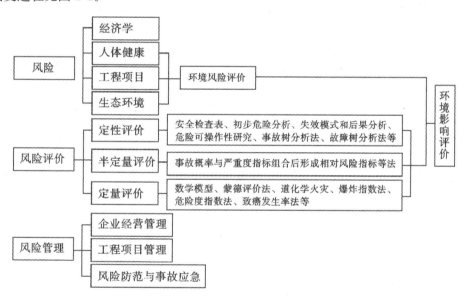

图 2-1　风险评价类型和方法的演变

四、环境风险评价

环境风险评价(ERA)，国外始于 20 世纪 70 年代初，国内萌动于 20 世纪 80 年代中期。1986 年，环境科学学者贺锡泉，最先在《中国环境科学》发表论文《试议环境影响风险评价》，倡导环境风险评价，开国内环境科学及环评界先河。

环境风险评价指人们在建设、生产和生活过程中，所遭遇的突发性事故(一般不包括自然灾害和不测事件)对环境(或健康乃至经济)的危害程度。用风险值 R 表征，定义为事故发生概率 P 与事故造成的环境(或健康乃至经济)后果 C 的乘积，即 $R = P \times C$。

在环境风险评价（ERA）上，人们普遍认为 ERA 是环境影响评价和风险评价交叉发展的结果。环境风险评价是风险评价应用于环境污染防治领域的产物，其与工程建设项目和设施的事故风险评价，以及传统的人体健康风险评价相比，无论在方法、内容还是在评价时间上都存在着叠加、涵盖或交叉的关系。

通常，针对建设项目在建设和运行期间发生的可预测突发性事件或事故（一般不包括人为破坏及自然灾害）引起有毒有害、易燃易爆等物质泄漏，或突发事件产生的新的有毒有害物质，所造成的对人身安全与环境的影响和损害，进行评估，提出合理可行的防范、应急与减缓措施，以使建设项目事故率、损失和环境影响达到可接受水平。

环境风险评价（胡二邦，等，2000）是评估事件发生概率以及在不同概率下事件后果的严重性，并决定采取适宜的对策。环境风险评价的主要特点是评价环境中的不确定性和突发性问题，关心的是事件发生的可能性及其发生后的影响（胡二邦，等，2004）。

五、健康风险评价

美国国家科学院（Unieted States National Academy of Sciences，NAS）对公众健康风险评价的定义为，人类暴露于环境危害因素之后，出现不良健康效应的特征。人体健康风险评价多以有毒有害污染物质作为评价对象，以暴露于污染物质的人体健康作为评价终点，针对不同物质类别设定不同的评价模式和预测模型。健康风险评价是通过有害因子对人体不良影响发生概率的估算，评价暴露于该有害因子的个体健康受到影响的风险。其主要特征是以风险度为评价指标，将环境污染程度与人体健康联系起来，定量描述污染对人体产生健康危害的风险。

人体健康风险评价是预测环境污染物对人体健康产生有害影响的可能性的过程。包括致癌风险评估、致畸风险评估、化学品健康风险评估、发育毒物健康风险评估、生殖环境影响评估和暴露评估等。

六、生态风险评价

美国 EPA 从 1989 年开始致力于生态风险评价指南的制定工作，1992 年确定了指南制定的工作大纲，1996 年公布了指南草案。在随后的数年间，EPA 连续公布了不同生态系统的生态风险评价实例和相关技术规范，1998 年正式颁布了生态风险评价指南。

1992 年，美国环境保护署（U.S Environmental Protection Agency）颁布的生态风险评价框架中对生态风险评价进行了定义，评估暴露于一种或多种压力因子后，可能出现或正在出现的负面生态效应的可能性的过程（EPA，1992）。而这种可能性是归结于受体暴露在单个或多个胁迫因子下的结果，其目的就是用于支持环境决策。

生态风险是生态系统及其组分所承受的风险，主要指在一定区域内，具有不确定性的事故或灾害对生态系统及其组分可能产生的不利作用，这些作用可能破坏生态系统的功能，具有不确定性、危害性、内在价值性和客观性。生态风险是一个种群、生态系统或整个景观的正常功能受外界胁迫，从而在目前和将来减少该系统内部某些要素或其本身的健康、生产力、遗传结构、经济价值和美学价值的可能性。生态风险评价就是评价在特定的暴露条件下，环境污染、人为活动或自然灾害对生态系统或其中的组分的不利影响的概率和大小。

在此之后众多专家和学者在 EPA 的基础上，对生态风险评价都进行了重新定义，但其核心思想依旧是强调生态风险的危害性和不确定性。生态风险评价被认为能够用来预测未来的生态不利影响或评估因过去某种因素导致生态变化的可能性。

简单来说，生态风险就是生态系统及其组分所承受的风险。它指在一定区域内，具有不确定性的事故或灾害对生态系统及其组分可能产生的不利作用，包括生态系统结构和功能的损害，从而危及生态系统的安全和健康（Hunsaker CT，et al，1990；Lipton J et al，1993；EPA，1998）。

参考文献

［1］胡二邦. 环境风险评价使用技术、方法和案例［M］. 北京：中国环境科学出版社，2009.

［2］Hunsaker CT，Grahm RL，Suter GW，et al. Assessing Ecological Risk on a Regional Scale［J］. Environmental Management，1990（14）：325-332.

［3］Lipton J，Galbraith H，Burger J，et al. A Paradigm for Ecological Risk Assessment［J］. Environmental Management，1993（17）：1-5.

［4］陆雍森. 环境评价［M］. 上海：同济大学出版社，1999.

［5］U S EPA. Guidelines for Ecological Risk Assessment［S］. FRL-6011-2，1998.

［6］U S EPA. Framework for Ecological Risk Assessment［M］. Washington D C：Risk Forum，1992.

［7］胡二邦，彭理通，陆雍森. 环境风险评价实用技术与方法［M］. 北京：中国环境科学出版社，2000.

［8］胡二邦，姚仁太，任智强，等. 环境风险评价浅论［J］. 辐射防护通讯，2004，24（1）：20-26.

第二节　生态风险评价

一、生态风险评价与人体健康风险评价

依据环境风险评价中评价受体的不间，环境风险评价被划分为健康风险评价和生态风险评价，其中前者所针对的评价受体为人，评价对象为化学胁迫因子；后者所针对的评价受体是生态系统、生态系统组分或生物栖息地，评价的对象可以是化学、物理胁迫因子，也可以是生物胁迫因子。生态风险评价以生态系统或其中某组分作为评价受体，关注整个生态系统结构和功能，将对环境问题及其可能导致的环境效应的认知过程与制定针对性的环境管理目标作为一个整体统筹考虑。

生态风险评价的目的是帮助环境管理部门了解和预测外界生态影响因素和生态后果之间的关系，这一研究从关注人类本身扩展到生态系统，而且对环境整治、自然保护和生物多样性保护等都具有重要意义，有利于环境决策的制定。

生态风险评价与人体健康风险评价的区别在于：生态风险评价的对象是一个复杂系统，需要综合物理、化学和生态过程以及它们之间的相互关系，评价对象不是单一物种（如人类）所遭受的风险，而更多地关注于多个物种所遭受的风险。它强调种群和生态系统的过程和功能。人体健康风险评价的对象单一，主要评价环境污染物对人体健康的危害。

但是，社会对生物多样性和生态完整性的关注，要求风险评价者和管理者对于环境、非人类物种和生态系统给予更多的考虑。

为了提高风险评价的有效性和效率，世界卫生组织（WHO）国际化学安全计划、美国环保局（EPA）、欧洲委员会（EC）、世界经济合作组织（OECD）进行了合作，提出要综合评价人体健康和生态风险，将两者合二为一，并且已经初步形成一个框架，认为两者的综合为评价结果提供了共同的表达方式，将人类和环境融为一体，提高了人体健康和生态风险评价的效率和质量以及预测能力（Munns WR et al, 2003；Suter Ⅱ G W et al, 2003；Suter Ⅱ G W et al, 2005）。将人体和野生生物的毒理动力学和动态做对比研究，综合风险评价就能判断出环境污染是如何以及在多大程度上对人体健康和野生生物造成风险的。综合的风险评价从健康和环境保护的观点出发，有利于我们更有效地进行环境风险管理（Sekizawa J & Tanabe S. 2005）。

随着环境中检出化合物数量的不断增多，风险评价对多种胁迫因子的效应关注程度不断增加。2004 年，几个欧洲组织（如 OECD）强烈要求将风险评价过程统一或整合起来［Suter Ⅱ，Commission of the European Communities. 2003a.；Suter Ⅱ G W, et al, 2005.］。例如人体健康风险评价中，靶组织放射性测试和毒性作用方式是致癌物质导则和健康风险评价的基础，毒性动力学模拟能够提供靶位置暴露剂量，从而由体外测试推导到体内测试，从高剂量作用推导到低剂量作用，以及在生物种间的推导。通过毒性动力学模拟能够将这些概念扩展到不同环境介质中，而且将依据效应浓度的暴露表征与依据靶位浓度的暴露表征联系起来，从而为开展生态风险评价提供基础信息，这不仅是健康风险评价和生态风险评价共同的发展目标，同时也是提倡整合健康风险评价与生态风险评价的基本切入点，但是，要想将两种风险评价技术更好地整合，必须搜集更多的数据，包括污染物排放信息、在环境介质和食物链中的浓度。此外，还需要根据污染物迁移和归宿模拟研究开发评价内/外暴露的定量方法和模型。虽然两种风险评价方法完全整合在一起还有非常多的工作要完成，但是，它代表风险评价的发展方向之一。

二、生态风险的特点

生态风险是生态系统及其组分所承受的风险。它除了具有一般意义上"风险"的涵义所具有的客观性、不确定性和危害性等，还具有复杂性、内在价值性和动态性等特点。

（1）客观性。

任何生态系统都不可能是封闭的和静止不变的，它必然会受诸多具有不确定性和危害性因素的影响，也就必然存在风险。由于生态风险对于生态系统来说是客观存在的，所以，人们在进行区域开发建设等活动，尤其是涉及影响生态系统结构和功能活动的时候,对生态风险要有充分的认识,在进行生态风险评价时也要有科学严谨的态度。

(2)不确定性。

生态系统具有哪种风险和造成这种风险的灾害(即风险源)是不确定的。人们事先难以准确预料危害性事件是否会发生以及发生的时间、地点、强度和范围,最多具有这些事件先前发生的概率信息,从而根据这些信息去推断和预测生态系统所具有的风险类型和大小。不确定性还表现在灾害或事故发生之前对风险已经有一定的了解,而不是完全未知。如果某一种灾害以前从未被认知,评价者就无法对其进行分析,也就无法推断它将要给某一生态系统带来何种风险了,风险是随机性的,具有不确定性。

(3)危害性。

生态风险评价所关注的事件是灾害性事件,危害性是指这些事件发生后的作用效果对风险承受者(这里指生态系统及其组分)具有的负面影响。这些影响将有可能导致生态系统结构和功能的损伤,生态系统内物种的病变,植被演替过程的中断或改变,生物多样性的减少等。虽然某些事件发生以后对生态系统或其组分可能具有有利的作用,如台风带来降水缓解了旱情等,但是,进行生态风险评价时将不考虑这些正面的影响。

(4)复杂性。

生态风险的最终受体包括生命系统的各个组建水平(包括个体、种群、群落、生态系统、景观乃至区域),并且考虑生物之间的相互作用以及不同组建水平的相互联系,即风险级联(Hunsaker CT et al,1990),因此生态风险相对于人类健康风险而言,复杂性显著提高。

(5)内在价值性。

生态风险评价的目的是评价具有危害和不确定性事件对生态系统及其组分可能造成的影响,在分析和表征生态风险时应体现生态系统自身的价值和功能。这一点与通常经济学上的风险评价以及自然灾害风险评价不同,在这些评价中,通常将风险用经济损失来表示,但针对生态系统所做的生态风险评价是不可以将风险值用简单的物质或经济损失来表示的。固然生态系统中物质的流失或物种的灭绝必然会给人们造成经济损失,但生态系统更重要的价值在于其本身的健康、安全和完整,正如某一物种灭绝了,很难说这一事件给人类造成了多大的经济损失,但是用再多的经济投入也是不可挽救的。因此,分析和表征生态风险一定要与生态系统自身的结构和功能相结合,以生态系统的内在价值为依据。

简单来说,经济学上的风险和自然灾害风险常用经济损失来表示风险大小,而生态风险应体现和表征生态系统自身的结构和功能,以生态系统的内在价值为依据,不能用简单的物质或经济损失来表示。

(6)动态性。

任何生态系统都不是封闭和静止不变的,而是处于一种动态变化过程,影响生态风险的各个随机因素也都是动态变化的,因此生态风险具有动态性。

三、生态风险评价的内涵

生态风险评价从不同角度理解可以有不同的涵义。①从生态系统整体考虑,生态风险评价可以研究一种或多种压力形成或可能形成不利生态效应可能性的过程(EPA,1998),也可以是主要评价干扰对生态系统或组分产生不利影响的概率以及干扰作用效果(Lipton J et al,1993)。②从评价对象考虑,生态风险评价可以重点评价污染物排放、自然灾害及环境变迁等环境事件对动植物和生态系统产生不利作用的大小和概率(Fava JA et al,1987),也可以主要评价人类活动或自然灾害产生负面影响的概率和作用(Barnthouse L & Suter Ⅱ GW,1988)。③从方法学角度来看,生态风险评价可以被视为一种解决环境问题的实践和哲学方法(Rubenstein M,1975),或被看作收集、整理、表达科学信息以服务于管理决策的过程(EPA,2002)。④殷浩文在进行水环境生态风险评价研究时认为,生态风险评价是预测污染物可能产生的对人及其他至关重要的生命有机体的损害的程度、范围,旨在保证水生态系统中的生物能正常栖息、活动和繁殖的环境,保证地区物理化学循环的正常运行(殷浩文,1995)。⑤许学工等在开展区域生态风险评价研究时提出,生态风险评价是利用环境学、生态学、地理学、生物学等多学科的综合知识,采用数学、概率论等量化分析技术手段来预测、分析和评价具有不确定性的灾害或事件对生态系统及其组分可能造成的损伤(许学工,等,2001)。

综上所述,生态风险评价的关键是调查生态系统及其组分的风险源,预测风险出现的概率及其可能的负面效果,并据此提出响应的舒缓措施。

风险源(压力或干扰)是指对生态环境产生不利影响的一种或多种化学的、物理的或生物的风险来源。这些风险源可以是人为活动产生,如污染物排放、施用杀虫剂或除草剂、修建大坝、疏浚河道、引入外来物种等;或来源于自然灾害产生的压力,如洪涝、干旱、地震、沙尘暴等。

风险源分析是指对区域中可能对生态系统或其组分产生不利作用的干扰进行识别、分析和度量。这一过程又可分为风险识别和风险源描述两部分。根据评价目的找出具有风险的因素,进行风险识别。

目前大部分生态风险评价研究集中在化学污染物方面。风险概率估计是应用数学方法对不确定性事件及其后果进行分析。风险评价的一个重要特征就是不确定性因素的作用,评价过程中要求对不确定性进行清晰地定性和定量化研究,并将评价的最终结果用概率来表示。

生态效应指对有价值的生态系统的结构、功能或组分产生的不利改变和危害。确定不利的生态效应,亦即确定生态风险评价的生态终点,如对特定动植物的危害作用或特定生态环境的消失等。生态终点可以包括各个生命组建层次,风险评价就是研究不同层次危害作用的类型、强度、影响范围和可恢复性等内容。目前的研究大多集中在个体和种群水平。

生态风险评价是在风险管理的框架下发展起来,重点评估人为活动引起的生态系统的不利改变,最终为风险管理提供决策支持。因此,生态风险评价并不是单纯的学术研究,而要提供各种信息,帮助决策者对可能受到威胁的生态系统采取相应的保护和补救措施。

四、生态风险评价与环境管理的联系

生态风险评价与环境管理存在以下联系,能够有效地用于环境决策的制定。

(1)生态风险评价的计划和执行是给环保部门提供关于不同的管理决策所产生的潜在不利后果。风险评价首先考虑环境管理的目标,因此生态风险评价的计划有助于将评价的结果用于风险的管理。

(2)生态风险评价有利于环境保护决策的制定。在EPA,生态风险评价被用于支持多类型的环境管理行为,包括危险废物、工业化学物质、农药的控制以及流域或其他生态系统由于多种非化学或化学因素产生影响的管理。

(3)生态风险评价过程中,需要不断利用新的资料信息,能够促进环境决策的制定。

(4)生态风险评价的结果可以表达成生态影响后果的变化作为暴露因素变化的函数,对于决策制定者——环境保护部门非常有用,通过评估选择不同的计划方案以及生态影响的程度,确定控制生态影响因素,并采取必要的措施。

(5)生态风险评价提供对风险的比较、排序,其结果能够用于费用—效益分析,从而对改变环境管理提供解释和说明。生态风险评价在美国和其他欧洲国家得到广泛的应用,并有明显的优点,这并不意味着它是唯一的管理决策的决定因素,环境保护部门还要考虑其他因素,如制定法律法规,社会、政治和经济方面的因素也可以引导环境保护部门采取措施。事实上,将风险减小到最低限度将会付出很大的代价,或者从技术上是不可行的,但是在环境决策制定的过程中,必须加以考虑。

可见,生态风险评价的最终目的为生态风险管理(Ecological Risk Management),是在应对生态风险、保障生态安全上的具体应用,根据生态风险评价的结果,依据恰当的法律、法规和条例,选用有效的控制技术,进行消减风险的成本和效益分析,确定可接受风险和可接受的损害水平,并进行政策分析以及考虑社会经济和政治因素,决定适当的管理措施并付诸实施,从规避风险、减轻风险、抑制风险和转移风险等四个方面采取防范措施和管理对策,以降低或消除事故风险度,保护人类健康与生态系统的安全。

参考文献

[1] Barnthouse L W,Suter Ⅱ G W. Use Manual for Ecological Risk Assessment[M]. ORNL-6251,1988.

[2] Commission of the European Communities. Consultation Document Concerning the Registration,Evaluation,Authorization,and Restriction of Chemicals(REACH)[R]. Brussels:Commission of the European Communities,2003.

[3] Fava J A,Adams W J,Larson R J,et al. Research Priorities in Environmental Risk Assessment[J]. Toxicological Chemistry,1987,(10):949-960.

[4] Hunsaker C T,Grahm R L,Suter G W,et al. Assessing Ecological Risk on a Regional Scale[J]. Environmental Management,1990,(14):325-332.

[5] Lipton J,Galbraith H,Burger J,et al. A Paradigm for Ecological Risk Assessment[J]. Environmental Management,1993,(17):1-5.

[6] Munns W R,Kroes R,Veith G,et al. Approaches for Integrated Risk Assessment[J]. Human and Ecological Risk Assessment,2003,9(1):267-272.

[7] Rubenstein M. Patterns in Problem Solving[M]. New Jersey:Prentice Hall Inc,1975.

[8] Sekizawa J,Tanabe S. A Comparison Between Integrated Risk Assessment and Classical Health/Environmental Assessment:Emerging Beneficial Properties[J]. Toxicology and Applied Pharmacology,2005,207(supp. 2):617-622.

[9] Suter Ⅱ G W, Vermier T, Munns Jr W R, Sekizawa J, et al. An Integrated Framework for Health and Ecological Risk Assessment[J]. Toxicology and Applied Pharmacology, 2005,207: S611-S616.

[10] Suter Ⅱ G W,Vermeire T,Munns W R,et al. An Integrated Framework for Health and Ecological Risk Assessment[J]. Toxicology and Applied Pharmacology,2005,207(sup.):611-616.

[11] Suter Ⅱ G W,Vermeire T,Munns W R,et al. Framework for the Integration of Health and Ecological Risk Assessment[J]. Human and Ecological Risk Assessment,2003,9: 281-301.

[12] U. S EPA Clinch and Powell Valley Watershed Ecological Risk Assessment,EPA/ 600 / R-01 / 050,2002.

[13] 许学工,林辉平,付在毅,等.黄河三角洲湿地区域生态风险评价[J].北京大学学报:自然科学版,2001,37(1):111-120.

[14] 殷浩文.水环境生态风险评价程序[J].上海环境科学,1995,14(2):11-14.

第三节　生态风险评价方法框架和模型

不同国家或者研究机构提出的生态风险评价的步骤不同,但是具体评价过程中包括的内容和技术方法都相差不大。

一、美国 EPA 生态风险评价框架

美国 EPA 从 1989 年开始致力于生态风险评价指南的制定工作,1992 年确定了指南制定的工作大纲,1996 年公布了指南草案。在随后的数年间,EPA 连续公布了不同生态系统的生态风险评价实例和相关技术规范,1998 年正式颁布了生态风险评价指南。同时要求在正式的科学评价之前,首先制定一个总体规划,以明确评价目的。

(一)1992 年生态风险评价框架

美国在 1992 年就形成了生态风险评价框架,EPA 的生态风险评价技术过程包括三个主要步骤,即问题表述、分析过程和风险表征(LANDIS W G & WIEGRS J A,1997),这三个步骤的主要内容如下。

问题表述。首先应明确风险评价的目的,对问题进行详细说明,并制订分析和风险表征的计划。该阶段最初的工作是将污染源、刺激、影响、生态系统及受体特征等多方面可用信息综合起来考虑,然后达到以下目的:确定能反映管理目标的评价终点;形成生态

风险评价过程的概念模型;制订分析计划。

分析过程。分析是检验风险、暴露和影响以及它们之间相互关系和生态系统特性的过程,是生态风险评价的关键部分。目标是确定和预测组分在暴露条件下对胁迫因子的生态效应。

风险表征。主要包括:风险评估,应用分析阶段的结果对暴露和效应数据进行整合并评价相关的不确定性;风险描述,对一系列支持或反驳上述风险评估的证据进行评价,并阐明对评价目标产生不良效应的重要性;报告风险,对各种不确定性及假设进行总结并将结论报告提交给风险管理者。

(二)1998 年生态风险评价导则

在 1992 年生态风险评价框架的基础上,1998 年美国环保局颁布了生态风险评价导则,对原有框架的内容进行了修改和延伸,替代了原有的框架,1998 年 EPA 生态风险评价详细框架如图 2-2 所示。

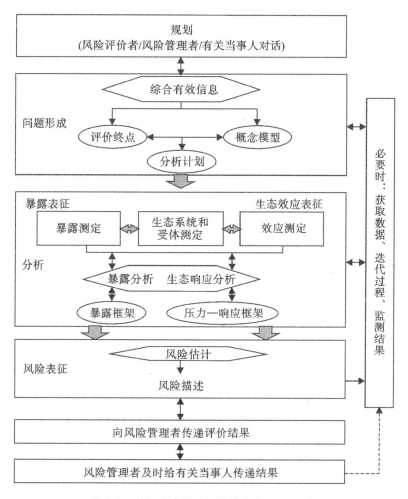

图 2-2　美国生态风险评价流程(EPA,1998)

该生态风险评价方法被多数学者采用,该方法的主体部分概括如下。

(1)问题表述。

问题表述是确定评价范围和制订计划的过程。评价者描述目标污染物特性和有风险的生态系统,进行终点选择和有关评价中假设的提出。这个阶段包括三个步骤(数据的收集、分析和风险识别)和三个方面(评价终点、概念模型和一个分析方案)。

(2)分析(暴露和效应表征)。

分析是检验风险、暴露和影响以及它们之间相互关系和生态系统特性的过程,是生态风险评价的关键部分。目标是确定和预测组分在暴露条件下对胁迫因子的生态反应。

不确定性的评价贯通于整个分析阶段,其目标是尽可能地描述和量化系统中一些已知的和未知的暴露和影响。不确定性的分析使得评价更可靠,为收集有效数据或应用精确方法提供了基础。不确定性主要来自于:可变性参数值的估算;数量的真实值,包括数量、位置或出现的次数;数据差异;模型的开发和应用,包括过程模型结构和经验模型中变量之间的关系。

(3)风险表征。

风险表征是风险评价的最后一步,是计划编制、问题阐述以及分析预测或观测到的有害生态效应和评价终点之间联系的总结,其包括风险估算、风险描述和风险报告三个主要部分。

风险估算是整合暴露和效应的数据以及评估其中不确定性的一个过程。估算方法包括实地观测,直接分级,单一点的暴露和效应的比较,比较综合整个胁迫—响应的关系,比较综合暴露和效应的可变性,过程模拟。

(三)生态风险评价导则有关问题分析

目前生态风险评价的基本理论框架已经确定下来,特别是以美国环保局 1998 年颁布的《生态风险评价指南》为代表的理论框架和基本术语,已经为广大研究者所接受。然而,生态风险评价的研究领域还很狭窄,有关的技术方法还不成熟,生态毒理学方面的基础研究和基础资料还需要不断补充和加强(Peter Calow,2005)。目前国内外生态风险评价的相关基础研究和应用实践存在的主要问题表现在以下方面。

(1)风险源。

生态风险评价中所指的风险源(或压力)可以包括一种或多种化学的、物理的和生物的压力来源,但目前研究中的风险源主要集中在环境污染物,特别是有毒有害化学品方面。欧盟的生态风险评价就是在新化学品评价的基础上发展起来(EC,1996;John F,1995;Rolf FH,1996)。美国涉及生态风险评价的法规,如《全面环境保护/补偿和义务法》(ERCLA)、《资源保护与回收法》(RCRA)、《有毒物质控制法案》(TSCA)、《联邦杀虫剂、杀菌剂与灭鼠剂法案》(FIFRA)等,大部分评价对象也都与化学品有关。

我国的风险评价也主要关注化学品的突发事故,相关法规涉及化学危险品管理方面。然而,环境中对生态系统具有危害作用的风险源不仅是化学污染物,还包括各种物理作用(如修建大坝,堤防,泥沙沉积,开采矿山,河流断流等)以及生物作用(如各种生物技术的开发和应用,外来物种入侵等);不仅包括各种人为活动(如化学品制造和使用、各种污染物的排放、基因工程、区域开发等），还包括各种自然灾害（如洪水、地震、森林火灾、干旱等），上述因素都是生态系统的风险来源，而且对于较高层次和较大尺度的生态系统，如河流流域、城市区域等，必须综合考虑上述各种风险源的综合影响（EPA，2002；许学工，等，2001；Obery AM，2002）。

因此，按照生态风险评价概念和内涵的要求，今后生态风险评价中的风险源应该综合考虑各种化学的、物理的和生物的因素，并且同时考虑各种人为活动和自然灾害的综合影响。

（2）生态受体和评价终点。

所谓生态受体是指暴露于压力之下的生态实体。它可以指生物体的组织、器官，也可以指种群、群落、生态系统等不同生命组建层次（EPA，2008）。由于生态系统中可能受到压力或危害影响的受体种类很多，不同生态受体对各种压力的反应又各不相同，不可能对每种生物或生态受体都进行分析和评价，关键是选择一种或几种典型的、有代表性的受体，其受危害的情况可以反映整个生态系统的状况（张永春，等，2002）。然而，由于生态系统的复杂性和风险源的多样性，不同受体对相同压力的反应不同，同一受体对不同压力的反应也不同。因此，选择什么生态受体作为系统评价指标或危害对象，受体的特性以及受体的生命和运动过程如何，成为生态风险评价的关键。目前风险受体研究主要集中在个体和种群层次上。

评价终点是对那些需要保护的生态环境价值的清晰描述，通过生态受体及其属性特征来确定。在人体健康风险评价中，评价终点只有一个物种（人），而生态风险评价的终点却不止一个。任何不同生命组建层次的生态受体都存在终点选择问题。终点选择原则上应根据所关注的生态系统和压力特征进行，对生态系统和压力特性了解愈深刻，终点选择愈准确。由于生态系统的复杂性和压力来源的多样性，不同评价人员可能选择不同的终点，目前迫切需要一个统一的方法来确定生态风险评价的终点。另外，为了使评价结果定量化，需要对评价终点进行测定。如果确定的评价终点能够直接测定，可以直接用于风险评价过程。如果评价终点不能直接测定，需要选择一种或几种与评价终点有关联的可测终点。目前常用的测定终点有生物个体的死亡率、繁殖力损伤、组织病理学异常，群体水平的物种数量，群落水平的物种丰度等几个指标。生态系统水平以上层次的评价终点可以用生物量或生产力来表达，但目前相关研究还不多见。

（3）暴露评价。

暴露评价是分析各种风险源与风险受体之间存在和潜在的接触和共生关系的过程（EPA，2008）。目前研究最多的是有毒有害物质（包括化学品和放射性核素）的暴露评价，主要研究有害物质在生态环境中的时空分布规律，重点研究有害物质的环境过程，即如何从源到受体的过程。污染物的迁移、转化和归趋受各种环境因素的影响，其暴露计算主要通过各种数学模拟方法，开发适用于各种不同条件的数学模型，包括地表水环境模型、大气环境模型、土壤环境模型、地下水环境模型、食物链模型、沉积物模型、多介质模型等（Bartell S M，et al，1999）。近年来随着计算机技术在环境科学中的应用和发展，污染物的环境模型，特别是地表水环境模型和大气环境模型已经比较成熟并得到广泛应用。

生态风险评价中的暴露评价,相对于人体健康风险的暴露评价而言特别困难。因为生态风险涉及的受体有不同层次和不同种类,它们所处的环境差异很大,如水生环境、陆生环境和其他特定环境等。由于暴露系统的复杂性,目前还没有一个暴露描述能适用所有的生态风险评价。根据广义生态风险评价的定义,风险源不仅是化学污染物,还包括其他各种生物和物理因素。如何对这些非化学类风险源进行暴露评价,目前相关的研究还不多见。最近有关区域生态风险评价研究中,有些学者继续沿用"暴露"这个术语,来描述各种风险源(包括城市开发、土壤侵蚀、洪水灾害等非化学污染类压力)与生态受体之间的相互作用(许学工,等,2001;John F.);有些研究则完全避免使用"暴露"一词,在分析阶段,直接描述各种压力(如矿山开采、城市化、工农业等)本身的特征(EPA,2002)。

生态暴露评价比人体暴露评价复杂,必须考虑多种类型的风险源与生态受体、风险源与环境之间的相互作用、相互影响。因此,需要拓展和加强这方面评价方法和技术的研究。

(4)生态效应评价。

生态效应是指压力引起的生态受体的变化(EPA,2008),包括生物水平上的个体病变、死亡,种群水平上的种群密度、生物量、年龄结构的变化,群落水平上的物种丰度的减少,生态系统水平上的物质流和能量流的变化,生态系统稳定性下降等。生态效应有正有负,在生态风险评价中需要识别出那些重要的不利生态效应作为评价对象。目前生态效应研究主要集中在生态毒理学在环境科学方面的应用。目前大多数生态毒理学研究是针对单个化学物质,通过对试验室生物个体(如鱼类、藻类、白鼠、蚯蚓等)的毒性效应研究建立和完善生态毒理指标体系。其中剂量—效应关系是生态风险评价的重要组成部分。由于化学结构是决定毒性的重要物质基础,而人们对于数量巨大的化学物质进行毒性试验受到人力和物力方面的限制,因此,近年来采用数学模型来定量描述化合物的结构与生物活性的相关关系,即所谓的定量结构—活性关系(QSAR)越来越受到人们的重视。目前,生物个体水平上的效应试验以及相关效应模型,包括试验结果模型(剂量—反应关系)、结构—活性效应模型、效应外推模型等都得到了一定发展和应用。

种群和生态系统水平的生态效应在生态风险评价中极其重要,单靠生物个体的毒性试验很难确定这些较高层次的生态响应。过去几十年里发展了很多种群分析方法,有些已经在生态风险评价中得到应用。但是生态系统水平的试验和模型研究,由于受研究方法的限制,目前还存在很多实际困难。另外,环境介质中往往多种化学物质(包括生物活性物质)同时存在,并对生物体同时产生不同类型的生物学作用,包括协同作用和拮抗作用等。目前有关混合物的毒理学方法还不成熟,尚处于缓慢渐进的资料积累阶段。除了上述有害环境污染物造成的生态效应以外,其他风险源对不同层次生命系统的生态效应表征和评价,目前还处于探索阶段。

风险压力的多样性和风险受体的复杂性导致对压力—响应规律的认识不足,加之试验室结果外推到野外不同时空范围存在困难,生态效应评价还有待加强基础应用研究。

(5)风险表征。

风险表征是对暴露于各种压力之下的不利生态效应的综合判断和表达(EPA，2008)。其表达方式有定性和定量两种形式。定性的风险表征回答有无不可接受的风险，亦即是否超过风险标准，以及风险属于什么性质。

通常，定性评价可以用例如低、中等、高或者有、无来说明风险级别，这在某种程度上避免了定量评价对于风险的精确估算。对于不同的种群，风险的大小可能存在差别，采用与其他风险种群对比的方法，可以从定性的角度对存在的风险进行评价。在数据和信息有限的条件下，定性评价可能不失为一种好的选择，因为在数据量小的条件下，定量的风险评价方法难以估算低水平暴露的污染物。

但是，定性评价对于多重风险表达不足，不能用数学运算(如相加求和)来表达，而且定性的风险评价目前至少不能满足两个重要的科学原则——透明性和可重复性。这样，不同的分析者使用同样的风险评价方法和数据就可能得到不同的结论。

当数据、信息资料充足的时候，就可以采用定量的方法来评价风险。定量的风险表征不仅回答有无不可接受的风险及风险性质，还要定量，是近年来生态风险评价领域普遍关注和发展较快的研究方向。由于风险的性质不同，研究对象千差万别，定量的内容和量化程度也不同。

定量风险评价有很多优点：允许对可变性进行适当的、可能性的表达；能迅速地确定什么是未知的，分析者能将复杂的系统分解成若干个功能组分，从数据中获取更加准确的推断；并且十分适合于反复的评价，即风险计算—收集数据—基于事实的假设—提炼模型—再计算风险。

当前定量或半定量的化学风险评价最普遍、应用最广泛的方法是商值法(或称比率法)，通过暴露和效应的比值来表达，通常用于化学污染物的风险评价。其最大优点就是简单、快捷，评价者和管理者都能够熟练应用；主要缺点是商值法其实只是一种半定量的风险表征方法，并不能满足风险管理的定量决策需要。

风险度量的另一种常用方法是连续法(或称暴露—效应关系法)，即把暴露评价和生态效应评价两部分的结果加以综合，得出风险大小的结论。该方法的优点是能够预测不同暴露条件下的效应大小和可能性，用于比较不同的风险管理抉择；其主要缺点是没有考虑次生效应和外推产生的不确定性影响。

但是，定量的风险评价存在不"客观"的问题，即所有的可能性推断都依靠统计模型，而统计模型的选择本身就是十分主观的，即使最简单的假设检验都在试验设计和过程中存在基本的主观选择(Beger J O & Berry D A，1988)，另外，定量评价对于评价中的不确定性表达也不清晰。由于种群或剂量的易变性以及毒物数据的有限，使得采用定量评价遇到很大困难，必须寻求不确定性分析。

商值法和连续法都是针对环境污染物在生物个体和种群层次的风险表征方法，而没有涉及生物群落和生态系统层次。

以群落和生态系统为受体的生态风险表征是风险评价领域的一个难点。问题的关键在于，由于生态系统的复杂性，目前尚无一个合适的可以准确描述生态系统健康状况的指标体系。因此,开发群落和生态系统以上层次生态风险评价的指标体系,建立风险评价标准,发展各种定量评价方法和技术是今后生态风险评价的发展趋势。

　　针对定性和定量评价的优缺点,在不同使用条件下,两种方法通常被采用。目前常用的定性和定量的转换方法有:层次分析法、量化加权法、专家打分法,或者是定性分析中夹杂着一些数学模型和定量计算。

[1] Beger J O,Berry D A. Statistical analysis and the illusion of objectivity[J]. American Scientist,1988, 76:159-165.

[2] Bartell S M,Lefebvre G,Kaminshi G,et al. An Ecosystem Model for Assessing Ecological Risks in Quebec Rivers,Lakes,and Reservoirs[J]. Ecological Modelling,1999,124:43-67.

[3] EC. Technical Guidance Document in Support of the Commission Directive 93 / 67 / EEC on Risk Assessment for New Notified Substances and Commission Regulation 1488 / 94 / EEC on Risk Assessment for Existing Chemicals. Brussels,European Commission,1996.

[4] John F. EC Approach to Environmental Risk Assessment of New Substances. The Science of the Total Environment,1995,171:275-279.

[5] LANDIS,WG. ,WIEGRS,JA. Design considerations and a suggested approach for regional and comparative ecological risk assessment[J]. Human and Ecological Risk Assessment,1997.(3):287-297.

[6] Obery AM,Landis WG. A Regional Multiple Stressor Risk Assessment of the Codorus Creek Watershed Applying the Relative Risk Model. Human and Ecological Risk Assessment,2002,8(2):405-428.

[7] Peter Calow. Ecological Risk Assessment:Risk for What? How do We Decide? Ecotoxicology and Environmental Safety,1998(40):15-18.

[8] Rolf FH. Outline on Risk Assessment Programme of Existing Substances in the European Union. Environmental Toxicology and Pharmacology,1996,2:93-96.

[9] U. S EPA Clinch and Powell Valley Watershed Ecological Risk Assessment,EPA/ 600 / R-01 / 050,2002.

[10] U. S EPA Guidelines for Ecological Risk Assessment. FRL-6011-2,1998.

[11] 许学工,林辉平,付在毅,等.黄河三角洲湿地区域生态风险评价[J].北京大学学报:自然科学版, 2001,37(1):111-120.

[12] 张永春,等.有害废物生态风险评价[J].北京:中国环境科学出版社,2002,1-301.

二、生态风险评价中的模型

　　生态风险评价工作的开展,不仅需要大量的生态系统环境调查,还需要大量的试验研究、评价模型的论证等。

　　模型是科学研究和政策制定中广泛使用的一种工具,在环境科学和生态学研究有着广泛的应用,生态环境模型已经被用作选择环境技术、环境管理和立法以及生态工程中的技术依据。由于污染物的生态风险评价涉及污染物的迁移扩散、降解和生物吸收、排泄等过程,因此,污染物生态风险评价技术是综合性的应用技术,需要采用各种模型,如迁移转化模型、暴露分析模型、生物效应模型等。随着生态风险评价技术的发展,模型已经作为一种成熟技术手段,广泛用于生态风险评价中预测环境浓度、种群分布和生态效应等风险评价过程中。

(一)生态风险评价模型的结构和模块

目前毒害污染生态风险评价模型种类较多,不同模型的基本原理都是考虑污染物排放到环境中的生态效应,包括污染源排放、环境中迁移转化、生物体暴露、生态效应这些过程的一部分或者全部。

(1)污染源排放。

在模型中,主要考虑哪些污染物被排放、何种形态、排放量以及排放时间。排放模块根据实际情况而定,有的模型需要从污染源的排放系数估算排放量等数据,有的模型仅仅需要把实际测量出来的排放量和排放时间的数据代入模型下一步的模块中。

(2)污染物迁移转化以及归宿。

这部分主要考虑污染物在环境介质如何迁移、迁移速度怎样、怎么发生形态变化、以何种速率降解和是何种降解产物以及最后的环境归宿是怎么样的。由于污染物在实际环境中迁移转化过程比较复杂,所以不同模型根据实际情况对迁移转化过程有所简化,以降低模型的复杂性。

(3)生物体暴露。

这部分模块是指污染物进入环境后,是以何种形式与生物体发生暴露、暴露浓度和时间如何,并估算出需要评价的生物体的暴露剂量,为后期的效应评估提供基础。

(4)生态效应。

由于污染物的生态效应机理相当复杂,所以模型中可能的生物化学过程较多,主要包括:污染物的剂量效应关系如何,污染物是否在生物体中积累,能否通过食物链对消费者造成影响,生物体对污染物的吸收速率、排泄速率和生物化学分解速率如何,污染物的积累能导致怎么样的慢性效应,污染物的浓度对种群的出生率和死亡率有何种程度的影响以及污染物在生物体内的降解产物是否引起附加效应等过程。

当然,如果考虑以上全部过程,那么风险评价模型将变得过于复杂,而且很多相关参数缺乏。由于风险评价模型尚处于发展阶段,因此,实际上的风险模型仅仅考虑生物体的简单富集及其效应。

由于实际中数据、时间和资金的限制,风险评价模型只包括了上述过程的一部分,甚至有些模型并没有考虑生态效应,只是简单地用预测环境浓度和无效应浓度的比值反映生态风险的程度。

(二)生态风险评价模型类型和发展状况

根据生态风险模型的结构特征和包含的具体模块,能够将现有的污染物生态风险评价模型分为以下几种类型。

(1)分布模型。

分布模型是指某种化学物质在一个或多个环境介质中的浓度的模型,分布模型的结果用来找出计算浓度、预测环境浓度和无观察效应浓度(文献或者试验室测定)之间的比率,用此评价污染物的生态风险。分布模型又可以详细分为三类。

①描述某个区域的某种化学物质的分布的模型(PARK,RA et al,2008)。

②具体研究实例中的有毒物质污染的模型,例如某化工厂下游水体或者生物体中某种化学物质的浓度(YAMAMOTO J,2009)。

③针对某种化学物质的模型,例如杀虫剂应用后附近河流和地下水污染状况的模型(VAN DEN BRINK PJ,2006)。

(2)效应模型。

效应模型是指能将生物体的某种污染物浓度或者体内负荷转化成对有机体、种群、群落、生态系统、景观或者整个生物圈的影响的模型,很多效应模型本身就包括分布模型的相关模块。效应模型根据所考虑的生物等级分为三种。

①生物体模型。模型的核心是有毒物质对生物体的影响,如对生长或生殖的影响,通过剂量—效应关系来表现,只有极少数模型会考虑生物体内化学品的转化以及对不同器官的作用(RENAUD F G et al,2008)。

②种群模型。一个种群动态的风险评价模型包括有毒物质浓度和种群参数关系的种群动态模型。通常考虑的是种群的出生率、死亡率和生长参数(SCHULER L J & RAND G M,2008)。

③生态系统以及景观模型。包括有毒物质对一个或者几个生态系统的一些参数的影响,这些影响可能使生态系统具有不同的结构和组分。现有的生态系统模型较少,一般是考虑有毒物质在食物链或者食物网上流动,导致生物富集效应的模型,而且这些模型一般都经过一定程度的简化,只考虑主要的食物链的富集作用(PREZIOSI DV&PASTOROK RA,2008)。

以上这些模型的类型由于复杂性差别较大,所以目前的发展状况也有所差异。总体来看,目前的毒害污染物的风险评价模型主要集中于有机污染物和重金属,常见的杀虫剂、Cd、Hg、Pb等污染物都有不少的风险评价模型,这些模型以分布模型为主,效应模型较少,而且效应模型中主要是生物体和种群模型,生态系统模型较少。

(三)生态风险评价模型的应用

目前生态风险评价模型已经广泛应用于环境管理和政策支持中,具体应用包括以下几个方面。

(1)化学品和农药注册以及管理。

目前发达国家在新型化学品和农药使用之前需要对化学品和农药进行生态风险评价,其中不同化学品和农药在环境中的归趋、降解和富集都需要使用模型进行评价和验证(ARNOT JA,2009)。

(2)污染场地评价和管理。

污染场地可能造成的生态风险也是风险评价模型应用的主要方面,用于模拟污染场地的有毒物质扩散可能造成的生态危害以及提供合适的修复要求(WEEKS JM,2005)。

(3)环境标准和规范的制定。

通过模拟有毒有机污染物在环境中的归趋和生态影响,提出现有化学品的管理要求和标准,例如不少持久性有机污染物在某个区域的分布的生态风险评价。

(4)突发污染事故的生态影响。

估算突发事件后污染物的生态危害,评估事故的影响和损失,并且为降低污染事件的生态危害提供技术支持(YOO J,2008)。

(四)生态风险评价模型应用的不足

当然,随着生态风险模型的发展,其应用领域越来越广泛,对化学品管理、污染控制和生态修复都有重大意义。但是生态风险评价模型在应用中也有一些不足之处,需要在研究中逐渐解决,其不足之处主要包括:

①生态风险评价模型往往过于复杂,导致风险评价耗时、耗力。例如目前每年都有大量的新化学物质被注册,但是由于风险评价的低速率,很多物质的评价都被推迟相当长一段时间。

②目前生态风险评价的参数相当缺乏,很多化学品缺乏足够的毒理学参数,某些生态系统的参数包括种群分布、数量等也相当缺乏,这对风险评价的结果有着较大影响。

参考文献

[1] ARNOT J A. Exposure and Risk Assessment Modeling to Screen and Prioritize Commercial Chemical Inventories[J]. Exposure and Risk Assessment of Chemical Pollution contemporary Methodology,2009,10:93-109.

[2] PARK RA, CLOUGH J S, WELIMAN, MC. AQUATOX:Modeling Environmental Fate and Ecological Effects in Aquatic Ecosystems[J]. Ecological Modelling,2008,213:1-15.

[3] PREZIOSI DV:PASTOROK,RA,Ecological Food Web Analysis for Chemical Risk Assessment[J]. Science of the Total Enviromnent,2008,406:491-502.

[4] RENAUD FG, BELJAMY PH, BROWN CD. Simulating Pesticides in Ditches to Assess Ecoligical Risk(SPIDER):I. Model Description[J]. Science of the Total Environment, 2008,394:112-123.

[5] SCHULER LJ, RAND GM. Aqustic Risk Assessment of Herbicides in Freshwater Ecosystems of South Florida[J]. Archives of Environmental Contamination and Toxicology,2008,54:571-583.

[6] VAN DEN BRINK PJ, Brown CD, Dubus IG. Using the Expert Model PERPEST to Translate Measured and Predicted Pesticide Exposure Date Into Ecological Risks[J]. Ecological Modelling,2006,191:106-117.

[7] WEEKS JM, COMBER SDW. Ecological Risk Assessment of Contaminated Soil[J]. Mineralogical Magazine,2005,69:601-613.

[8] YAMAMOTO J, YONEZAWA Y, NAKATA K et al. Ecological Risk Assessment of TBT in Ise Bay[J]. Journal of Envirommental Management, 2009,90:S41-S50.

[9] YOO J, TABETA S, SATO T, JEONG S. Risk Assessment for the Benzene Leakage from a Sunken Ship[J]:Oceans 2008-Mts/Ieee Kobe Techno-Ocean,2008(1-3):507-513.

第四节　区域生态风险评价

多风险源、多压力因子和多风险受体的出现,使生态风险评价工作不断拓展其时空尺度(EPA,1997&2009;Landis W G,2003),已从单一压力源对单一受体的风险评价走向区域生态风险评价。

一、区域生态风险评价

区域生态风险评价是生态风险评价的一个分支,在区域尺度上描述和评估环境污染,人为活动或自然灾害对生态系统及其组分产生不利作用的可能性和大小的过程。其目的在于为区域风险管理提供理论和技术支持。

与单一地点的生态风险评价相比,区域生态风险评价所涉及的环境问题(包括自然和人为灾害)的成因以及结果都具有区域性。但区域性问题可能由许多因素造成,其生态风险也可能由局地现象引起,如一些污染物本身是点源污染排放的,但它们的扩散性较强,从而使一个较大的区域受到影响。

区域生态风险评价主要研究较大范围的区域中各生态系统所承受的风险。所以在评价区域生态风险时,必须注意到参与评价的风险源和其危害的作用结果在区域内的不同地点可能是不同的,即区域具有空间异质性。这种地域分异现象在非区域风险评价中是不必考虑的,但在区域风险评价中却至关重要。

二、区域生态风险评价的方法步骤

区域生态风险评价的方法与局地生态风险评价相似,包括危害评价、暴露评价、受体分析和风险表征等内容。Hunsaker 等根据 Barnthouse 和 Suter 所提出的生态风险评价的框架结构总结了区域生态风险评价的方法。其主要组成部分包括:①选取终点。②干扰源的定性和定量化描述(例如,污染源的分布和排放量)。③确定和描述可能受影响的区域环境。④运用恰当的环境模型估计暴露的时空分布,定量确定区域环境中暴露与生物反应之间的相互关系。最后,综合上述步骤的评价结果得出最终风险评价。区域风险评价确定干扰源对区域环境中生态终点的最终作用效果,并根据评价过程中每个步骤的不确定性解释其意义(Barnthouse L W et al,1984)。

付在毅、许学工等在辽河三角洲和黄河三角洲湿地区域生态风险评价的案例研究中,将区域风险评价的方法步骤概括为研究区的界定与分析、受体分析、风险识别与风险源分析、暴露与危害分析以及风险综合评价等几个部分。

综合国内外有关成果,区域生态风险评价大致包括区域界定、风险识别、受体分析、暴露评价与危害评价、风险表征等内容。

(1)区域界定。

进行区域生态风险评价之前,首先需根据评价目的和评价重点,结合区域生态环境特点,合理确定评价区域时空界限。

区域是指在空间上伸展的非同质性的地理区。在进行区域生态风险评价之前,首先必须对所要评价的区域有所认识和了解。根据评价目的和可能的干扰及终点,恰当而准确地界定研究区的边界范围和时间范围,并对区域中的社会、经济和自然环境状况进行分析和研究。只有熟知评价区域的这些基本情况,生态风险评价才能顺利进行,评价结果也才更具有可信性。区域生态风险评价必须建立在对区域的充分认识之上。

(2)风险识别。

风险源分析是指对区域中可能对生态系统或其组分产生不利作用的干扰进行识别、分析和度量。这一过程又可分为风险源描述和风险识别两部分。根据评价目的找出具有风险的因素,即进行风险识别。

风险识别包括风险源识别与风险源分析,甄别环境中需要重点管理的风险源及排序,借鉴风险事故的经验和教训,结合野外观察、试验和室内验证结果,以及其他渠道获取的有用信息、知识和经验,使用开放式的提问过程,筛选和识别不确定发生的有害事件。

区域生态风险评价所涉及的风险源可能是自然或人为灾害,也可能是其他社会、经济、政治、文化等因素,只要它具有可能产生不利的生态影响并具有不确定性,即是区域生态风险评价所应考虑的。与局地生态风险评价不同的是,区域生态风险评价的风险源通常作用于较大的区域范围,影响的时间尺度也较长。风险源分析要求对各种潜在风险源进行定性、定量和分布的分析,以便对各种风险源有更为深入的认识。这种分析一般根据区域的历史资料以及某一干扰发生的环境条件等因素进行。

(3)受体分析。

受体即风险承受者,在风险评价中指生态系统中可能受到来自风险源的不利作用的组成部分,它可能是生物体,也可能是非生物体(Parkhurst B R, et al,1990)。

区域生态风险评价受体可分为物种、种群、群落乃至生态系统的各个层次与等级,需选取对风险因子敏感的、生态学地位重要和关键的类别,尤其是可量度和观测的受体以及反映区域生态风险状况的指标(关键物种的消失、森林覆盖率、初级生产力以及反映景观格局的一些指标,如优势度、破碎度等),同时实现简化分析和评价工作量、减少人力和物力的目标。

生态系统可以分为不同的层次和等级,在进行区域生态风险评价时,通常经过判断和分析,选取那些对风险因子的作用较为敏感或在生态系统中具有重要地位的关键物种、种群、群落乃至生态系统类型作为风险受体,用受体的风险来推断、分析或代替整个区域的生态风险。恰当地选取风险受体,可以在最大程度上反映整个区域的生态风险状况,又可达到简化分析和计算,便于理解和把握的目的。

(4)暴露和危害评价。

区域生态风险评价中的暴露和危害分析是难点和重点。暴露分析是研究各风险源在评价区域中的分布、流动及其与风险受体之间的接触暴露关系。如在水生态系统的生态风险评价中,暴露分析就是研究污染物进入水体后的迁移、转化过程,方法一般用数学或物理模型(Barnthouse L W, et al,1988)。区域生态风险评价的暴露分析相对较难进行,因为风险源与受体都具有空间分异的特点,不同种类和级别的影响会复合叠加,从而使风险源与风险受体之间的关系更加复杂。

危害分析是和暴露分析相关联的,它是区域生态风险评价的核心部分,其目的是确定风险源对生态系统及其风险受体的损害程度。传统的局地生态风险评价在评价污染物的排放时,多采用毒理试验外推技术,将试验结果与环境监测结合起来评价污染物对生物体的危害。有关区域风险评价的危害分析,显然难以用试验室进行观测,而只能根据长期的野外观测,结合其他学科的相关知识进行推测与评估。

暴露评价与危害评价需在一定时空尺度上,结合长期野外观测,利用复杂的生态系统模型模拟和预测评价,是区域生态风险评价中最具有挑战性和不确定性的组成部分;在进行暴露和危害分析时要尽可能地利用一切有关的信息和数据资料,弄清各种干扰对风险受体的作用机理,提高评价的准确性。危害分析的结果要尽可能达到定量化,各种风险源的危害之间要具有可比性。

最后,运用获得的信息,结合区域生态风险评价的特点,综合分析对区域生态环境可能产生的负效应,考虑所有假设、不确定性综合分析确定综合风险值,充分利用 RS、GIS等技术手段,实现评价结果的定性、定量和可视化。

三、区域生态风险评价的关键

生态风险指标体系、评价技术和方法、区域风险评价模型等是构建区域生态风险评价体系的关键。

(一)生态风险评价指标体系和生态模型

建立完善的指标体系是客观准确评价的基础。区域生态风险评价应针对不同生态系统、不同空间尺度和空间异质性以及评价阶段(风险源识别、暴露分析以及影响分析)和生态风险因素等特点,建立适宜的生态风险指标体系。目前国内外许多学者研究提出了大量的针对不同尺度的度量指标。EPA 从化学环境、物理环境、水文条件以及生物学特征改变等 4 方面,对应胁迫、干扰和响应等 3 方面,建立了评价河流生态系统的复杂风险指标体系。欧盟提出了环境压力指标清单,以便在欧洲不同国家间进行比较。Villa 和McLeod 等建立的可以在国家间进行对比评价的生态脆弱性指标体系(SOPAC 指标体系),由 54 个指标要素组成,分属于 EDI、REI 和 IRI 3 个类别,吸收借鉴了联合国环境计划署(UNEP)的地区发展指标、欧盟统计署(EUROSTAT)的人类对环境的压力指标体系以及 EPA 的生态风险评价指标,该指标体系是目前在较大空间尺度上评价区域生态环境脆弱性中比较完善的一种指标系统。

生态学家和风险评估者已意识到传统的基于剂量法的个体暴露模型限制了在种群、生态系统和景观层次的生态风险评估,而这些和环境管理最为相关。建立在种群、生态系统、景观层次的生态模型运用到生态风险评估中已成为趋势。

在建立区域生态风险评价模型时,需突出生态系统组成和生态过程,可用于设计或预测未来潜在风险(如气候变化等),同时风险评价与管理者可借助生态模型重建过去的生态影响和变化过程(王根绪,等,2003)。其中,成功的应用实例是不同强度的捕捞和其他人类活动对河流鱼群生态过程的生态风险评价(Campbell K R& Bartell S M.,1998)。Pastorok(Pastorok R A,et al,2003)详细总结了生态风险评估中使用的生态模型及其使用阶段，并将这些生态模型分为三大类、若干亚类和小类：①种群模型，包括标量丰度、生活史、个体模型、集合种群4个小类。②生态系统模型，包括食物网模型、水域生态系统模型、陆地生态系统模型。③景观模型，包括水域景观和陆地景观模型。此外，他还结合各类模型的具体使用案例，详细分析了每类模型所使用的参数特性。他认为，当前种群生态模型和生态系统模型发展已比较成熟，但景观层次模型还需进一步发展。

(二)区域生态风险评价模型和方法

单因子(单一化学污染物)风险定量评价方法多采用商值法和暴露—反应法。商值法是为保护某一特殊受体而设立参照浓度指标，然后与估测的环境浓度相比较。暴露—反应法用于估测某种污染物的暴露浓度产生某种效应的数量，暴露—反应曲线可以估测风险(Xu J B&Wang Y,1999)。

单因子小尺度的评价方法在向大尺度多因子的外推过程中存在很多不确定性，已经不适于复杂的区域景观的大尺度风险评价了。

(1)相对风险模型 RRM 和因子权重法 WOE。

随着风险评价尺度的扩大，传统的概念模型已经不能满足涉及多风险源、多压力因子、多风险受体、多风险影响的评价要求，需要专门适合大尺度的评价工具。传统的统计方法(数学模型)用于大尺度评价的尺度外推过程中存在很多问题，在没有找到适于大尺度风险评价的统计方法(数学模型)之前，一些科学家尝试用指标替代的方法：Wallack 等在评价杀虫剂对河流水域表层水体的风险评价中，根据土地利用方式、营养物浓度与杀虫剂浓度之间的相关关系，以土地利用方式等数据代替杀虫剂浓度，通过分区的方法进行水域可能影响评价(Rachel N,et al,2002)。Tannenbaum 在分析动植物在遭受风险的可能变化状况时，根据动植物与生境之间的依存关系，以生境变化状况代替动植物可能遭受的影响(Lawrence V. & Tannenbaum,2003)。

①相对风险模型 RRM。

为了快速便捷地进行区域生态风险评估，Landis&Wiegers 于 1997 年首次建立了相对风险模型(relative risk model,RRM)(Landis W G& Wiegers J A,1997)，经过 10 多年的发展，RRM 已被成功地运用到北美、南美和澳洲的许多水域、海域和陆地环境中去(Landis W G & Wiegers J A,2007)。利用 RRM 模型进行区域生态风险评价的关键步骤为：首先根据区域情况，将区域划分为若干亚区，将传统的生态风险分析中"压力—受体"分析转变为"压力源和栖息地"分析。然后建立一个概念模型用以分析不同压力源对不同栖息地之间的相互作用，同时采用等级赋值法来刻画压力源出现的概率和危害程度(如，将影响程度刻画为高、中、低、零，并分别赋值为6,4,2,0)，由此量化压力源和栖息地之间的相互作用程度。由于这种赋值法只能相对表示概率和危害程度，因而被称为相对风险模型。

相对风险模型(RRM)风险源不仅涉及污染物，还包括外来物种入侵、生境丧失、河道调整和堵塞、土地利用方式调整、气候变化等生态风险因素，并逐步结合 GIS、MonteCarlo 等技术方法，增强其在外来物种入侵评价、生态风险管理和可持续管理等方面的作用(Landis W G & Wiegers J K,2007)。

相对风险评价法在一定程度上解决了大尺度风险评价的定量和半定量化问题,但毕竟是一种相对的评价方法,评价标准很难确定,验证需要大量的数据。

②因子权重法 WOE。

用指标替代的方法都很难解决区域尺度的多风险源、复杂风险受体的综合风险评价问题,在区域生态风险评价中目前应用最多的是基于因子权重法的相对风险评价方法。

区域生态风险评价关注区域问题,因此,最具有挑战性的工作就是通过有限的观测数据来研究对生态系统的影响。在这个过程中,证据权衡法或因子权重法(weight of evidence,WOE)被广泛运用。基于因子权重法的相对风险评价方法,是目前普遍认为较能反映区域生态风险评价特点的技术方法。Burton(Burton G A,2002)系统总结了各种WOE 方法,分析了不同方法各自的优势、劣势和不确定性。他将 WOE 方法总结为定性分析、专家排序法、民意排序法、半定量排序法、沉积特性三合一指标法(sediment quality triad)、综合 WOE、定量概率法、矩阵分析法等 8 类,并从方法的鲁棒性(robustness)、易用性、敏感性、适用性、透明性 5 个方面对这些方法进行了系统分析和比较。他认为,WOE 需要朝更定量化、透明化、多方参与化(广泛的包括各种专家和利益相关者)方面发展。

因子权重法被用于主观评价、定性评价和定量评价中,但多用于定性评价,定量评价较少。因子权重法的种类很多,包括综合定性法、专家打分法、公众打分法、半定量法打分、定性分级法等(Burton Alen G,2002)。因子权重法应用范围也很广,既可以单独用于回顾性评价、原因分析,也可以用于生态风险评价的整个过程。

(2)因果分析方法。

近些年出现的因果分析方法是为适应大尺度风险评价的需求而产生的(EPA,2000;Norton S et al,2002;Chapman P M et al,2002,Forbes V and Calow P, 2002)。

因果分析就是在景观和区域水平上建立起一种时空尺度的连接(Moraes R and Molander S. ,2002),回顾性评价是实现这种连接的有用工具,它将根据野外观察,建立起压力因子和可能影响之间的因果关系,在此基础上进行预测评价。致力于因果分析框架描述工作的有很多,美国国家环保署关于水生生态系统的因果分析框架,用等级打分的方法分析风险原因(EPA,2000)。同时,也有用因子权重法进行风险原因分析的,Menzie 等是最早使用这种方法进行风险原因分析的,并明确地表述了这种分析方法(Menzie C, et al,1996)。已有很多文章就因子权重法进行了深入讨论(Forbes V and Calow P,2002;Wayne G Landis,2003;Burton G Jr, et al,2002;Burton G,2002)。大多数方法是机械方法,是针对那些环境中有可以明确识别的导致组织或生态系统特定结果的状况的。另外,可能性分析方法是针对那些由于野外观察或伦理道德限制不能识别风险原因的,其输出结果是风险原因及造成的已观察到的和预测的影响的可能性大小。因果分析一个明显的缺陷是它很难处理生态系统动态和尺度问题(EPA,2000)。

(3)3MR 评估方法。

Martin(Martin C M,2003)总结了一种被称为 3MR 的风险评估方法,即多媒介、多路径、多受体(multimedia,multipathway,and multireceptor)风险评估方法。该方法由风

险分析和不确定性分析两大模块构成,特别适于估计不同的空间尺度的化学物质污染所带来的生态风险。

风险分析模块融入了相关暴露和积累数学模型,由 8 个属性参数构成:污染源、传播介质、传播过程及结果、受体、暴露方式、暴露路径、风险测度值、门槛计算值。该过程循环计算污染物对每一个受体的风险。不确定分析模块则采用两阶段蒙特卡罗法分析,以便于有效分析数据采集、暴露模型、风险评估阶段等诸多不确定性。

(三)区域风险评价概念模型

除了上述的大尺度风险评价方法的产生和建立,近些年区域风险评价另一个很重要的发展是提出了较系统的针对区域尺度进行风险评价的概念模型:等级动态框架(HP-DP)(Wayne G Landis,2003)法和生态等级风险评价(PETER)法(Moraes R & Molander S. ,2002)。

(1)HPDP 模型。

HPDP 模型属于概念模型,模型的一个重要假设是等级存在于生态系统结构中,等级之间的相互关系产生了标志生态系统特征的属性。HPDP 的等级是指生态系统的不同范围(scale),并不是指控制因子自上而下或自下而上的尺度推移,而是为了理解控制因子的作用,有必要了解其对较大范围(区域,大斑块)和较小范围(局地,小斑块)的影响。HPDP 的斑块是指斑块的位置、分布和动态,斑块特征会影响物种分布、压力因子与风险受体的相互关系和环境变化影响等。可以认为斑块在自然界中是动态的,位置会发生变化,具有内稳定性及一定的组成。

(2)PETAR。

PETER 方法也是一个区域生态风险评价的概念模型,更加明确了 HPDP 模型中关于生态系统范围(scale)的概念。PETER 方法是在缺乏大量野外观察数据的情况下进行风险评价的有效方法。

Moracs&Molander 针对 EPA 设计了一个三级风险评价过程(procedure for ecological tiered assessment of risk,PETAR),包括初级评价、区域评价和局地评价(Moraes R&Molander S. ,2004)。每个层次针对不同尺度的区域类型,其所依赖的数据和方法也各有不同。国内有学者将其作为一种重要的风险评价概念模型加以总结(陈辉,等,2006)。但其初级评价类似于 DOD 的监控评估,其区域评价,如(Moraes R&Landis W G,2002)文献基本类同于 RRM 方法,因而,在某种意义上,我们更愿意将 PETAR 方法作为一种框架而非具体模型加以理解。

Rosana Moraes 等详细介绍了这个模型,该模型将风险评价分为 3 个部分来进行,也叫"三级风险评价"(Rosana Moraes & Sverker Molander,2004)。第 1 级为初级评价,是对已有信息如人为压力因子、压力来源及可能的影响进行定性估计。第 2 级为区域评价,是半定量评价,对整个区域内可能风险源、风险压力因子及可能受到影响的区域进行分级。第 3 级为局地评价,是定量评价,是在更小范围内建立起风险源、风险因子和与生态、社会相关的评价端点之间建立起数学关系。Moraes(Rosana Moraes, et al,2002)最早将这种方法用于亚马孙热带雨林生态风险评价。PETER 与已有的 ERA 评价方法相比,有 3 个方面的改进:在概念模型中加入了因果分析链,采用综合的方法进行暴露和影响分析,将权重分析法用于因果分析。

(四)其他技术

随着评价尺度的扩展,区域生态风险评价涉及诸多方面,许多模拟污染物分布、传播、积累、压力—受体交互作用、不确定性分析等方法和技术被大量引入到区域生态风险评估中。

(1)GIS/RS 技术。

研究者们已经认识到,区域生态风险评价中,风险源/压力因子和风险受体都存在着显著的空间异质性。具有强大的空间关联和分析能力的地理信息系统(GIS)技术已越来越广泛地运用到区域风险评价中。近年来的一个运用趋势是,将 GIS 技术和其他生态模型、改进算法相结合,在一定的时空尺度上进行生态风险评估。例如,Kooistr 等(Kooistra L,et al,2001)在研究荷兰 Rhine 河生态风险时注意到,沿河两岸的土壤性质的空间异质性导致了不同的金属沉积情况,从而带来不同的暴露状况,并通过食物链影响物种。他成功地利用 GIS 技术将土壤空间分异引入生态风险评价中来,基于金属沉积采样数据,结合动物觅食行为模型和典型食物链进行区域生态风险评估。Ganines(Gaines K F,et al,2004)在研究 Savannah 河生态风险时,则综合运用了 GIS 和 RS 技术,他从该区域 70 种脊椎动物中挑选出 6 种符合条件的物种作为风险受体,从景观生态学和动物行为科学角度,以演绎—诱导法建立了物种空间分布概率模型,以改进的暴露模型计算了化学和核辐射污染所带来的生态风险。

(2)专门计算机软件。

一些学者认为,区域的差异导致了大量评估模型的出现,其结果是模型不断地建立、运用、出版、继而被遗忘,应该综合这些模型开发一些软件,以提高评估效率(Lu H Y,et al,2003)。Lu 等在确定了大量参考模型,如 CALTOX,CHEMS-1,Ecosys4 等,在 EPA 的框架下,发展了一套计算机模拟工具,并成功运用到风险评估中去。Zhao(Zhao Q Y,2004)还对已开发的 2 个风险评估软件,ToxTools(Version1,Cytel Software Corporation)和 Benchmark Dose Software(Version3.1,EPA)的使用进行了详细比较。

(五)小结

从以上分析可以看出,目前的区域生态风险评价框架基本上已经包含了对复杂生态系统的分析,在评价中综合考虑各种风险源、压力因子及大尺度风险受体和多个风险端点的问题。这些框架是通过研究范围的扩大(从局部地区扩大到区域)来实现大区域生态风险的评价,而不是通过尺度推移的方法,根本原因在于,由于大规模试验的限制,通过小尺度试验所得的结论很难通过尺度推移而扩展到更大的范围上去。因而,基于小尺度试验数据的统计模型(数学模型)也很难应用到区域上去。

从前述分析中,可以得出如下基本结论:①风险评价正不断扩展研究尺度,已从早期的人体健康风险评价走向面向生态系统、面向区域的生态风险评价。这种从单一走向综合的趋势,充分反映了人类对自身生命支持系统的关注和环境管理的现实需求。②区域生态风险评价已在全球不同的地域展开,形成了许多评价流程和方法,这些方法的共同特点在于有明确的评价目标、清晰的操作步骤、合理的风险表达方法,并强调为现实环境管理服务。③评价的方法在不断改进,地理信息系统、遥感、各种模型、计算机模拟技术开始广泛地应用。

参考文献

[1] Barnthouse L W, Battell S M, DeAngelis D L, et al. Preliminary Environmental Risk Analysis for Indirect Coal Liquefaction[C]. ORNL/TM,1984,9120.

[2] Barnthouse L W, Suter Ⅱ G W, Bartell S M. Quantifying Risks of Toxic Chemical on Aquatic Populations and Ecosystems[J]. Chemosphere, 1988,17,1487.

[3] Burton Alen G, Jr, Peter M Chapman, and Eric P Smith. Weight-of-evidence Approaches for Assessing Ecosystem Impairment. Human and Ecological Assessment,2002,8(7):1657-1673.

[4] Burton G A, Chapman P M, Smith E P. Weight-of-Evidence Approaches for Assessing Ecosystem Impairment[J]. Human and Ecological Risk Assessment,2002,8(7):939-972.

[5] Burton G Jr, Batley G,Chapman P M,et al. Weight-of-evidence Framework for Assessing Sediment (or Other) Contamination: Improving Certainty in the Decision-making Process. Human and Ecological Risk Assessment,2002,8:1675-1696.

[6] Burton G, Chapman P M, and Smith E. Weight-of-evidence Approaches for Assessing Ecosystem Impairment. Human and Ecological Risk Assessment,2002,8:1657-1673.

[7] Campbell K R,Bartell S M. Ecological Models and Ecological Risk Assessment. In Newmen M C et Bl. eds. Risk Assessment:logic and Measurements[M]. Michigan:Ann Arbor Press,1998:69-100.

[8] Chapman P M, McDonaild B, and Lawernce G. Weight-of-evidence Issues and Frameworks for Sediment Quality(and Other) Assessment. Human and Ecological Risk Assessment, 2002, 8:1489-1515.

[9] EPA(US Environmental Protection Agency). Stressor Identification Guideilnes for Ecological Risk Assessment. EPA/822-B-00/025. Office of Water, Washington, D C,US A, 2000.

[10] EPA(US Environmental Protection Agency). Stressor Identification Guideilnes for Ecological Risk Assessment. EPA/822-B-00/025. Office of Water, Washington,D C,USA, 2000.

[11] Forbes V and Calow P. Applying Weight-of-evidence in Retrospective Ecological Risk Assessment When Quantitative Data are Limited. Human and Ecological Risk Assessment, 2002, 8:1625-1639.

[12] Forbes V and Calow P. applying Weight-of-evidence in Retrospective Ecological Risk Assessment When Quantitative Data are Limited. Human and Ecological Risk Assessment, 2002, 8:1625-1639.

[13] Gaines K F,Porter D E,Dyer S A. Using Willdlife as Receptor Species:A Landscape Approach to Ecological Risk Assessment[J]. Environmental Management,2004,34(4):528-545.

[14] Kooistra L,Leuven R S E W,Nienhuis P H,et al. A Procedure for Incorporating Spatial Variability in Ecological Risk Assessment of Dutch River Floodplains[J]. Environmental Management,2001,28(3):359-373.

[15] Landis W G,Wiegers J A. Design Considerations and A Suggested Approach for Regional and Com-

parative Ecological Risk Assessment[J]. Human and Ecological Risk Assessment,1997,3(3):287-297.

[16] Landis W G,Wiegers J A. Ten Years of the Relative Risk Model and Regional Scale Ecological Risk Assessment[J]. Human and Ecological Risk Assessment,2007,13(1):25-38.

[17] Landis W G. The Frontiers in Ecological Risk Assessment at Expanding Spatial and Temporal Scales[J]. Human and Ecological Risk Assessment,2003,9(6):1415-1421.

[18] Landis W G. Wiegers J K. Ten Years of the Relative Risk Model and Regional Scale Ecological Risk Assessment[J]. Human and Ecological Risk Assessment:An International Journal, 2007, 13(1): 25-38.

[19] Lawrence V. Tannenbaum. Can ecological receptors really be at risk? Human and Ecological Risk Assessment,2003,9(1):5-13.

[20] Lu H Y,Axe L,Tyson T A. Development and Application of Computer Simulation Tools for Ecological Risk Assessment[J]. Environmental Modeling and Assessment,2003,8(4):31l0-322.

[21] Martin C M,GuvanasenV,Saleem Z A. The 3RMA Risk Assessment Framework:A Flexible Approach for Performing Multimedia,Multipathway,and Multireceptor Risk Assessments under Uncertainty[J]. Human and Ecological Risk Assessment,2003,9(7):1655-1677.

[22] Menzie C,Hope-Henning M,Cura J,et al. Special Report of the Massachusetts w eight-of-evidence workgroup:A Weight-of-evidence Approach for Evaluating Ecological Risks. Human and Ecological Risk Assessment, 1996, 2:277-304.

[23] Moraes R and Molander S. A Procedure for Tiered Assessment of Risks(PRTER). Ph. D. Thesis, Chalmers University of Technology, Gothenborg, Sw eden. 2002.

[24] Moraes R and Molander S. A Procedure for Tiered Assessment of Risks (PRTER). Ph. D. Thesis, Chalmers University of Technology, Gothenburg, Sweden. 2002.

[25] Moraes R,Landis W G,Molander S. Regional risk Assessment of A Brazilian Rain Forest Reserve [J]. Human and Ecological Risk Assessment,2002,8(7):1779-1803.

[26] Moraes R,Molander S. A Procedure for Ecological Tiered Assessment[J]. Human and Ecologilcal Risk Assessment,2004,10(2):343-371.

[27] Norton S,Cormier S,Suter G I I,et al. Determining Probable Causes of Ecological Impairment in the Little Scioto River,Ohio,USA:part1 Listing Candidate Causes and Analyzing Evidence. Environmental Toxicology Chemistry, 2002, 21:1112-1124.

[28] Parkhurst B R, Bergmann H L, Marcus M D, et al. Prepared for WPCF Research Foundation, Technology Assessment[M]. Alexandria: Vriginia,1990.

[29] Pastorok R A,Akcakaya H R,Regan H,et al. Role of Ecological Modeling in Risk Assessment[J]. Human and Ecological Risk Assessment,2003,9(4):939-972.

[30] Rachel N, Wallack and Bruce K. Hope. Quantitative Consideration of Ecosystem Characteristics in an Ecological Risk Assessment,2002,8(7):1805-1814.

[31] Rosana Moraes and Sverker Molander. A Procedure for Ecological Tiered Assessment of Risks (PETER). Human and Ecological Risk Assessment, 2004,10 (2):349-371.

[32] Rosana Moraes, Wayne G. Landis and Sverker Molander. Regional Risk Assessment of a Brazilian Rain Forest. Human and Ecological Risk Assessment,2002,8(7):1779-1803.

[33] U S EPA Ecological Risk Assessment Guidance for Superfund:Process for Designing and Conduc-

ting Ecological Risk Assessment［EB/OL］.（1997-05-10）［2009-03-25］. http：//www. epa. gov/oswer/riskassessment/econsk/pdf/appb. pdf.

［34］Wayne G. Landis. The Frontier in Ecological Risk Assessment at Expanding Spatial and Temporal Scales. Human and Ecological Risk Assessment，2003，9：1415-1424.

［35］Wayne G. Landis. The Frontier in Ecological Risk as Assessment at Expanding Spatial and Temporal Scales. Human and Ecological Risk Assessment，2003，9：1415-1424.

［36］Xu J B，Wang Y. Ecological Risk Assessment. Songliao Journal，1999，2：10-13.

［37］Zhao Q Y. Software Review of Toxtools for Windows［J］. Human and Ecological Risk Assessment，2004，10(3)：609-614.

［38］陈辉,刘劲松,曹宇,等. 生态风险评价研究进展［J］. 生态学报,2006,26(5):1558-1566.

［39］王根绪,程国栋,钱鞠. 生态安全评价研究中的若干问题［J］. 应用生态学报. 2003,14(9):1551-1556.

第三章 海洋环境风险评价方法的探索与构建

2011 年 6 月 30 日,国务院办公厅召开了专题会议进行研究,会议最终议定由国家海洋局牵头,按照多部门参与、涵盖多灾害种类的原则,在我国沿海开展海洋灾害风险评估区划工作。2012 年 2 月,时任国务院副总理的李克强同志批复了《国土资源部关于开展海洋灾害风险评估和区划工作的请示》。按照计划,将于 2015 年前完成国家尺度以及沿海 9 个省份、27 个市(县)海洋灾害风险评估试点工作,在"十三五"期间将全面推进我国沿海市(县)海洋灾害风险评估和区划工作,切实提高我国沿海地方政府海洋灾害风险管理能力。

《2012 年北海区海洋环境监测工作方案》中明确了海洋环境风险评价的相关任务,针对海洋环境灾害和海洋突发事件主要环境风险开展评价,评估各类海洋环境灾害及突发事件可能造成的环境风险和压力。要求针对北海区海洋环境风险的特点,开展海洋环境灾害、海洋突发污染事件等主要环境风险区划工作,明确不同海洋环境风险的高发区域。为此,国家海洋局北海环境监测中心专门成立了海洋环境风险评价组,针对北海区主要海洋环境灾害及突发事件,经过摸索和不断完善,尝试建立了这几类主要风险的评价模式和评价、区划方法,并在北海区进行了应用。

第一节 海洋赤潮风险评价方法构建

赤潮是一种自然现象,是海洋生态系统恶化的表象之一。赤潮同时也是一种人为现象。近年来,随着现代化工农业生产的迅猛发展,沿海地区人口的增多,大量工农业废水和生活污水相当一部分未经处理就直接排入海洋,导致近海、港湾富营养化程度日趋严重。同时,海水养殖业的扩大,也带来了海水养殖业自身污染问题,海运业的发展导致外来有害赤潮种类的引入,全球气候的变化等诸多因素导致了赤潮的频繁发生。

虽然人为活动改变了海水中的营养盐浓度,加速了赤潮灾害的发生、发展,但赤潮要在适宜的光照条件、合适的气象、水动力条件等作用下才能暴发,而起作用的这些因素不受人为控制,是一种自然动力条件,因此从严格意义上,赤潮灾害仍属自然灾害中的一种。

自然灾害评估,就是对自然灾害的灾情包括强度、规模、损失、影响进行评估和估算。而自然灾害并不是一个单一的现象,而是一个复杂的自然灾害系统作用产生,因此,必须建立自然灾害风险评估系统,进行综合性的灾害风险评估。

但是当前对自然灾害评估系统的研究主要集中在地质灾害、地震灾害、气象灾害、洪涝灾害、干旱以及森林火灾等方面(朱良峰,等,2002;彭定志,等,2004;罗培,2007;周成虎,等,2006;张学霞,等,2003),在海洋方面的风险评估系统尤其是赤潮灾害风险评估系统的研究不足,由于赤潮的发生条件比较复杂,形成机制的不确定,且造成的经济损失差别比较大,其间接损失难以估算,其评估系统的研究取得了一定成果,但由于赤潮发生机制、环境条件比较复杂,赤潮灾害风险评估研究工作目前尚未形成科学、成熟、系统的方法体系。

赤潮灾害风险评估对赤潮灾害减灾防灾具有非常重要的意义与应用价值,可为制定灾害应急预案、纳污海域污染总量控制、海洋水产养殖、滨海旅游业规划提供科学依据。

一、赤潮灾害风险评估的理论基础相关研究

柴勋等(2011)分析了国内外自然灾害评估系统的研究现状和赤潮灾害风险评估的理论方法,认为建立赤潮灾害风险评估系统的基础已经成熟,并在此基础提出了赤潮灾害风险评估系统的初步设计,进行了系统的初步开发。

赤潮灾害风险评估是对风险区内赤潮灾害暴发的可能性及其可能造成的损失后果进行定量分析和评估,即包括赤潮危险度评估与海洋社会经济易损度评估两大内容。

赤潮灾害危险度评估是指评估赤潮灾害发生可能性,即评估灾害发生海域遭受赤潮灾害发生的可能性高低及赤潮的强度大小。它包括致灾因子危险度、孕灾环境危险度评估两方面内容。致灾因子危险度评估是评估灾害发生海域赤潮可能发生的强度,致灾因子危险度越高,赤潮发生的强度越大。孕灾环境危险度评估是评估灾害发生海域发生赤潮的几率高低,孕灾环境因子危险度越高,发生赤潮的几率就越大。

海洋社会经济易损度评估即承灾体因子易损度评估,是指致灾因子对承灾体因子的破坏程度评估,即评估赤潮灾害对承灾体因子破坏程度。承灾体因子易损度越大,赤潮灾害造成的损失越大。

赤潮风险评估模型是风险评估的核心内容,柴勋等(2011)初步建立的评估模型包括赤潮灾害危险度、承灾体因子易损度及风险评估模型。

二、赤潮灾害风险评估指标体系

赤潮灾害危险度评估指标体系是进行赤潮灾害危险度评估的关键环节。赤潮灾害危险度评估指标体系包括孕灾环境因子、致灾因子及其受灾特征要素。致灾因子主要是指导致海洋生物死亡、破坏生态系统、引起人体异常反应、恶化水质等有毒赤潮藻类。孕灾环境因子是指影响赤潮藻类生长、繁殖的外界环境条件。承灾体因子是指当赤潮灾害发生时海域使用类型中易受赤潮影响的因素。

三、基于 AHP 法的赤潮灾害风险评估指标权重相关研究

文世勇等(2007)进行了基于 AHP 法的赤潮灾害风险评估指标权重研究,他们认为赤潮灾害风险评估是赤潮灾害减灾防灾的重要内容之一,建立评估指标体系对赤潮灾害风险评估具有十分重要的意义,而权重的确定具有很强的导向作用,是建立评估指标体

系中的关键因素。

确定权重的方法很多,如相对比较法、德尔菲法(专家调查法)、层次分析法、主成分分析法、秩和比(RSR)法、模糊聚类分析法、专家排序法、熵值确定法、相关系数法、因子分析法以及上述几种方法组合确定法(樊运晓,等,2001;刘明寿,2004;王靖,张金锁,2001)等。如何选择对指标进行赋权的最佳方法,是综合评价的关键。

文世勇等分析了与赤潮灾害成因、危害相关的文献,从中筛选出影响赤潮灾害危险度与承灾体易损度评估的指标,初步构造由赤潮灾害危险度与承灾体易损度评估指标构成的赤潮灾害风险评估指标体系;并采用德尔菲(Delphi)法获得专家对指标的增删并给指标间的相对重要性打分来完善指标体系。

根据初步建立的由赤潮灾害危险度与承灾体易损度评估指标构成的赤潮灾害风险评估指标结构模型,结合德尔菲法二轮专家的意见整理结果,建立了包括目标层(A)、准则层(B)、子准则层(C)和指标层(D)共 4 层的赤潮灾害危险度评估指标层次结构模型;建立了包括目标层(0)、准则层(B)和指标层(0)共 3 层的承灾体易损度评估的指标层次结构模型。

其中,赤潮灾害危险度评估包括无毒藻种、有害藻种、有毒藻种 3 个方面及 11 个指标,孕灾环境因子包括营养盐、光照度、气象要素、水动力、海洋物理要素、外来藻种 6 个方面及 21 个指标,承灾体易损度包括渔业用海、工矿用海、旅游娱乐用海、特殊用海、海洋生态系统 5 个方面及 14 个指标。

然后运用 AHP 法建立赤潮灾害风险评估指标的递阶层次结构模型、判断矩阵、层次排序及一致性检验模型,最后计算出赤潮灾害风险评估指标中所有指标的权重。

四、船舶压载水生物入侵引发赤潮的风险评估研究

严志宇等(2009)认为由于目前相关的环境资料数据和压载水引入的赤潮生物的数据信息不全,针对压载水引发赤潮风险过程的识别结果,结合各相关信息和文献资料分析、相关生物调查和专家咨询,结合压载水生物入侵的特点、影响因素和压载水的排放方法,从赤潮生物载入的可能性、赤潮生物存活的可能性、赤潮生物定殖的可能性、赤潮生物扩散的可能性、赤潮暴发的可能性分别设计专家问卷评分表,采用专家打分法进行评估。

评分标准利用中国外来生物物种基础信息数据库的信息评判相关数据指标。采用德尔斐法来确定各指标的权重值。最初拟定 10 位专家,不断累积调查结果,用算术平均法计算其权重值,初步建立了由船舶压载水引发赤潮的风险评估理论体系(严志宇,等,2009)。

而许海梁等(2009)认为压载水引入赤潮生物的过程由引入、潜伏、暴发等步组成,是由引入因素、生物因素、暴发因素等众多因素共同作用的结果。生物因素指引入的物种具备的引发赤潮生物学特征,引入因素指压载、处理、排放的过程提供有效传播途径,暴发因素指终到港海水环境和生态特征,各因素的关系有简单的累加,也有复杂的互相制约的关系。

由此建立的指标体系分为目标层、准则层和指标层 3 个层次。目标层(R)是压载水

引入入侵生物引发赤潮的风险(R),它由 7 个准则层(R_i)指标计算获得。准则层由载人的可能性(R_1)、存活的可能性(R_2)、引入的可能性(R_3)、定殖的可能性(R_4)、扩散的可能性(R_5)、暴发的可能性(R_6)、危害性(R_7)组成,分别由相应的指标层指标计算获得。26个指标层(R_{ij})指标是准则层指标的具体化,是风险评价的基础。即提出了 3 个层次 26个指标层指标构成指标体系,使评价目标与指标有机联系为一个层次分明的整体。针对基础研究薄弱,信息不足的现实,该指标体系提供了多个参数,使用时可根据信息获得能力选择适当的、可替代参数。即指标体系能根据具体情况做相应调整。指标体系中既有定性描述的参数,也有定量描述的参数。

指标分为定性指标、定量指标。定性指标采用专家评分法,通常分为若干个等级,再依次取量化值为 0,1,2,3,…进行量化,对定量指标,根据其对风险值的影响,采用分别相应的标准函数进行初步量化,并根据指标体系框架和指标之间的逻辑关系和数学关系,建立如下计算风险综合值的数学模型:

$$R = \sqrt[7]{\prod R_i}$$

其中,$R = \dfrac{\sum w_i R_{ij}}{\sum W_i}$

为了便于定量化和进行计算,同时考虑风险的差异,把风险等级定为 0~4。

五、赤潮风险评估思路

文世勇等进行了基于 AHP 法的赤潮灾害风险评估指标权重研究,从赤潮灾害危险度评估与社会经济易损度评估两大方面内容建立评估指标体系对赤潮灾害风险评估,兼顾了科学性、系统性和动态性,该赤潮风险评估方法还是比较成熟和完善的。

但是,由于该方法涉及的指标数量较多,其中,赤潮灾害危险度评估 3 个方面的 11个指标,孕灾环境因子包括 6 个方面的 21 个指标,承灾体易损度包括 5 个方面的 14 个指标,一共包括了 14 个方面的 46 个指标,实际运用难度较大。

首先,在实际应用中的这些指标数据获取非常困难。一方面是基本没有现成的完整的数据,另一方面是这些数据涉及的方面很广,涉及多个部门或行业,即使有现成数据也需要多个部门同时提供,实现起来难度较大,除非针对目标海域重新进行 46 个指标的实地调查和获取,但由于实地调查的成本较高、指标较多导致工作量巨大,周期长、效率低等特点,推广起来比较困难,实用性比较欠缺。

第二,其中有的指标难以量化,需要加强指标量化的研究,进行更准确的风险评估。

第三,赤潮的生效过程比较短,要及时准确进行同步或准同步的赤潮实地调查难度较大。

此外,国际上赤潮的发生机制尚没有明确的结论,各种因素对赤潮发生的相互影响机制需要进一步研究,因此,以各因素为危险度评估主要指标是否合理尚未可知,该风险评估理论需要进一步的完善。

同样,严志宇等在船舶压载水引发赤潮的风险评价中,在赤潮生物载入的可能性、赤潮生物存活的可能性、赤潮生物定殖的可能性、赤潮生物扩散的可能性、赤潮暴发的可能性 5 个角度设计的评分表包括了 6 个、6 个、11 个、6 个和 3 个评分内容及评分标准,共 32 个评价因子。

许海梁等在船舶引入赤潮生物的风险评估中,经风险分析和识别,从引入因素、生物因素、暴发因素等众多因素设计划分为目标层、准则层和指标层 3 个层次的指标体系,共 26 个指标(包括定性指标和定量指标),针对基础研究薄弱,信息不足的现实,为便于操作,提供了指标层备选参数,使用时可根据信息获得能力选择适当的,代替指标层指标使用,即指标体系能根据具体情况做相应调整。

尽管如此,这两个船舶引发赤潮的风险评价涉及的因子也数量较多,存在实际相关信息不足的问题,这些因子的实际获取也有不小的难度。

为了更快地将海洋赤潮风险评估及区划工作推进,以及尽快满足海洋管理的迫切需求,需要更加具有实用性的赤潮风险评估和区划分法。

因此,我们在这几个方法基础上,综合考虑海洋局多年来赤潮相关数据资料的情况,经过与地方海洋管理部门的几次协商,在确保风险评估结果能够反映实际情况的基础上,对赤潮风险评估指标进行了替换和删减,设计了针对风险评估指标的调查表格,并下发到地方海洋管理部门,收集风险评估指标相关数据,在能够收集到的资料数据的基础上对评估方法进行了多次修改和完善。

参考文献

[1] 柴勋,赵冬至,韩震,等.赤潮灾害风险评估系统的初步设计[J].海洋环境科学,2011,30(2):259-263.

[2] 樊运晓,罗云,陈庆寿.区域承灾体脆弱性综合评价指标权重的确定[J].灾害学,2001,16(1):85-87.

[3] 刘明寿.采用德尔菲法评价高校学报学术影响力[J].贵州大学学报:自然科学版,2004,21(4):437-440.

[4] 罗培.GIS 支持下的气象灾害风险评估模型——以重庆地区冰雹灾害为例[J].自然灾害学报,2007,16(1):38-44.

[5] 彭定志,郭生练,黄玉芳,等.基于 MODIS 和 GIS 的洪灾监测评估系统[J].武汉大学学报:工学版,2004,37(4):7-31.

[6] 王靖,张金锁.综合评价中确定权重向量的几种方法比较[J].河北工业大学学报,2001,30(2):52-57.

[7] 文世勇,赵冬至,陈艳拢,等.基于 AHP 法的赤潮灾害风险评估指标权重研究[J].灾害学,2007,22(2):9-14.

[8] 许海梁,刘冬,王天藏.船舶引入赤潮生物的风险评估,科技创新导报,2009,05,133-134.

[9] 严志宇,王天葳,刘冬.船舶压载水引发赤潮的风险评价[J].科技资讯,2009,(4),160-162.

[10] 张学霞,薄立群,张树文.基于 RS 和 GIS 的长白山火山灾害风险评估研究[J].自然灾害学报,2003,12(1):47-55.

[11] 周成虎,万庆,黄诗峰,等.基于 GIS 的洪水灾害风险区划研究[J].地理学报,2000,55(1):15-24.

[12] 赵思健,熊利亚,任爱珠.城市地震次生火灾的潜在危险性——基于城市地理信息系统网格的评价[J].自然灾害学报,2006,15(3):76-84.

[13] 朱良峰,殷坤龙,张梁.等.基于 GIS 技术的地质灾害风险分析系统研究[J].工程地质学报,2002,10(4):428-433.

第二节　绿潮风险评价方法构建

由于绿潮暴发时间和引起广泛关注的时间较短,因此,绿潮风险评价尚没有研究先例,鉴于有关绿潮暴发的科学研究是缺乏深度和广度的,科学家们并不了解黄海南部物理环境场相对细微的结构,不太清楚绿潮藻微观繁殖体时空分布变化及环境因子对其变化的影响,对微观繁殖体在绿潮形成中的作用认识也少,也不清楚物理过程与生态过程的耦合关系,更没有探明青岛近海绿潮暴发的机制,这在很大程度上限制了从机制角度对绿潮风险的认识和评估,以及对其暴发的有效防控。我们认为,进行绿潮藻类的风险评价可以从大型海藻的生态特性入手,同时分析和总结绿潮暴发的特性,从而为风险评价提供基础。

一、绿潮聚集和暴发情况

"绿潮",可以归结为由风和海流驱动的浒苔迁移而导致的生态事件。国内外也有许多类似的大型藻类在沿岸聚集的事件,自 20 世纪 70 年代初法国布列塔尼沿海首次报道以来,20 世纪 70 年代在瑞典的卡特加特海峡、丹麦的菲英岛、不列颠群岛沿岸、英伦海峡的法国海岸和亚德里亚海等欧洲不同沿海地区,20 世纪 80 年代在美国缅因州东部,90 年代在美国加利福尼亚和芬兰沿岸,21 世纪初在芬兰沿岸、美国密歇根湖沿岸和美国马斯基根湖均发现浒苔藻华现象。

绿潮发生范围已遍及欧洲沿海、美国东西海岸、东亚和东南亚沿海以及澳大利亚等,已成为世界性的海洋环境问题,形成绿潮的生物种类主要是石莼和浒苔(CALLOW M E et al,1997;PIHL L et al,1996)。

近年来,在温暖季节,浒苔、石莼等石莼科大型绿藻在海洋沿岸地带、海湾浅水层泛滥形成的绿潮发生频率和地理范围呈增长趋势(Blomster J et al,2002;Fong P et al,1993;Sfrifo A et al,1994;Alstyne V K L,2001)。能形成绿潮的藻类主要是石莼目(Ulvales)和刚毛藻目(Cladophorales)的藻类,其中石莼属(*Ulva*)藻类居多(Morand et al,2005)。

2007 年的烟台养马岛海域、芬兰湾、法国的大西洋海岸(Charlier et al,2007),这些事件中藻类都是来自本地。

但在山东半岛形成绿潮灾害的浒苔来源于山东半岛南部海域的输送,为外来型绿潮,这种引起跨地区的生态问题的事件发生时,由于监测手段的限制,常常难以在发生地发现原因,造成生态问题防治工作上的被动局面。

大型绿藻的出现往往会造成对近岸生境的不可逆转的损害,如珊瑚礁的"白化"与死亡。而且绿潮藻大量积聚、堆积或是漂浮在浅海会带来一系列的次生环境危害:大量藻体遮蔽海面,降低光照透过率,影响其他海洋自养生物的生存与繁殖;大量绿潮藻死亡后残体的分解会不断消耗海水中的溶解氧,造成局部缺氧,引起其他海洋生物死亡,且有利于硫化细菌等厌氧生物的生长,产生难闻的臭味,产生的有毒化学物质很可能对其他海洋生物造成不利影响。对潮间带生态系统的影响表现为:潮滩表面区域由于绿潮藻的覆盖及其分解造成缺氧,绿潮藻大规模生长对潮间带排水系统产生一定影响。对底栖生态系统的影响表现为:藻体沉积在海底,会引起缺氧和底质腐败,改变沉积物的理化性质,多毛纲等环节动物和较小型底栖生物还受到沉积物中氧缺乏和因氧缺乏产生硫化氢等的影响;危害底栖生态系统健康等(HIRAOKA M et al,2004)。

此外,大量暴发绿潮会严重影响滨海景观和海滨浴场,干扰旅游观光和水上运动,大量绿潮藻等生物死亡腐败后散发出难闻的气味,影响人类的身心健康,给旅游业造成重大经济损失。

绿潮暴发后期,大量聚集的死亡藻体被细菌分解,藻体内大量有机物溶出、降解,对近岸海域的水质会产生一定影响。2008年8月,乳山近海发生了海洋卡盾藻(*Chattonella marina*)赤潮,很大程度上与浒苔腐烂后营养盐大量释放有关。此外,绿潮也直接影响到渔业。

大型绿藻的出现与水体的富营养化密切相关,绿潮易发海域具有富营养化、高温、强光照以及水流平缓等共同特征(Winfrid Schramm, P. H. Nienhuis,1996;张静,熊正,2009)。

二、大型海藻的生态特征

大型海藻的生态特征是和其地理分布密切关联的,它们的生存、分布空间受温度、光照、海水化学成分、海水运动、干露、压力等海洋物理和化学环境、海底地质以及海洋生物物种之间互作等因素的影响,在海洋环境中沿水平梯度和垂直梯度分布。

许多大型海藻的地理分布取决于它们对水温的适应,如绿藻在热带水域的进化程度最高,褐藻在寒温带水域占优势,红藻则分布于所有的纬度区;其垂直分布的潮带受光线的支配,适应强光照的种类可生长在潮间带或浅水区,适应弱光的种类则生长在较深的水层或深水区,海藻的分层趋势一般是红藻、褐藻和绿藻分别在深水层、中间层和浅水层占优势。

此外,大型海藻体内的营养库使它们更适应营养盐波动的水体环境。当环境营养盐不足时,体内的氮库仍然可以维持自身较长时间的生长;当水体营养盐含量较高时,即使光照不足,大型海藻也会吸收超过自身生长需要的营养盐,充实内部营养库以备快速生长时利用(弗恩伯格 F·J&弗恩伯格 W·B,1991)。

因此,营养库使得绿潮藻类能够维持持续的快速生长,可以认为,营养库的存在构成了绿潮暴发的重要生物基础之一。

三、浒苔的生物学特点

绿藻等大型藻类作为一种机会型藻类,其多样性的繁殖和生长方式(有性和无性生殖)有利于提高物种在自然竞争中的优势(HIRAOKA M et al,2003;王晓坤,等,2007)。

浒苔的繁殖方式（LIN A P et al,2008），包括有性生殖、无性生殖和营养繁殖等，繁殖能力强，在生活史周期中的任何一个中间形态都可以单独发育为成熟藻体。绿潮浒苔成熟藻体依据倍性的差异可以释放孢子或配子，孢子或配子或由配子结合形成的合子附着后进行分裂，第一次分裂形成基部和顶端 2 个细胞，基部细胞发育形成假根，顶端细胞发育形成新藻体。刚释放出的孢子具有聚集生长的趋势，同时海水中和潮间带底泥中含有大量的浒苔微观（或显微阶段）繁殖体，这些微观繁殖体包括浒苔孢子、配子、合子以及其发育不同程度的个体，它们和浒苔藻体都具有较强的抗胁迫能力（LIU F et al,2010a；LIU F et al,2010b；ZHANG X W et al,2009）。在适宜的环境条件下，浒苔在与其他绿藻竞争营养盐和生存空间的过程中占据优势，表现出更强的营养生长和营养盐吸收能力，更长的耐受不良环境条件的能力。在富营养化的水域中呈暴发性生长，其生物量急剧增加形成绿潮。

根据对浒苔生长史的研究。浒苔在生长初期，配子具有正趋光性，合子具有负趋光性，或由配子直接进行单性生长，其生长地点一般位于浅海海床，浒苔多以假根依附于海底礁石上。在生长成熟后，假根消失，浒苔即变为漂浮状态，直至生长周期结束而老化、死亡，最终沉入海中。

浒苔属速生藻类，在适宜水温、光照条件下，生长、繁殖十分迅速，单日净重增加率最高可达 15%。在试验室适宜的条件下，浒苔的日相对生长率可达 36%（LIU F et al,2010c）；2009 年 6 月晴天时，漂浮在海面上的浒苔日相对生长率接近 25%（LIU F,2010d）。在营养生长的同时，浒苔藻体也会通过不间断地释放生殖细胞（孢子和配子）进行繁殖，在试验室条件下，1 g 藻体在 11 d 的培养过程中可以释放 5 000 多个生殖细胞（LIU F et al,2010c）。

马家海等（2009）也指出长石莼有无性生殖和单性生殖两种繁殖方式，可以产生数量可观的孢子和配子，这些孢子和配子能迅速长出新的藻体，使漂浮藻体数量剧增，形成绿藻藻华。

此外，石莼科的一些藻类具有较强的异种克生作用。能够抑制其他藻类的生长及采食者幼虫的发育。也能显著抑制其表面附生藻类的生长，同时自身又有很强的抗逆能力（Nelson et al,2003；孙修涛,等,2008）

四、山东半岛绿潮的暴发特点

浒苔绿潮一般在 5 月上旬开始出现于长江口以北的黄海南部海域，随后在风场和海流的作用下向北移动并迅速积累生物量，至 6 月下旬到达位于黄海中部的青岛沿岸。因此，对山东半岛而言浒苔绿潮为异源性绿潮（Sun et al,2008）。

据张洪亮、张继民（2014），北海区绿潮重灾区集中在山东半岛东部沿岸，其绿潮发生呈现明显的规律性特点：

①山东半岛南部日照、青岛、烟台（海阳）、威海沿岸，尤其是青岛附近海域为绿潮重灾区。

②引发绿潮灾害的主体藻种为浒苔，近两年局部出现了新的藻种——马尾藻；墨西

哥湾曾监测到有大量的马尾藻条带,但还没有发现在近岸聚集的现象。

③形成绿潮灾害的浒苔来源于山东半岛南部海域的输送,为外来型绿潮。

④每年5月份在长江口以北的江苏外海初步形成绿潮,6、7月份随黄海东南季风进行山东近海,8月中下旬绿潮在山东近海消退。绿潮已成为山东半岛南部近海发生风险最高的、危害最严重的生态灾害。

参考文献

[1] Alstyne V K L. Are bloom-forming Green Algae ChemicaUy Defended[J]. Journal of Phyeology, 2001,37(3):49.

[2] Blomster J, Back S, Fewer D P, et al. Novel Morphology in Enteromorpha(Ulvophyceae) Forming Green Tides [J]. American Journal of Botany, 2002, 89(11):1756-1763.

[3] CALLOW M E, CALLOW J A, PICKETT-HEAPs J D, et al. Primary Adhesion of Entemromorplla (Chlomphyta, Ulvales) Propagules: Quantitative Settlement Studies and Video Microscopy[J] Journal of phycology, 1997, 33(6):938-947.

[4] Charlier R. H. , P. Morand, C. W. Finkl, A. Thys. Greentides on the Brittany Coasts. Environmental Research, Engineering and Management, 2007. No. 3(41), 52-59.

[5] Fong P, Donohoe R M, Zedler J B. Competition with Macroalgae and Benthic Cyanobacterial Limits Phytoplankton Abundance in Experimental Microcosms[J]. Marine Ecology Progress Series, 1993 (100):97-102.

[6] HIRAOKA M, DAN A, SHIMADA S, et al. Different Life Histories of Enteromorpha Prolifera(Ulvales, Chlorophyta)from Four Rivers on Shikoku Island, JapanEJ]. Phycologia, 2003, 42(3):275-284.

[7] HIRAOKA M, OHNO M, KAWAGUCHl S, et al. Crossing test Among Floating Ulva Thalli Forming Green Tide in Japan[J]. Hydrobioligia, 2004. 512(1/2/3):239-245.

[8] LIN A P, SHEN S D, WANG J W, et al. Reproduction Diversity of Enteromorpha Prolifera[J]. Journal of Integrative Plant Biology, 2008, 50:622-629.

[9] LIU F, PANG S J XU N, et al. Ulva Diversity in the Yellow Sea During the Large-scale Green Algal Blooms in 2008-2009[J]:. Phycol. Res. , 2010c, 58:270-279.

[10] LIU F, PANG S J, CHOPIN T, et al. How Much Have we Learned from the Large-scale Green Tides in the Yellow Sea in Terms of Sustainable Exploitation of Bioresources in the Chinese Coastal Zone? [c]// Abstract Volume of the Ninth International Marine Bbiotechnology Conference. Qingdao, China, 2010b:569-570.

[11] LIU F, PANG S J, CHOPIN T, et al. The Dominant Ulva Strain of the 2008 Green Algal Bloom in the Yellow Sea was not Detected in the Coastal Waters of Qingdao in the Following Winter[J]. J. Appl. Phycol. , 2010a, 22:531-540.

[12] 刘峰. 黄海绿潮的成因以及绿潮浒苔的生理生态学和分子系统学研究[D]. 青岛:中国科学院海洋研究所, 2010.

[13] Morand, P. , and Merceron, M. 2005, Macroalgal Population and Sustainability. Journal of Coastal Research, 21 l: 1 009-1 020.

[14] Nelson, T. A. . Lee, D. J. , and Smith, B. C. 2003. Are "Green Tides" Harmful Algal Blooms? Toxic Properties of Water-soluble Extracts from two Bloom-forming Macroalgae, Ulva Fenestrata and

UIvaria Obscura(Ulvophyceae). J. Phycol. 39：874-809.

[15] PIHL L,MAGNUSSON G. ISAKSSON I. et al. Distribution and Growth Dynamics of Ephemeral Macroalgae in Shallow Bays on the Swedish West Coast[J]. Journal of Sea Research,1996,35(1/2/3)：169-180.

[16] Sfrifo A,Pavoni B. Macroalgae and Phytoplankton Competition in the Central Venice Lagoon[J]. Environmental Technology,1994(15)：1-14.

[17] Sun,S. ,Wang,F. ,Li,C. ,Qin,S. ,Zhou,M. ,Ding,L. ,Pang. S Duan,D. ,Wang. G. ,and Yin,B. 2008. Emerging Challenges：Massive Green Algae Blooms in the Yellow Sea. Nature Precedings. Hdl：10101/npre. 12008. 12266. 10101.

[18] Winfrid Schramm,and P. H. Nienhuis,Mafine Benthic Vegetation：Recent Changes and the Effects of Eutrophication[M]. Springer,1996：22-25.

[19] ZHANG X W,WANG H X,MAO Y Z,et al. Somatic Cells Serve as a Potential Propagule Bank of Enteromorpha Prolifera Forming a Green Tide in the Yellow Sea,China[J]. J. Appl. Phycol. ,2009,22：173-180.

[20] 弗恩伯格 F·J,弗恩伯格 W·B. 海洋生物的功能适应[M]. 北京：海洋出版社,1991.

[21] 马家海,陆勤勤,嵇嘉民,等. 长石莼(缘管浒苔)生活史的初步研究[J]. 水产学报,2009,33(1)：45-52.

[22] 孙修涛,王翔宇,汪文俊,等. 绿潮中浒苔的抗逆能力和药物灭杀效果初探[J]. 海洋水产研究,2008,29：130-136.

[23] 王晓坤,马家海. 陈道才,等. 浒苔(Enteromorpha prolifera)生活史的初步研究[J]. 海洋通报,2007,26(5)：1212-1216.

[24] 张洪亮,张继民. 北海区海洋生态灾害的主要类型及分布现状研究[J]. 激光生物学报,2014,23(6),566-571.

[25] 张静,熊正. 绿潮研究进展[M]//高振会. 绿潮灾害发生条件与防控技术. 北京：海洋出版社. 2009：107-114.

第三节　水母旺发风险评价方法构建

近年来,受全球气候变暖、海水富营养化等诸多因素的综合影响,近岸海域水母数量增多,局部区域水母旺发,是近年来北海区沿岸水母伤害事件多发的主要原因,且北海区水母灾害呈上升趋势。

近年来,继赤潮、绿潮之后,水母灾害成为世界范围内的新型海洋生态灾害。水母灾害是由局部海域大型水母数量异常增多形成的一种生态异常现象,对滨海电厂安全运行和游泳者身体健康具有严重危害。大型水母暴发通常指无经济价值或经济价值极低的大型水母在一定的时间内数量迅速增多的现象。

一、水母旺发风险评价思路

水母旺发的成因非常复杂,既受环境因素的影响,又受人类活动的影响,加之水母自身生长速度快,再生能力强,并具无性繁殖等快速繁殖方式,这些因素的共同作用影响了水母的暴发。至今,对水母暴发的原因认识并不全面,因此,有关水母旺发的风险评价尚没有研究先例,需要对水母暴发优势种的生活史进行全面细致的了解与研究。

了解水母的生活史及其不同海域种群生活史和生殖策略的差异,比如温度、盐度、营养条件和光照等对水母的足囊繁殖及横裂生殖的影响等,是预测及控制其暴发的前提,而且了解其食性才能从捕食关系推测其暴发的原因并确定其暴发给其他生物带来的危害。我们认为,在水母生活史、其食性及生活习性尚不清晰,暴发原因尚不明确的情况下,进行水母的风险评价一方面需要从水母的生态特性入手,另一方面需要分析和总结水母旺发时的发生特性。

二、水母暴发情况

(一)主要种类

在我国海域已发现水母 35 种,隶属于 5 目,16 科,23 属。渤海海域分布有 7 种,黄海海域分布有 13 种,南海海域分布有 20 种,东海海域分布有 27 种,种类最为丰富,包括附着性、近岸暖温性、近岸暖水性和大洋深水性等各生态类群。其中大型水母主要有:海蜇(*Rhopilema esculentum*)、黄斑海蜇(*Rhopilema hispidum*)、沙海蜇(又称口冠水母,*Nemopilema nomurai*)、叶腕海蜇(*Lobonema smithi*)、拟叶腕海蜇(*Lobonemoides graci-lis*)、霞水母属(*Cyanea*)、海月水母(*Aurelia aurita*)、硝水母(*Mastigias papua*)、嘉庚水母(*Acromitus tankahkeei*)等。大型水母中仅海蜇、黄斑海蜇、沙海蜇、叶腕海蜇、拟叶腕海蜇可供食用,其中以海蜇经济价值最大,其他种类则没有经济价值。

近年来的调查监测结果显示,东、黄海水域形成水母暴发的种类主要为沙海蜇、霞水母、沙水母(*Sanderin* sp.)等无经济价值或经济价值很低的种类,其中主要优势种类为沙海蜇和海月水母。此外,霞水母(*Cyanea nozaki*)(GUAN C J et al,2007)也是我国黄渤海海域易暴发的水母种类。

(二)水母暴发的危害

大型水母的暴发给人类行为及海洋渔业生产带来很大危害。

有些种类的水母刺细胞有毒,据报道我国共有 35 种常见的有毒水母,其中钵水母类占 14 种。沙海蜇和火水母(*Tamoya alata*)有剧毒,尤其是沙海蜇有海洋中名副其实的杀手之称,对其他海洋生物有很大杀伤作用;人若被蜇伤后抢救不及时,可在短时间内致死。海滨游客频频被这些水母蜇伤;据统计,世界上每年被水母"蜇死"的人数超过 100人,多于被鲨鱼伤害的人数(SUN S,2012)。

大型水母的连年暴发对海洋渔业产生了严重的危害,水母密集之处,水母不仅直接捕食幼鱼,而且间接和幼鱼争夺食物资源而影响经济鱼类的固有储存量,主要渔业资源也相对锐减;水母大量暴发的季节,破坏海洋生态系统的物种结构,海域生态环境恶化,海域生态质量令人担忧。

大型水母的暴发对与海水有关的海洋工业的运行也产生了威胁,20 世纪 60 年代,日本多次发生海月水母阻塞沿海发电厂水循环系统并引起发电厂发电受阻事件,甚至引发了全日本的发电厂临时停止工作(MATSUEDA N,1969)。

自20世纪90年代中后期起,我国渤海辽东湾、东海北部和黄海南部海域相继出现了大型水母旺发的现象,并逐年加剧(DONG ZJ et al,2010；XIAN W W et al,2005);其中以2003年的发生程度最为严重。同期,日本和韩国沿海大型水母暴发现象也日益增多。2007年6～9月,我国山东省烟台和威海沿海也曾发生十分罕见的海月水母大规模暴发事件(SU L J,2007),2009年7月在青岛发生了海月水母"围攻"青岛发电厂事件(SONG X H,2009)。

大型水母连年暴发对海洋渔业也产生了严重的危害,主要有以下几方面。

①正常的渔业生产活动受到严重影响,网具爆破、网眼堵塞十分普遍。传统作业渔场无法生产,渔获量减少、捕捞成本提高、渔民的负担加重。

②水母的大量暴发占据了主要经济鱼类如带鱼(*Trichiurus japonicus*)、小黄鱼(*Larimichthys polyactis*)等的生存空间,进而影响其洄游分布。水母大量出现的区域往往使鱼类逃避,导致该水域鱼类分布极少。

③水母大量捕食浮游动物,引起植食性浮游动物的减少,从而降低了藻类的被取食压力,最终引起藻类暴发和浮游生物群落结构的变化。藻类暴发引起水体的溶氧量降低,溶氧量的变化又将影响水母的数量及其群落结构的变化。

④水母通过捕食鱼卵和仔鱼,同以仔鱼和浮游动物为食的鱼类争食。

总之,水母大量暴发的季节,海域生态严重恶化,水母密集之处,渔业生物稀有分布。主要渔业资源也相对锐减,海域生态质量令人担忧。

(三)影响暴发的主要影响因素

国内外学者的研究认为,影响水母暴发的主要因素有以下几种。

(1)大气环境。

海洋大气环境对水母暴发影响的研究主要集中在光照强度、温室效应和厄尔尼诺现象等三个方面。

有的水母有昼夜迁移习性,光照强度的变化仅影响水母的重新分布,所以这种情况并不是真正意义上的暴发;温室效应和厄尔尼诺现象都是通过影响海洋系统的温度及盐度来影响水母的数量、分布、生长和繁殖。

(2)海洋环境。

海洋生态系统的环境条件会发生变化,这些变化可能是自然现象也可能是人类活动影响的结果,变化了的海洋环境条件将影响水母的暴发。现在有关水母暴发成因的海洋环境因素研究主要集中在海水跃层、表流层和富营养化三个方面。程家弊等(2005)通过多年海上调查监测结果得出,水母的暴发与冷暖水团有关。此外,普遍认为,海水污染、海岸开发等一系列人类活动使得黄海海域富营养化加剧,海水中氮磷比和氮硅比不断升高,这种条件下甲藻对硅藻具有明显的竞争优势,这种环境更有利于水母的生长繁殖。

(3)浮游生物。

水母主要以浮游动物和少量的鱼卵、仔鱼为食。如果鱼类的发生量低于常年,春、夏季海域中的浮游动物并未充分为鱼类所利用,这就为同样营食浮游生物的水母提供了良好的饵料环境,从而满足了水母迅速生长的饵料基础,进而导致了水母在海域中的大量暴发。

(4)捕捞活动。

有的学者分析大型水母暴发的原因时认为,一方面,因资源衰退而引发。由于捕捞强度过高,导致渔业资源的衰退,给水母营造了被捕食压力趋小、饵料生物丰富的生长发育环境。大型水母成为海域中浮游生物的主要消费者,生长异常加速,渔业资源的生存空间进一步受到挤压,最终形成大型水母大规模、大面积暴发的局面。另一方面,因大型水母生长盛期时的捕捞活动减少而引发。伏季休渔制度的时间正好是大型水母的生长盛期,渔业活动的减少,降低了人类对它的干扰和灭杀率,从而为大型水母的大量暴发提供了有利的条件。

三、大型水母生活史影响因素研究

(一)温度对生活史各阶段的影响

在我国大型水母的研究中,对海蜇的研究比较全面、透彻,技术较成熟。在大型水母早期生活史的每个发育阶段受各种环境因子的影响,其中温度和营养条件是影响早期发育的关键因子(赵斌,等,2006)。

足囊的形成与繁殖和横裂生殖的发生是大型水母无性生殖的两个关键阶段,也是影响大型水母暴发数量的两个关键阶段。温度在这两个阶段中起着重要作用。研究温度对其横裂生殖的影响发现,低温生活可提高螅状体适应环境温度变化的能力,其次可使其对环境温度变化的反应敏感度加强。此外,在一定的温度范围内,较高的温度有利于水母早期生活史中横裂生殖的进行,且能促进大量繁殖。

(二)营养条件对生活史各阶段的影响

营养条件在螅状体的生长发育过程中也是一个极其重要的因子。在海蜇螅状体足囊繁殖阶段,营养条件不仅对螅状体形成足囊的数量及质量有直接影响,对足囊的萌发也有明显的间接影响。在水母的早期生活史中,营养条件是必要因素。

(三)国外大型水母生活史的研究现状

国外对海月水母的研究比国内海蜇的研究内容更加广泛、透彻。海月水母与海蜇、沙海蜇的无性生殖方式有所不同,并不生成足囊,而是通过发芽进行生殖(HERN-ROTHL GR,1985;OMORIM,1995)。海月水母在无性生殖过程中受环境因子影响的研究表明,海月水母对生活环境有广泛的耐受性。温度是影响生长发育的主要因子,低温环境比高温环境大个体的螅状体比例较高但是生长速度较慢。目前的研究结果已经应用各种生理学及行为特征解释了海月水母分布范围极广的原因,但是依然未能解释它在时间和空间上分布模式的原理。

四、我国常见大型水母生活史概要

钵水母类生活史大体相似,一般都经过无性繁殖和有性繁殖两个世代,即自受精卵发育为浮浪幼体,变态为螅状体并固着进行无性生殖,在适宜的环境中萌发足囊,并繁殖为新的螅状体,横裂生殖后释放碟状体,经过一段时间生长为幼蜇,此为无性繁殖世代,为生活史的主要研究阶段。种间生活史的差别一般体现在无性繁殖的过程。

我国常见的三种大型水母的生活史如下。

(一)海蜇

海蜇受精卵呈球形,在21℃～23℃条件下,自卵裂开始经7～8 h孵化为浮浪幼虫。浮浪幼虫附着于基质后即发育为具4条对称的主辐触手的早期螅状体,7～10 d后在主辐触手间发生4条间辐触手,此后经过10 d在主辐触手与间辐触手之间发生8条从辐触手,至此形成典型的16触手螅状体。螅状体在形成过程中以及形成之后通过移位形成足囊,足囊可在2～8 d后自顶部产生新的螅状体,即无性世代中的足囊繁殖。螅状体经横裂生殖释放多个碟状体,初生碟状体经15 d可长成2 cm左右的水母体(丁耕芜,陈介康,1981)。

海蜇从受精卵开始,包括卵裂过程,形成卵胚,直到孵化到浮浪幼虫,都是在体外进行的。海蜇螅状体产生新螅状体的唯一无性生殖方式是形成足囊。海蜇的横裂生殖是典型的多碟型,每个横裂体释放6～17个碟状体(丁耕芜,陈介康,1981;董靖,等,2006a)。

(二)白色霞水母

白色霞水母的生活史与海蜇大体相似,都经无性世代和有性世代两个发育过程。白色霞水母从受精卵开始,卵裂、囊胚直到浮浪幼虫均是在体外的水体中进行的,但在无性繁殖阶段有些差异,浮浪幼虫在定置前形成一种凸面的圆形浮浪幼体囊,浮浪幼体囊萌发形成螅状体。白色霞水母可通过两种方式进行无性繁殖,形成足囊和由匍匐茎形成囊胞。白色霞水母的横裂生殖尽管偶尔产生2个碟状体,但仍为典型的单碟型横裂(董靖,等,2006a;董靖,等,2006b)。

(三)沙海蜇

沙海蜇较白色霞水母的生活史与海蜇生活史更为相似,包括无性生殖阶段。沙海蜇也为体外受精,受精卵在20℃条件下经24 h孵化为浮浪幼虫,在水中自由游动4～8 d后变态为螅状体并定置,生成4触手的早期螅状体,6～10 d后在主辐触手间发生4条间辐触手,此后经过10～20 d在主辐触手与间辐触手之间发生8条从辐触手,至此发育为成熟的16触手螅状体。此后螅状体产生匍匐根,移动并产生足囊。7～90 d可生成一个足囊,在进行横裂生殖之前可多次生成足囊。足囊在适宜条件下形成新的螅状体。螅状体在低温状态下进行保存,之后在24 h内,从13℃升温至23℃进行升温诱导,发生横裂生殖。7 d后可释放碟状体。初生碟状体经40～50 d可生成4～11 cm的水母体(KAWA-HARA M et al,2006)。

同样,沙海蜇螅状体产生新螅状体的唯一无性生殖方式也是形成足囊,并且沙海蜇的横裂生殖也是典型的多碟型,每个横裂体可释放3～7个碟状体。

参考文献

[1] DONG ZJ,LIU D Y,KEESING J K. Jellyfish Blooms in China:Dominant Species,Causes and Consequences[J]. Marine Pollution Bulletin,2010,60(7):954-963.

[2] 关春江,卞正和,滕丽平.水母爆发的生物修复对策[J].海洋环境科学,2007,26(5):492-494.

[3] KAWAHARA M,UYE S,KOHZOH O,et al. Unusual Population Explosion of the Giant Jellyfish NemopiLema Nomurai(*Scyphozoa:Rhizostomese*) in East Asian Waters[J]. Marine Ecology Progress Series,2006,307:161-173.

[4] MATSUEDA N. Presefitation of Aurelia Aurita at Thermal Power Station[J]. Bulletin of the Marine Biology Station,Asamushi,1969,13:187-191.

[5] OMORIM,IS HIIH,FU JINAGA A. Life History Strategy of Aurelia Aurita (*Cnidaria,Scyphomedusae*) and Itsimpacton the Zooplankton Community of Tokyo Bay[J]. ICES Jounral of Marine Science,1995,52:597-603.

[6] 宋新华.入侵发电厂海蜇背黑锅 专家鉴定为海月水母[N].青岛晚报,2009-7-12(3).

[7] 苏丽敬,王轶.破解烟台神秘水母爆发之谜[J].北京科技报,2007,(37):16-17.

[8] 孙松.水母暴发研究所面临的挑战[J].地球科学进展,2012,27(3):257-261.

[9] XIAN W W,KANG B,LIU R Y. Jellyfish Blooms in the Yangtze Estuary[J]. Science,2005,307(5706):41.

[10] 程家骅,丁峰元,李圣法,等.东海区大型水母数量分布特征及其与温盐度的关系[J].生态学报,2005,25(3):440-445.

[11] 丁耕芜,陈介康.海蜇的生活史[J].水产学报,1981,5(2):93-102.

[12] 董婧,刘春洋,王燕青,等.白色霞水母生活史的实验室观察(英文)[J].动物学报,2006a,52(2):389-395.

[13] 董婧,王彬,刘春洋.白色霞水母各发育阶段的形态[J].水产学报,2006b,30(6):761-766.

[14] 赵斌,张秀梅,陈四清,等.环境因子对海蜇早期幼体发育影响的生态学研究进展[J].海洋水产研究,2006,27(1):87-92.

第四节　海水入侵风险评价方法构建

一、研究进展

海水入侵(seawater intrusion,SWI)是咸淡水界面压力失衡而导致海水沿着陆地含水层向陆地方向潜入的现象和过程。海水入侵可以使陆地含水层咸化、机井报废、淡水供应量减少,也可引发沿海地区土地盐渍化,农业减产甚至绝收等生态问题。早在1854年,海水入侵在美国长岛(Long Island, New York)得到首次关注(Back and Freeze,1983)。20世纪90年代以来,海水入侵由点状入侵到面状连续入侵发展速度很快,入侵程度愈来愈严重,是对全球性海滨水资源、工业和农业的重大挑战(Ferguson and Gleeson, 2012; Niemi et al, 2004)。

随着沿海地区经济快速发展,工业、农业、生活用水量逐年增加,地下水开采不合理,致使地下水位下降,渤海沿海平原出现不同程度海水入侵与土壤盐渍化现象。除此之外,过度的海洋开发活动,如河床采砂、岸线破坏等加剧了这一现象,海水入侵与土壤盐渍化对民生用水安全、社会经济发展及生态环境质量均带来严峻考验。如大连 1969 年发现海水入侵面积仅 4.2 km²,1977～1988 年由 84 km² 扩大到 427.85 km²,最大入侵的距离为 7 250 m。如山东莱州,20 世纪 70 年代中期只出现零星的海水入侵,70 年代末达到 15.8 km²,80 年代初期增到 39.2 km²,80 年代中期为 71.1 km²,海水入侵连续成片,波及整个沿海地区,到 80 年代末期已达到 196.2 km²(丁玲,等,2004)。截至 2004 年,渤海区域海水入侵面积约 2 333.4 km²,比 20 世纪 90 年代初增加了 46.5%;深层咸水界面下移 10～30 m,咸水界线西移最大距离 16.2 km(据《环渤海地区环境地质调查》,2004)。

鉴于海岸带海水入侵研究的重要性,我国也开始重视海水入侵的研究工作。海水入侵监测指标一般为地下水中 K^+、Na^+、Mg^{2+}、Ca^{2+}、SO_4^{2-}、HCO_3^-、CO_3^{2-}、NO_3^-、Cl^- 和总溶解固体(TDS)含量、地下水水位、电导率等要素。乔吉果(2011)利用 2009 年 2 月和 8 月两次在长江口北部滨海地区地下水调查取得水化学数据,综合运用数理统计法、Piper 三线图法,分析了长江口北翼滨海平原海水入侵区浅层地下水的地球化学特征,对由陆向海方向海水入侵程度、类型及枯、丰水期变化进行探讨。张霖等(2012)通过分析浙东灵江入海口 3 个站位地下水中 pH、Cl^- 及 TDS 指标,发现由于监测区域地理位置特殊性及人类对地下水过度使用导致近海区域海水入侵程度严重。陈铭达等(2006)、姚菁等(2007)对海水入侵高风险区域——莱州湾地下水地球化学特征及海水入侵机制进行了探讨,总结了随着海水入侵的发展地下水水化学类型的变化。

地下水水化学特征是判断海水入侵最直接的依据,迄今为止,多采用氯度和矿化度来判断海水入侵程度。但是,用单一指标判断海水入侵程度往往产生较大偏差(赵建,等,1998)。乔吉果等(2011)运用模糊数学方法,以 Cl^-、矿化度(M)、SO_4^{2-}、$\gamma HCO_3^-/\gamma Cl^-$、钠吸附比(SAR)作为评价因子,构造模糊数学矩阵模型,计算评价因子权重,建立模糊数学最大隶属度函数,对长江三角洲滨海地区海水入侵进行了模糊综合评价。与单因子评价结果对比,模糊数学方法评价结果更趋于准确和合理,运用模糊数学综合评判,能准确反映水体在多因子复合作用下海水入侵情况,并在权重计算过程中反映不同井点咸化的主要影响因子,避免人类主观因素,保证结果客观性。

但是,之前研究多根据地下水地球化学指标或物探方法对区域海水入侵程度、入侵范围及入侵机制方面进行分析,对海水入侵风险评价方面的研究报道尚不多见。海水入侵风险因子除了地球化学指标外,地下水水位、降雨量、地下水抽取量、区域水文地质特征等对其都有重要影响,并且不同区域海水入侵风险导致社会经济及自然生态环境损失不同。

Thieler and Hammer-Klose(1999,2000)利用海水入侵灾害因子(Hazard Index)及易损因子(CVI)对海平面变化影响下海水入侵趋势进行模拟,但未考虑地下水过量抽取、降雨量及人类活动对海水入侵的影响。为了合理评价海水入侵风险,KM Ivkovic et al.(2012)利用 VFA(敏感因子分析)、含水层地层特征及 SWI(海水入侵)界面模拟对澳大利亚 27 种类型含水层的海水入侵风险进行了定性和定量评价,其所选用评价指标包括地下水位、降雨量变化、矿化度、地下水抽取量等,对研究区域可能发生海水入侵灾害风险进行评价,但在指标选取过程中未考虑到海水入侵对人类活动及社会经济影响。

因此,在海水入侵风险评价过程中,合理的评价因子筛选及其权重确定尤为重要。目前该方面缺少统一的标准或规程。普遍认为,除了地质岸线演变、长期海平面变化、降雨量、风暴潮及洪水等自然过程可使滨海地区地下水含水层水文动力发生改变,从而导致海水入侵现象之外(IPCC,2007;Zhang and Leatherman 2011;Karl et al,2009;Konrad et al,2012),地下水过量采取及无序的人类活动,如城市化建设、农田围垦及水利设施建设、生态环境破坏,也是导致海水入侵的主要原因(Barlow,2003,2009)。除此之外,海水入侵导致居民生活饮用水质量下降、农田围垦用水减少等对社会经济带来严重影响,因此对海水入侵导致社会经济损失的评估也是海水入侵风险评价的重要内容。

二、方法构建

(一)指标筛选与确定

为了分析研究区域发生海水入侵概率并对海水入侵发生风险程度及影响进行评价,构建危险度和易损度两级指标。

在 2012 年评价方法首次构建时,根据海水入侵特征及其对环境影响,设计危险度指标包括氯度 Cl^-、矿化度 M、入侵距离 D、地下水位 H_1、地面高程 H_2、岸基类型和近 5 年海水入侵程度变化趋势,虽然 SO_4^{2-}、$\gamma HCO_3^-/\gamma Cl^-$、钠吸附比(SAR)、地下水利用量、降雨量、径流量变化等要素指标对海水入侵影响也很大,且在一些研究文献中也有应用。但一方面这些要素的监测数据不全,另一方面考虑类似指标参与海水入侵风险评价有重复,因此对上述指标未使用。考虑到海水入侵对社会经济影响与区域人口用水、区域农业发展有密切关系,易损度指标采用人口密度 R 和单位面积耕地 L。

在 2013 年风险评价工作基础上,对海水入侵风险评价方法进行优化,具体如下。

(1)考虑到监测区域均位于滨海平原,在评价指标中设置"岸基类型"意义不大,因此在评价指标中去除"岸基类型"指标。

(2)由于近几年北方持续偏干旱,且地下水开采过度,北海区地下水位下降明显,直接导致地下水中淡咸水界面失衡加重海水入侵风险,因此海水入侵风险评价中增加"地下水位变化"指标。

(3)根据 2012 年~2014 年监测数据对比分析,发现北海区滨海平原局部区域海水入侵程度及海水入侵范围明显增大,为确保评价指标准确性,将评价指标中"近 5 年海水入侵程度变化趋势"改为"近 3 年海水入侵程度变化趋势"。

因此,最终海水入侵风险评价指标体系中,危险度指标包括氯度 Cl^-、矿化度 M、地下水位 H_1、地下水位变化和近 3 年海水入侵程度变化趋势等;易损度指标包括人口密度

R 和单位面积耕地比例 L。

（二）指标权重计算

结合海水入侵致灾特征及评价区域实际状况，海水入侵风险各指标权重划分采用经验取值法。各指标权重采用归一化处理，以保证部分指标缺项时，该指标不参与计算从而避免对其他指标权重的影响，即

$$R_{1,2} = \sum (w_i \times k_i) / \sum w_i$$

式中，$R_{1,2}$ 表示风险度、易损度指标；w_i 表示各指标权重；k_i 表示风险等级取值。

根据上述权重划分原则，划定海水入侵风险评价指标权重（表 3-1）。

表 3-1　海水入侵风险指标体系权重

类型	评价指标	权重 w_i
危险度	氯度（mg/L）	0.2
	矿化度 M（g/L）	0.2
	水位埋深（m）	0.15
	水位高程（m）	0.05
	地下水位变化趋势	0.2
	近 3 年海水入侵程度变化趋势	0.2
易损度	人口密度（人/平方千米）	0.4
	耕地比例（%）	0.6

（三）风险评价指标等级划分

海水入侵风险评价等级划分为低风险、中风险和高风险。海水入侵程度指标，如氯度、矿化度，等级划分采用《海水入侵监测技术规程（试行）》标准，等级划分标准见表3-2。

表 3-2　海水入侵程度等级划分

分级指标	Ⅰ	Ⅱ	Ⅲ
氯度（mg/L）	＜250	250～1 000	＞1 000
矿化度 M（g/L）	＜1.0	1.0～3.0	＞3.0
入侵程度	无入侵	轻度入侵	严重入侵
水质分类范围	淡水	微咸水	咸水

海水入侵变化趋势包括下降或稳定、略有增加和增加明显三种：3 年数据中该测站 3 年海水入侵程度无变化或连续两年入侵程度降低，定义其入侵程度变化趋势为"下降或稳定"；海水入侵程度由无入侵变为重度入侵且持续重度入侵，定义其入侵程度变化趋势为"增加明显"；其他类型定义为"略有增加"。其他指标等级划分结合已有研究结果及北海区水位、人口密度和耕地比例现状，根据统计法确定低、中、高三个等级。

海水入侵风险评价指标体系等级划分见表3-3。

表 3-3 海水入侵风险指标体系权重与等级划分

类型	评价指标	权重 w_i	风险分级及取值 k_i		
			低风险 1	中风险 2	高风险 3
危险度 R_1	氯度(mg/L)	0.2	<250	250~1 000	>1 000
	矿化度 M(g/L)	0.2	<1.0	1.0~3.0	>3.0
	水位埋深(m)	0.15	<2	2~5	>5
	水位高程(m)	0.05	>2	0~2	<0
	地下水位变化趋势(m)	0.2	>−1	−3~−1	<−3
	近3年海水入侵程度变化趋势	0.2	下降或稳定	略有增加	增加明显
易损度 R_2	人口密度(人/平方千米)	0.4	<200	200~500	>500
	耕地比例(%)	0.6	<20%	20%~50%	>50%

(四)风险评价

危险度、易损度及风险评价指数计算公式如下：

$$危险度 R_1 = \sum_{i=1}^{m}(w_i \times k_i) / \sum w_i$$

$$易损度 R_2 = \sum_{i=1}^{n}(w_i \times k_i) / \sum w_i$$

$$风险评价指数 R = R_1 \times R_2$$

参考文献

[1] Back W, Freeze RA (eds) (1983) Chemical Hydrogeology. Benchmark Papers in Geology, 73. Hutchinson Ross, Stroudsburg, PA.

[2] Barlow, P., Reichard, E. G. 2009. Saltwater Intrusion in Coastal Regions of North America. Hydrogeology Journal 18: 247-260.

[3] Barlow, P. 2003. Ground Water in Freshwater-saltwater Environments of the Atlantic Coast. U. S. Geological Survey Circular 1262.

[4] Ferguson, G. and Gleeson, T. (2012). Vulnerability of Coastal Aquifers to Groundwater use and Climate Change. Nature Climate Change, 2(5), 342-345.

[5] IPCC, 2007: Climate Change 2007: The Physical Science Basis. Contribution of Working Group I to the Fourth Assessment Report of the Intergovernmental panel on Climate Change Fourth Assessment Report.

[6] Karl, T., J. Melillo, and T. Peterson. (Eds.). (2009). Global Climate Change Impacts in the United States. Cambridge University Press.

[7] KM Ivkovic, SK Marshall, LK Morgan. 2012. National-scale Vulnerability Assessment of Seawater Intrusion: Summary Report. Waterlines Report Series No 85.

[8] Niemi, G., Wardrop, D., Brooks, R., Anderson, S., Brady, V., Paerl, H., Rakocinski, C., Brouwer, M., Levinson, B., and McDonald, M. (2004). Rationale for a New Generation of Indicators for Coastal Waters. Environmental Health Perspectives, 112(9), 979-986.

[9] Theiler, E. R., Hammar-Klose, E. S., 2000, National Assessment of Coastal Vulnerability to Sea-level rise-Preliminary Results for the U. S. Atlantic coast. U. S. Geological Survey Open-File Report 99-593, Massachusetts.

[10] Theiler, E. R., Hammar-Klose, E. S. 1999. National Assessment of Coastal Vulnerability to future sea-level rise: Preliminary Results for the U. S. Atlantic Coast. U. S. Geological Survey, Open-File Report 00-178. Massachusetts. Thieler, E. R. and Hammar-Klose, E. S. 2000. National Assessment of coastal Vulnerability to Future Sea-level Rise: Preliminary Results for the U. S. Pacific Coast.

[11] Zhang, K. and Leatherman, S. Barrier Island Population along the US Atlantic and Gulf Coasts [J]. Journal of Coastal Research, 2011, 27(2): 356-363.

[12] 陈铭达, 綦长海, 赵耕毛. 莱州湾海水入侵区地下水灌溉土壤水盐迁移特征分析[J]. 干旱地区农业研究, 2006, 24(4): 36-41.

[13] 乔吉果, 龙江平, 许冬. 基于模糊数学方法的长江三角洲滨海地区海水入侵现状评价[J]. 海洋学研究, 2011, 29(4): 57-64.

[14] 乔吉果, 龙江平, 许冬. 长江口北翼海滨地区海水入侵的地球化学特征初步研究[J]. 海洋通报, 2011, 30(2): 200-205.

[15] 姚菁, 于洪军, 王树昆, 等. 莱州湾海水入侵区地下水水化学特征[J]. 海洋科学, 2006, 31(4): 32-41.

[16] 张霖, 李伟明. 浙东灵江入海沿岸海水入侵情况分析[J]. 地质灾害与环境保护, 2012, 23(3): 43-46.

[17] 赵建. 海水入侵水化学指标及侵染程度评价研究[J]. 地理科学, 1998, 18(1): 16-23.

第五节 土壤盐渍化风险评价方法构建

一、土壤盐渍化影响因素

土壤盐渍化形成的因素很多, 包括自然因素和人为因素。自然因素包括气候、地质、地貌、水文及水文地质等。气候因素是形成土壤盐渍化的重要因素, 如果没有强烈的蒸发作用, 土壤表层就不会强烈积盐。地貌因素特别是盆地、洼地等低洼地形有利于水、盐的汇集。人为因素表现为人类改造自然和适应自然的各种活动。土壤盐渍化的形成主要受气候干旱、土壤排水不畅、地下水位高、矿化度大等重要条件所制约, 以及地形、母质、植被等自然条件的综合影响。

(一)自然因素

(1)气候。

由于季风气候影响, 我国四季明显导致盐碱地区土壤盐分状况的季节性变化, 夏季降雨集中,土壤产生季节性脱盐,而春秋干旱季节,蒸发大于降水,又引起土壤积盐为主。气候干旱、排水不畅和地下水位过高,使盐分积聚土壤表层的数量多于向下淋洗的数量,结果导致盐渍土的形成,这是引起土壤积盐的重要原因。

(2)水文地质条件。

盐渍土中的盐分,是通过水分的运动且主要是由地下水运动带来的,因此在干旱地区,地下水位的深浅和地下水矿化度的大小,直接影响着土壤的盐渍化程度。地下水位埋藏越浅,地下水越容易通过土壤毛细管上升至地表,蒸发散失的水量越多,留给表土的盐分就越多,尤其是当地下水矿化度大时,土壤积盐更为严重。

地下水位埋深与地表积盐关系密切。地下水位埋深大于临界深度时,地下水位低,地下水沿毛细管上升不到地表,不积盐,土壤无盐碱化。地下水位高,地下水沿毛细管上升至表土层,表层开始积盐。地下水位很高(小于临界深度),地下水沿毛细管大量上升至表层,表层强烈积盐。

(3)地形。

地形起伏影响地面和地下径流,土壤中的盐分也随之发生分移,比如在华北平原坡度较陡,自然排水通畅,土壤不发生盐碱化。冲积平原的缓岗,地形较高,一般没有盐碱化威胁;冲积平原的微斜平地,排水不畅,土壤容易发生盐碱化,但一般程度较轻;而洼地及其边缘的坡地或微倾斜平地,则分布较多盐渍土;滨海平原排水条件更差,又受海潮影响,盐分聚集程度更重。总之,盐分随地面、地下径流由高处向低处汇集,积盐状况也从高处到低处逐渐加重。地形还影响盐分的分移,由于各盐分的溶解度不同,溶解度大的盐分可被径流携带较远,而溶解度小的携带较近,因此,由山麓平原、冲积平原到滨海平原,土壤和地下水的盐分一般由重碳酸盐、硫酸盐过渡到氯化物。

(4)母质。

母质对盐渍土形成上的影响分两种,一是母质本身含盐,含盐的母质有的是在某个地质历史时期聚积下来的盐分,形成古盐土、含盐地层或岩层,在极端干旱的条件下盐分得以残留下来成为目前的残积盐土;二是含盐母质为滨海或盐湖的新沉积物,由于其出露成为陆地,而使土壤含盐。

(5)土壤质地。

土壤质地不同,则土壤的空隙状况不同,因而也直接影响盐分的积累过程。黏质土壤,颗粒细,毛细管水上升高度大,临界深度较小,土壤易于盐化;砂质土壤,颗粒较粗,地下水在毛细管力作用下上升速度快,上升低,临界深度大,不易盐化。一般在山前盆地、平原和大河冲积平原、三角洲地区,土壤粒度中黏性物质含量较高,毛细管水活动强烈,地下径流不畅,在强蒸发作用下,极易积盐。

(二)人为因素

随着人口急剧增加和社会经济发展,对土地和水资源的需求迅速增大,导致不合理开垦和地下水超量开采,最终使土壤盐渍化加重。随着经济发展迅速,对水资源需求日益加大,地下水超采,地下漏斗越来越大,导致地面土壤盐渍化不断加重,加上若干区域的不合理漫灌、耕作方式的不当导致盐渍化呈加重趋势。原因如下:

（1）发展引水自流灌溉，导致地下水位上升超过其临界深度，使盐分通过毛细管上升，聚集地表。

（2）利用高矿化度的水进行漫灌，盐分滞留地表。

（3）开垦具有积盐层的底土。

（4）滨海区由于频繁海潮带入土体中大量盐类，在强烈蒸发作用下向地表积累而形成盐渍化。

土壤盐渍化的改良是一项复杂、难度大、需时间长的工作，应视当地的具体情况制定措施。改良措施主要包括：①建立完善的灌溉系统；②建立现代化排水系统；③化学改良；④种植水稻对碱土的改良；⑤种植耐盐碱的树种特别是能固氮的耐盐树种和草木（绿肥）植物改良。

二、有关研究

生态风险评价起源于为保护人类免受化学暴露的威胁而进行的人类健康评估和污染物对生态系统或其中某些组分产生有害影响的环境健康评价（Landis W G，2003；陈辉，等，2006）。随着风险理论的发展和生态问题日益突出，一些国内外研究者引入风险管理的理论和方法对生态系统面临的各种风险进行综合评价（Conner A J et al，2003；李名升和佟连军，2008；Xu X G et al，2004；Cramer V A&Hobbs R J，2005；李维德，等，2004）。美国于20世纪70年代开始生态风险评价工作的研究，美国环境保护署在1992年对生态风险评价作了定义，即生态风险评价是评估由于一种或多种外界因素导致可能发生或正在发生的不利生态影响的过程。生态风险评价被认为能够用来预测未来的生态不利影响或评估因过去某种因素导致生态变化的可能性。姚荣江等（姚荣江，等，2010）为定量评估制约苏北海涂土壤资源开发利用的土壤盐渍化障碍因素，以苏北海涂典型围垦区江苏省大丰市金海农场为例，将灰色系统理论应用于风险评价，构建了实用的生态风险评价数学模型、指标体系与评价流程，并对区域土壤盐渍化风险状况进行了定量评估与分级。结果表明，土壤盐分、表土层容重与地下水矿化度是该区域盐渍化风险评估的重要因素，且盐渍化风险分布表现出与土壤盐分、地下水矿化度较为相似的空间规律。李冬顺等（李冬顺，等，2010）针对制约苏北滩涂土壤资源开发利用的盐渍障碍因素，将生态风险理论引进该区域农田生态系统的盐渍化风险评价中，探讨了生态风险分析的方法与过程，建立了土壤盐渍化风险评价指标体系，构建了风险评价模型，并对区域土壤盐渍化风险状况进行了定量评估与分级。结果表明盐渍化风险分布表现出与土壤盐分、地下水矿化度较为相似的空间规律，受种植制度与耕作措施的影响。

指示克立格法（Indicator Kriging Method）是Journel提出的一种非参数估计方法，以其对区域不确定性估计的合理性成为处理有偏数据的有力工具，有效解决了地理学、生态学、环境科学等诸多领域的问题（Journel A G，1983）。周在明等（周在明，等，2011）为定量评价制约环渤海低平原水土资源合理高效利用的盐渍化问题，综合运用非参数地质统计学的单元和多元指示克立格法对该区表层土壤（0～20 cm）全盐量、地下水位埋深和矿化度进行空间变异性分析，并给出满足一定阈值条件的概率分布图。针对环渤海低平原土壤盐渍化问题,对土壤盐分及其两个重要的指示信息(地下水矿化度和水位埋深)进行风险分析,先应用单元指示克立格法分析地下水矿化度、水位埋深和土壤盐分超过或低于各自阈值的空间概率分布,探讨地下水位埋深及矿化度对土壤盐分影响的概率分布;再应用多元指示克立格法综合分析三者共同作用下土壤盐渍化发生的潜在风险。结果表明,采用指示克立格方法能够获得较为稳健的变异函数并通过球状、指数模型进行拟合,环渤海低平原地下水矿化度大于 2 g/L、水位埋深小于 3 m 以及土壤盐分含量大于 1 g/kg 的概率分布呈一致性。Demir 等(Demir Y et al,2009)应用指示克立格方法对土耳其北部克孜勒河三角洲的土壤盐分进行分析并根据不同阈值发现,灌溉季节土壤盐渍化的风险比雨季大,土壤盐渍化的风险在研究区东部偏大。

国内外众多学者研究表明,地下水是盐渍化形成的控制性因素,地下水埋深、水质和径流条件与盐渍化的形成和演化关系十分密切,从而直接影响天然植物群落的消长。地下水位与水质的动态变化是水资源、气候、植被、土壤等环境因子变化的一个综合反映,分析和研究地下水位、水质在时空上的动态变化,根据地下水位埋深和水质预测盐渍化发生的可能性的方法,已被人们所接受。我国学者采用了地下水埋深、地下水矿化度以及地下水某些离子含量等作为重要指标来评价土壤盐渍化程度(李凤全和吴樟荣,2002;王凤生和田兆成,2002;周云轩,等,2003)。章光新等(章光新,等,2005)运用水文响应单元法评价洮儿河流域地下水环境空间变化对盐渍化风险等级的影响过程,利用反映地下水环境空间变化的 3 个重要参数:水文区权重(HZ)、水位埋深(DTW)和水位上升速率(RR),由其 3 个等级网络值算术相乘 $HRU = DTW \times RR \times HZ$ 在 GIS 平台上生成水文响应单元图来评价土壤盐渍化风险。

此外,杨克磊,宋蓉(杨克磊和宋蓉,2010)根据历史资料及调查数据,运用土壤盐渍化相关原理对唐山市湿地生态系统进行风险分析。在对唐山市湿地系统目前的土壤的pH 及有机质的含量水平了解的基础上,根据受体分析、风险源分析、暴露分析及风险表征,对唐山市湿地土壤盐渍化的风险因素做了定性评价。

三、评价方法构建

(一)总体思路

土壤盐渍化评价通过近年来北海区土壤盐渍化的监测数据,结合北海区自然环境及社会经济环境现状,筛选并确定土壤盐渍化风险的评价指标及其权重,根据风险评价模型计算北海区土壤盐渍化风险程度;基于风险等级划分,编制北海区土壤盐渍化风险评价及区划图件;分析北海区土壤盐渍化风险状况、风险源及风险影响,为土壤的科学管理、保护及风险防治提供管理措施及技术保障。

具体技术路线包括:资料搜集及分析、指标筛选、模型计算、风险评价与区划、图幅编制、风险分析与管理建议。

(二)技术路线

构建土壤盐渍化风险评价模型的技术路线如图 3-1 所示。

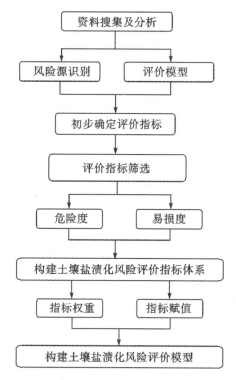

图 3-1　土壤盐渍化风险评价模型构建技术路线

1.风险源识别

通过对北海区各区域土壤盐渍化情况的调查,得到北海区土壤盐渍化的基本信息,对获得的情况进行统计分析,得到北海区土壤盐渍化的具体分布情况。

2.风险评估模型

风险 R 是指在一定时期内事故发生概率与事故造成的环境后果的乘积。结合土壤盐渍化特征、影响因素及相关参考文献,构建风险度和易损度两级评价指标,分别用 HI_{abs} 和 II_{abs} 表示。

$$风险 R = 危险度\ HI_{abs} \times 易损度\ II_{abs}$$

(1)危险度评估模型。

$$HI_{abs} = \sum_{i=1}^{m} a_i r_i$$

式中,HI_{abs} 表示危险度,a_i 表示危险度评估中第 i 个指标的权重值,r_i 为危险度评估中第 i 个指标的标度值。

(2)易损度评估模型。

$$II_{abs} = \sum_{i=1}^{n} a_i r_i$$

式中,II_{abs} 表示易损度,a_i 表示易损度评估中第 i 个指标的权重值,r_i 为易损度评估中第 i

个指标的标度值。

3. 指标筛选

结合北海区土壤盐渍化风险源的特征及文献调研资料,得出土壤盐渍化的评价指标。

4. 指标得分及权重确定

根据文献资料和专家意见,确定土壤盐渍化各指标得分和权重。

(三)风险源识别

1. 风险源普查内容

初步设计对风险源的普查内容包括:①土壤盐渍化分布区域;②土壤盐渍化起止点名称(起止点经纬度);③离岸距离(km);④土壤盐渍化区域概况;⑤土壤酸碱度;⑥盐渍化类型;⑦盐渍化程度;⑧土壤盐渍化面积(km^2);⑨水位埋深(m);⑩水位上升速率(m/a);⑪地下水矿化度(g/L);⑫土壤盐分(g/kg);⑬土壤容量(g/km^3);⑭土壤质地(岩性);⑮周围人口密度(人/平方千米);⑯单位面积耕地(%);⑰所在区域土地利用类型;⑱地下水开采量;⑲近五年变化趋势;⑳敏感区及敏感产业情况,敏感区及敏感产业的名称、类型、面积、经纬度、敏感区或产业等级;㉑敏感资源情况,敏感资源名称、类别、面积、资源分布情况、经纬度及资源敏感等级;㉒土壤盐渍化原因分析等。

说明:①区域概况包括自然条件概况、社会经济条件概况、土壤盐渍化现状等。

②土壤盐分包括表土层土壤盐分、深层土壤盐分等。

③土壤容重包括表土层土壤容重、深层土壤容重等。

④原因分析包括自然因素(地形地貌、地质概况、水文地质条件、气象与水文等)和人为因素(超采地下水、河流上游蓄水、河道采砂、沿岸工程建设、晒盐与海水养殖等)。

⑤敏感区及产业包括:各级自然保护区、重要的生态资源保护区、重要的旅游风景区、重要的海珍品养殖区和省市级自然、地貌保护区、渔业资源保护区、脆弱的河口及海湾等。

⑥敏感资源包括:濒危物种、珍稀物种等重要海洋资源。

2. 优化风险源普查内容

将上述风险源普查内容进行实际试应用及征求各单位意见,较多单位反馈风险源普查内容较多,很多资料无法得到,因此根据北海区土壤盐渍化的实际情况将普查内容进行了简化调整。

(四)指标筛选

1. 初步建立风险评价指标体系

通过对土壤盐渍化的影响因素分析及相关参考文献,土壤盐渍化风险评价指标如图3-2所示。

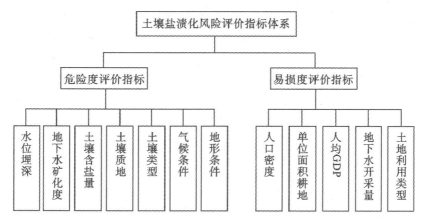

图 3-2　土壤盐渍化风险评价初步指标体系

上述评价指标体系部分资料收集较为困难,无法适用于整个北海区的土壤盐渍化风险源,且在后续评价中指标赋值较为困难,综合考虑上述因素,结合风险源识别得到的资料,对评价指标体系重新进行了优化。

2.优化后的土壤盐渍化风险评价指标体系

指标确定:根据北海区的实际情况,考虑到评价指标的资料可获取性及代表性,从危险度和易损度两个方面,确定土壤盐渍化风险评价的指标,并根据相关参考文献,确定危险度指标为水位埋深、地下水矿化度和土壤含盐量;易损度指标为人口密度和单位面积耕地。如图 3-3 所示。

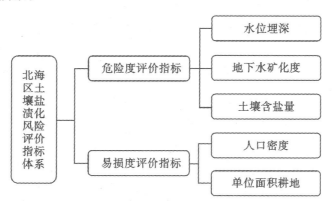

图 3-3　土壤盐渍化风险评价指标体系

(五)指标赋值及权重确定

指标赋值依据:根据《土壤盐渍化监测技术规程(试行)》、海区海洋环境风险评价报告及相关文献并经专家讨论后确定各指标赋值标准。其中土壤盐渍化划分标准执行《土壤盐渍化监测技术规程(试行)》中的标准阈值。具体划分标准见表 3-4 至表 3-6。

指标权重确定:结合北海区的实际情况,参照相关文献资料,并经专家讨论后确定各指标权重。

表 3-4　土壤酸碱度分级标准

分级	极强酸性	强酸性	酸性	中性	碱性	强碱性	极强碱性
pH	<4.5	4.5～5.5	5.5～6.5	6.5～7.5	7.5～8.5	8.5～9.5	>9.5

表 3-5　土盐渍化类型划分标准

盐渍化类型	Cl^-/SO_4^{2-}
硫酸盐型(SO_4^{2-})	<0.5
氯化物—硫酸盐型(Cl^-—SO_4^{2-})	0.5～1
硫酸盐—氯化型(SO_4^{2-}—Cl^-)	1.0～4.0
氯化物型(Cl^-)	>4.0

表 3-6　土壤盐渍化性质与程度划分标准

盐渍化类型	氯化物型 Cl^-	硫酸盐—氯化物型 Cl^-—SO_4^{2-}	氯化物—硫酸盐型 SO_4^{2-}—Cl^-	硫酸盐型 SO_4^{2-}
盐渍化程度	0～100 cm 土层含盐量(%)			
非盐渍化土	<0.15	<0.2	<0.25	<0.3
轻盐渍化土	0.15～0.3	0.2～0.3	0.25～0.4	0.3～0.6
中盐渍化土	0.3～0.5	0.3～0.6	0.4～0.7	0.6～1.0
重盐渍化土	0.5～0.7	0.6～1.0	0.7～1.2	1.0～2.0
盐土	>0.7	>1.0	>1.2	>2.0

参考文献

[1] Conner A J, Glare T R, Nap J P. The Release of Genetically Modified Crops Into the Environment: Part Ⅱ. Overview of Ecological Risk Assessment[J]. Plant Journal, 2003, 33(1): 19-46.

[2] Cramer V A, Hobbs R J. Assessing the Ecological Risk from Seconary Salinity: A framework Addressing Questions of Scale and Threshold Responses[J]. Austral Ecology, 2005, 30(5): 537-545.

[3] Demir Y, Ersalin S, Guler M. Spatial Variability of Depth and Salinity of Groundwater Under Irrigated Ustifluvents in the Middle Black Sea Region of Turkey[J]. Environmental Monitoring And Assessment, 2009, 158: 279-294.

[4] Diodato N, Ceccarelli M. Multivariate Indicator Kriging Approach Using a GIS to Classify Soil Degradation for Mediterranean Agricultural Lands[J]. Ecological Indicators, 2004, 4(3):177-187.

[5] Facchinelli A, Sacchi E, Mallen L, et al. Multivariate Statistical and GIS Based Approach to Identify Heavy Metal Sources in Soils[J]. Environmental Pollution, 2001, 114: 313-324.

[6] Journel A G. Non-parametric Estimation of Spatial Distribution[J]. Journal of Mathematical Geology, 1983, 15(3):445-468.

[7] Landis W G. Twenty Years Before and Hence: Ecological Risk Assessment at Multiple Scales with Multiple Stressors and Multiple Endpoints[J]. Human and Ecological Risk Assessment, 2003(9): 1317-1326.

[8] Lark R M, Ferguson R B. Mapping risk of Soil Nutrient Deficiency or Excess by Disjunctive and Indicator Kriging[J]. Geoderma, 2004, 118:39-53.

[9] Lloyd C D, Atkinson P M. Assessing Uncertainty in Estimates with Ordinary and Indicator Kriging[J]. Computers and Geosciences, 2001, 27:929-937.

[10] Xu X G, Lin H P, Fu Z Y. Probe into the Method of Regional Ecological Risk Assessment-a Case Study of Wetland in the Yellow River Delta in China[J]. Journal of Environmental Management, 2004, 70(3):253-262.

[11] 陈辉,刘劲松,曹宇.生态风险评价研究进展[J].生态学报,2006,26(5):1558-1566.

[12] 李冬顺,杨劲松,姚荣江.生态风险分析用于苏北滩土壤盐渍化风险评估研究[J].土壤学报,2010, 47(5):857-864.

[13] 李凤全,吴樟荣.半干旱地区土地盐碱化预警研究——以吉林省西部土地盐碱化预警为例[J].水土保持通报,2002,22(1):57-59.

[14] 李名升,佟连军.辽宁省污灌区土壤重金属污染特征与生态风险评价[J].中国生态农业学报, 2008,16(6):1517-1522.

[15] 李维德,李自珍,石洪华.生态风险分析在农田肥力评价中的应用[J].西北植物学报,2004,24(3): 546-550.

[16] 王凤生,田兆成.吉林省松嫩平原土壤盐渍化过程的地下水作用[J].吉利地质,2002,21(2):79-88.

[17] 杨克磊,宋蓉.土壤盐渍化风险评价[J].科学与财富,2010(7):159.

[18] 姚荣江,杨劲松,陈小兵,等.苏北海涂典型围垦区土壤盐渍化风险评估研究[J].中国生态农业学报,2010,18(5):1000-1006.

[19] 章光新,邓伟,何岩,等.水文响应单元法在盐渍化风险评价中的应用[J].吉林大学学报(地球科学版),2005(3):356-360.

[20] 周云轩,付哲,刘殿伟.吉林省西部土壤沙化盐碱化和草原退化演变的时空过程研究[J].吉林大学学报(地球科学版),2003,33(3):348-354.

[21] 周在明,张光辉,王金哲,等.环渤海低平原区土壤盐渍化风险的多元指示克立格评价[J].水利学报,2011,42(10):1144-1151.

第六节 岸线侵蚀风险评价方法构建

一、研究进展

海岸侵蚀是全球性的自然灾害,自20世纪50年代以来,我国海岸侵蚀日渐明显,至70年代末期除了原有的岸段侵蚀后退之外,不断出现新的侵蚀岸段,侵蚀程度加剧。海岸侵蚀最直接的危害是破坏沿岸建筑物,造成道路坍塌中断,尤其是岸滩后退造成河口低洼地的淹没,增大海岸洪涝概率和土地的盐渍化程度,乃至干扰海岸生态系统,因此迫切需要加强对海岸侵蚀的管理和研究。

岸线侵蚀加剧导致自然岸线资源减少,对周边自然生态环境及社会经济造成严重损失,对岸线侵蚀程度及其对环境影响、造成灾害程度的研究是国内外研究的热点。自 20 世纪 60 年代以来,美国、日本、英国、澳大利亚等国家对海岸侵蚀观测和理论研究方面做了大量工作,对岸线侵蚀原因(风暴潮、人为影响)及海滩养护问题进行分析。取得成果主要包括岸滩侵蚀过程和机理研究、侵蚀模式和模型研究、护岸工程规划和防护管理研究三个方面。

我国海岸侵蚀的相关研究起步较晚,始于 20 世纪 80 年代,90 年代以来得到较快的发展,许多海岸学者对我国海岸侵蚀的原因、侵蚀过程、侵蚀程度、侵蚀等级划分、侵蚀模式以及海岸带管理等方面进行了广泛而深入的研究。

据统计,我国目前已有近 70% 的沙质海滩和大部分处于开阔水域的淤泥质潮滩处于侵蚀后退状态(厦东兴,等,1993),侵蚀岸线长度已占全国大陆岸线总长度的 1/3 以上(季子修,1996)。

另有监测结果表明,辽西绥中某些岸段平均后退速率为 1~2 m/a,侵蚀严重的熊岳岸线以平均 2~4 m/a 的速率而大幅度后退,特别严重的地区最大后退达 10 km。最近两年辽东湾田崴子海岸侵蚀速率一般为 2 m/a 左右,其他地区侵蚀后退速率都小于 1 m/a,与 20 世纪 90 年代相比海岸侵蚀速度相对减小,表明一些海域使用管理办法的出台对保护海岸起到了一定的作用(王玉广,等,2005)。张立海(2006)对秦皇岛地区海岸侵淤活动进行了分析,论述了控制条件和对滨海资源环境的危害,发现近 50 多年来,秦皇岛 123.5 km 长海岸发生过 6 种不同形式的侵淤活动,有 82.69 km 岸段发生不同程度的侵蚀活动,占总岸段的 67%。

海岸侵蚀的原因十分复杂,但可归结为自然因素和人为因素两种,前者包括海平面变化、构造下沉、风暴潮等;后者则有水库导致河流输沙锐减,海岸工程、海岸(底)采砂等影响。总体上,就辽东湾和秦皇岛而言,海岸侵蚀诱因中的人为因素占首位,除强风浪和风暴潮偶然袭击外,海面上升、构造下沉和地表变形等只起叠加或促进作用,人为因素中岸滩采砂和河流输沙锐减是导致沿岸泥沙亏损和导致海岸侵蚀的直接原因。

之前国内研究普遍集中在岸线侵蚀程度描述、机制分析等方面,并且岸线侵蚀程度主要基于侵蚀速率,指标单一,缺乏对海岸侵蚀灾害评估研究,不能全面地反映岸线侵蚀状况及其产生风险强度。其原因之一是积累的资料尚不够丰富,再就是如何将海岸侵蚀灾害损失同其他海洋灾种分离开来,目前尚无统一的认识(申曙光,1994)。

海岸侵蚀灾害评估的意义在于它能全面、准确地反映灾情,为灾害防治提供客观依据,并有利于对灾害的科学研究。根据评价对象及目的不同,岸线侵蚀风险评价包括了风险经济损失评价和风险环境评价。

风险经济损失评价方面,王文海等(1999)对 1992 年山东省岸线侵蚀致灾经济损失进行评估,评价指标包括经济总损失量、单位岸线损失、人均损失量、国民生产总值损失率、国民收入损失率、预算内收入损失率、受灾率和土地损失率,评价方法为综合指数法;并根据上述评估方法,以县级政区为单位,对 1992 年 9216 号台风暴潮过程所造成的山东省部分县市海岸侵蚀损失进行了计算。FCERM(2007)制定了岸线侵蚀经济损失评估手册,通过综合指标法等对岸线侵蚀相关自然、社会及经济指标进行权重分析及评价等级划分。

但是上述风险经济损失评价没有考虑到岸线侵蚀致灾自然原因,缺少对灾害趋势预测,而风险环境评价对这一状况进行了弥补,为岸线侵蚀防护与治理提供技术支撑。在风险环境评价方面除了岸线侵蚀程度指标及机制指标外,Laura Del Rio(2009)还对岸线利用类型、周边人口密度、开发程度、保护区和交通等社会、经济指标进行综合考虑,通过致灾因子及社会影响因子对岸线侵蚀风险进行评价。P. H. G. O. Sousa(2011)利用岸滩类型、滩面规模、水动力、植被覆盖、周边土壤渗透率等方面对岸线侵蚀风险进行评价。山东省环境监测中心(2012)采用岸线侵蚀速率、侵蚀率和土地利用类型3个指标对山东省岸线侵蚀风险进行评价。其他地区该方面研究尚不多见。

二、方法构建

岸线侵蚀风险评价主要包括危险度和易损度评价,风险评价指数为危险度和易损度乘积,其难点主要集中在指标选取、等级划分和各权重分析几个方面。目前,由于量化信息有限且统计分析较为困难,岸线侵蚀指标等级划分主要采用主、客观赋值法进行等级划分。一般情况下,根据岸线侵蚀特征及机制、评价区域自然及社会现状划分等级。

(一)指标筛选与确定

根据岸线侵蚀特征及其环境影响,构建危险度和易损度两级评价指标,各级指标具体包括如下。

1.危险度指标

根据岸线侵蚀特征及其影响因素,分析岸线侵蚀定性、定量化指标。其中,侵蚀率及侵蚀速率是岸线侵蚀程度的直接体现;调查海域水动力(潮差、潮流及浪高)强度与岸线防护(自然防护——拦门沙坝或礁石、人工防护)、滩面规模、植被覆盖分别是岸线侵蚀直接原因及承受能力体现;河流输沙量变化、海平面、风暴潮及降雨量变化、水利工程建设、海砂开采等是导致岸线侵蚀的间接因素。

考虑到指标重要性及资料收集完整性,确定岸线侵蚀危险度指标10个,具体见表3-7。

表 3-7 岸线侵蚀危险度指标

序号	因素	释义	描述与要求
1	岸线类型	砂质、淤泥、基岩或人工岸线	监测岸线类型(淤泥质、砂质或基岩)
2	侵蚀率	侵蚀岸段占调查岸段的百分比	侵蚀岸线长度占监测岸线长度比例
3	侵蚀速率	侵蚀岸段年均侵蚀速率	近5年监测资料
4	滩面规模	调查岸滩面积	宽(滩面宽度>20 m)、窄(滩面宽度<20 m)、缺失
5	水体遮蔽屏障	近岸水体中水下沙坝、拦门沙、礁石或人工构筑物	岛屿、礁石、水下浅滩或拦门沙坝

序号	因素	释义	描述与要求
6	植被覆盖	调查岸滩及其周边植被覆盖程度	覆盖率（茂密＞10％、少量＜10％、缺失）、植被类型（树木、灌木丛、草丛等）描述
7	潮差	调查海域高低潮差	近5年资料
8	浪高	调查海域海浪高度	
9	风暴潮	调查海域风暴潮频率及规模	
10	降雨量	调查海域及周边地区年均降雨量变化	

2.易损度指标

岸线侵蚀导致土地资源及海岸线资源的匮乏，岸线蚀退对周边岸线利用及开发活动造成较大影响，破坏了蚀退岸线周边交通、旅游景观及历史文化遗迹，对周边成立的自然保护区、海洋特别保护区及重要生态系统带来较大挑战。

根据岸线侵蚀导致自然环境及社会经济损失程度，确定岸线侵蚀易损度指标7个，具体见表3-8。

表3-8　岸线侵蚀易损度指标

序号	因子	释义	描述与要求
1	岸线利用类型	包括自然岸线、农田、盐田、旅游及海洋工程等	自然岸线、农田、盐田或海洋工程
2	人口密度	调查岸段周边行政单元年均人口密度	周边县级市人口密度
3	开发程度	调查岸段及周边人类活动及开发程度	监测岸线周边岸线利用比例
4	交通	调查岸线邻近主要交通干线或是否为交通疏密区	有无小道、主干道、高速路或铁路
5	旅游景观及文化遗迹	调查岸线或周边自然景观、历史文化遗迹及旅游资源	有无省级、国家级旅游文化景观
6	保护区	调查岸线及周边成立的自然保护区及海洋特别保护区	10 km范围内有无保护区及其距岸线距离
7	重要生态系统	调查岸线周边存在的河口、滨海湿地等重要生态系统	10 km范围内有无重要生态系统及其距岸线距离

(二)指标权重计算

由于岸线侵蚀风险评价部分指标定量分析困难,客观评价不易实现;而层次分析法是应用最广泛的主观分析方法,运用技术也较为成熟,该法在实际运用中容易被人理解,应用便易,减少主观赋值误差。对岸线侵蚀风险评价指标进行分层并对各指标权重进行专家打分,进行层次权重值确定及判定矩阵一致性检验。

1. 风险评价指标分层

(1)根据岸线侵蚀特征及各因素对其产生影响程度不同,将岸线侵蚀风险评价危险度因素集分成两层。

第一层:

$U=\{u_1,u_2,u_3\}=\{岸线侵蚀程度,水动力及岸线承受强度,历史趋势\}$。

第二层:

$u_1=\{侵蚀率,侵蚀速率\}$;

$u_2=\{滩面规模,水体遮蔽屏障,潮差,浪高,植被覆盖\}$;

$u_3=\{风暴潮,降雨量\}$。

(2)根据岸线侵蚀对周边自然、社会经济等造成损失价值及损失可恢复程度等因素,将岸线侵蚀风险评价易损度因素集分成两层。

$V=\{v_1,v_2\}=\{对岸线资源利用及经济开发影响,对旅游景观及生态保护区影响\}$;

$v_1=\{岸线利用类型,人口密度,开发程度\}$;

$v_2=\{交通,旅游景观及文化遗迹,保护区,重要生态系统\}$。

2. 权重计算

(1)危险度评价指标权重计算。

①$u_1=\{侵蚀率,侵蚀速率\}=\begin{pmatrix} 1 & 1 \\ 1 & 1 \end{pmatrix}$。

特征向量 w 归一化(权重)$\{0.5,0.5\}$;

阶数 n 小于 3 时,判断矩阵永远具有完全一致性,故不做特征根及一致性指标计算。

表 3-9 元素集 u_1 专家打分表

	侵蚀率	侵蚀速率
侵蚀率	1	1
侵蚀速率	1	1

②$u_2=\{滩面规模,水体遮蔽屏障,潮差,浪高,植被覆盖\}$。

特征向量 w 归一化(权重)$\{0.50,0.24,0.13,0.09,0.04\}$;

$\lambda_{max}=5.26$

$CI=0.07$

$n=5$ 时,$RI=1.12$

矩阵一致性比率 $CR=CI/RI=0.06<0.1$,满足一致性原则。

表 3-10　元素集 u_2 专家打分表

	滩面规模	水体遮蔽屏障	潮差	浪高	植被覆盖
滩面规模	1	5	3	5	5
水体遮蔽屏障	1/3	1	3	3	5
潮差	1/5	1/3	1	2	4
浪高	1/5	1/3	1/2	1	4
植被覆盖	1/7	1/5	1/4	1/4	1

③u_3＝{风暴潮,降雨量}。

特征向量 w 归一化(权重){0.83,0.17};

阶数 n 小于 3 时,判断矩阵永远具有完全一致性,故不做特征根及一致性指标计算。

表 3-11　元素集 u_3 专家打分表

	风暴潮	降雨量
风暴潮	1	5
降雨量	1/5	1

④U＝{u_1,u_2,u_3}＝{岸线侵蚀程度,水动力及岸线承受强度,历史趋势}。

特征向量 w 归一化(权重){0.74,0.18,0.08};

λ_{max}＝3.04

CI＝0.02

n＝3 时,RI＝0.58

矩阵一致性比率 CR＝CI/RI＝0.04<0.1,满足一致性原则。

表 3-12　元素集 U 专家打分表

	岸线侵蚀程度	水动力及岸线承受强度	历史趋势
岸线侵蚀程度	1	5	8
水动力及岸线承受强度	1/5	1	3
历史趋势	1/8	1/3	1

⑤岸线侵蚀风险评价危险度评价指标权重。

根据层次分析法,将第一层评价指标与第二层评价指标用乘积法计算,获取综合评价指标,经归一获取危险度评价指标权重。

表 3-13　危险度评价指标权重

序号	第一层	第二层	综合评价	权重(归一化)
1	岸线侵蚀程度 0.74	侵蚀率 0.5	0.37	0.370
2		侵蚀速率 0.5	0.37	0.370

(续表)

序号	第一层	第二层	综合评价	权重(归一化)
3		滩面规模 0.50	0.09	0.090
4		水体遮蔽屏障 0.24	0.043	0.043
5	水动力及岸线承受强度 0.18	潮差 0.13	0.023	0.023
6		浪高 0.09	0.016	0.016
7		植被覆盖 0.04	0.007	0.007
8	其他 0.08	风暴潮 0.83	0.066	0.066
9		降雨量 0.17	0.014	0.014

(2)易损度评价指标权重计算。

v_1＝{岸线利用类型,人口密度,开发程度};

特征向量 w 归一化(权重){0.64,0.26,0.10};

λ_{max}＝3.04

CI＝0.02

n＝3 时,RI＝0.58

矩阵一致性比率 $CR＝CI/RI＝0.03<0.1$,满足一致性原则。

表 3-14 元素集 v_1 专家打分表

	岸线利用类型	人口密度	开发程度
岸线利用类型	1	3	5
人口密度	1/3	1	3
开发程度	1/5	1/3	1

①v_2＝{交通,旅游景观及文化遗迹,保护区,重要生态系统}。

特征向量 w 归一化(权重){0.07,0.15,0.39,0.39};

λ_{max}＝4.04

CI＝0.01

n＝3 时,RI＝0.9

矩阵一致性比率 $CR＝CI/RI＝0.02<0.1$,满足一致性原则。

表 3-15 元素集 v_2 专家打分表

	交通	旅游景观及文化遗迹	保护区	重要生态系统
交通	1	1/3	1/5	1/5
旅游景观及文化遗迹	3	1	1/3	1/3
保护区	5	3	1	1
重要生态系统	5	3	1	1

②$V=\{v_1,v_2\}=\{$对岸线资源利用及经济开发影响,对旅游景观及生态保护区影响$\}$。

特征向量 w 归一化(权重)$\{0.83,0.17\}$;

阶数 n 小于 3 时,判断矩阵永远具有完全一致性,故不做特征根及一致性指标计算。

表 3-16　元素集 V 专家打分表

	对岸线资源利用及经济开发影响	对旅游景观及生态保护区影响
对岸线资源利用及经济开发影响	1	5
对旅游景观及生态保护区影响	1/5	1

③岸线侵蚀风险评价易损度评价指标权重。

根据层次分析法,将第一层评价指标与第二层评价指标用乘积法计算,获取综合评价指标,经归一获取易损度评价指标权重。

表 3-17　易损度评价指标权重

序号	第一层指标	第二层指标	综合评价指标	权重(归一化)
1	对岸线资源利用及经济开发影响 0.83	岸线利用类型 0.64	0.531	0.531
2		人口密度 0.26	0.216	0.216
3		开发程度 0.10	0.083	0.083
4	对旅游景观及生态保护区影响 0.17	交通 0.07	0.012	0.012
5		旅游景观及文化遗迹 0.15	0.026	0.026
6		保护区 0.39	0.066	0.066
7		重要生态系统 0.39	0.066	0.066

(三)风险评价指标等级划分

由于岸线侵蚀风险评价指标具有量化特征,结合岸线侵蚀特征、影响因素及渤海区具体状况,参照相关文献资料,采用主、客观赋值法确定渤海岸线侵蚀风险评价指标赋值等级(表 3-18)。

表 3-18　风险评价指标赋值等级

序号	因素	类型	权重 w_i	等级 v_i		
				1	2	3
危险度 R_1	侵蚀率		0.370	<30%	30%~70%	>70%
	侵蚀速率	淤泥质岸线	0.370	<1 m/a	1~10 m/a	>10 m/a
		砂质岸线		<0.5 m/a	0.5~2 m/a	>2 m/a
	滩面规模		0.090	宽	狭窄	缺失

(续表)

序号	因素	类型	权重 w_i	等级 v_i		
				1	2	3
危险度 R_1	水体遮蔽屏障		0.043	岛屿、礁石	水下浅滩或拦门沙坝	缺失
	潮差		0.023	<2 m	2~4 m	>4 m
	浪高		0.016	<1 m	1~3 m	>3 m
	植被覆盖		0.007	茂密树林	较多灌木丛或草丛	少量或缺失
	海平面上升		0.066	<1 mm/a	1~2.5 mm/a	>2.5 mm/a
	降雨量		0.014	<200 mm	200~600 mm	>600 mm
易损度 R_2	岸线利用类型		0.531	自然岸线	农田、盐田	海洋工程
	人口密度		0.216	<200 km²	200~500 km²	>500 km²
	开发比例		0.083	<30%	30%~70%	>70%
	交通		0.012	无或小路	主干道	高速或铁路
	旅游景观及文化遗迹		0.026	无	省级	国家级
	保护区		0.066	未涉及	10 km 范围内存在	2 km 范围内存在
	重要生态系统		0.066	未涉及	10 km 范围内存在	2 km 范围内存在

(四)风险评价

危险度、易损度及风险评价指数计算公式如下:

$$R_1 = \sum_{i=1}^{m}(w_i \times v_i)/\sum w_i$$
$$R_2 = \sum_{i=1}^{n}(w_i \times v_i)/\sum w_i$$
$$R = R_1 \times R_2$$

参考文献

[1] Laura Del Río, F. Javier Gracia. Erosion Risk Assessment of Active Coastal Cliffs in Temperate Environments[J]. Geomorphology, 2009, 112: 82-95.

[2] P. H. G. O. Sousa, E. Siegle, M. G. Tessler. Environmental and Anthropogenic Indicators for Coastal Risk Assessment at Massaguaçú Beach (SP) Brazil. Journal of Coastal Research, 2011, Special Issue 64, 319-323.

[3] 季子修. 中国海岸侵蚀特点及侵蚀加剧原因[J]. 自然灾害学报, 1996, 5(2): 65-75.

[4] 厦东兴, 等. 中国海岸侵蚀述要[J]. 地理学报, 1993, 48(5): 468-476.

[5] 申曙光. 灾害学[M]. 北京: 中国农业出版社, 1994.

[6] 王文海, 吴桑云, 陈雪英. 海岸侵蚀灾害评估方法探讨[J]. 自然灾害学报, 1999, 8(1): 71-77.

[7] 王玉广, 李淑媛, 苗丽娟. 辽东湾两侧砂质海岸侵蚀灾害与防治[J]. 海岸工程, 2005, 24(1): 9-18.

[8] 张立海, 刘凤民, 刘海青, 等. 秦皇岛地区海岸侵蚀及主要原因[J]. 地质力学学报, 2006, 12(2): 261-273.

第七节 危化品泄漏风险评价方法构建

近年来,石化工业的进步带动了危险化学品生产及运输的迅速发展。截至 2010 年年底,全国共有危险化学品生产企业 2.2 万家,生产 7 700 多个危险化学品品种。为便于水路运输,许多国家纷纷在沿海建设危险化学品生产企业及危险化学品运输码头,形成了一定规模的危险化学品生产运输集散地。由于危险化学品的固有危险特性,使得沿海危险化学品产业在快速发展的同时存在着极大的安全隐患,并且在储存运输过程中任何一个环节出现问题都可能引起火灾、爆炸和泄漏、有毒、有害物质的扩散等严重事故,对海洋环境和海洋生态都会造成巨大的损害和破坏。

通过了解国内外危险化学品风险评价现状,并结合北海区危险化学品生产企业和运输码头的资料,探索建立了适用于北海区的危险化学品风险评价体系,以期为风险防控工作提供技术依据,降低北海区危险化学品生产企业和运输码头发生事故的频率,减少事故发生后引起的经济及生态损失,为保护海洋生态环境,防灾减灾做出贡献。

一、国内外研究现状

20 世纪 60 年代以后,随着世界经济的发展,环境问题日益突出。最初人们只注意环境危害出现后的治理研究,然而很多有毒、有害物质一旦进入环境,将对人体健康和生态环境造成长期严重的危害,要彻底治理将花费大量的人力和物力,有些甚至根本无法治理,一些工业发达国家为此付出了沉重的代价(林玉锁,1993)。20 世纪 70 年代以后,环境保护的研究重点转移到污染物进入环境之前的风险管理,环境风险评价这一新兴领域应运而生。80 年代发生了几起震惊于世的特大恶性环境污染事故,大大刺激和推动了环境风险评价的研究和开展(毛小苓,等,1998)。随着环境毒理学、生态毒理学、环境化学、环境污染生态学、环境工程学、环境地质学,以及数学和计算机科学等相关学科的相继发展,环境风险评价在综合应用这些相关学科知识的基础上,已经成为环境风险管理和环境决策的科学基础和重要依据(谢春庆,1994)。

随着社会的发展,危险化学品的应用越来越广泛,危险化学品风险评价已经成为环境风险评价的重要组成部分。危险化学品包括爆炸物、毒气、可燃液体或气体、氧化剂、放射物、腐蚀物、危险废物等。据统计,我国生产和使用的危险化学品有 3 823 种,其中335 种是剧毒品(张江华,等,2008)。危险化学品种类繁多,性质各异,危险特性各不相同,在生产、储存、运输和使用过程中诱发事故的因素很多。稍有不慎,极易导致严重灾害,造成人员伤亡和财产损失,同时可能导致环境损害。

危险化学品风险评价的发展与环境风险评价的发展大致相同,经历了三个发展阶段(毛小苓,刘阳生,2003)。第一阶段:20 世纪 30 年代到 60 年代,处于萌芽阶段。危险化学品的风险评价主要采用毒物鉴定方法进行健康影响分析,以定性研究为主。第二阶段:20 世纪 70 年代到 80 年代,风险评价研究处于高峰期,评价体系基本形成。事故风险评价最具代表性的评价体系是美国核管会 1975 年完成的《核电厂概率风险评价实施指南》，亦即著名的 WASH1400 报告。其中对危险化学品风险评价具有里程碑意义的文件是 1983 年美国国家科学院出版的红皮书《联邦政府的风险评价：管理程序》，提出风险评价"四步法"，即危害鉴别、剂量—效应关系评价、暴露评价和风险表征。这也成为环境风险评价的指导性文件，目前已被荷兰、法国、日本、中国等许多国家和国际组织所采用（田裘学，1997）。第三阶段：20 世纪 90 年代以后，危险化学品风险评价处于不断发展和完善阶段，生态风险评价逐渐成为新的研究热点。随着相关基础学科的发展，风险评价技术也不断完善，美国对 20 世纪 80 年代出台的一系列评价技术指南进行了修订和补充，同时又出台了一些新的指南和手册。其他国家，如加拿大、英国、澳大利亚等国也在 90 年代中期提出并开展了生态风险评价（蔡国梅，徐纪良，2008）。

我国的危险化学品环境风险评价研究起步于 20 世纪 90 年代，且主要以介绍和应用国外的研究成果为主（曾光明，等，1998；程胜高，鱼红霞，2001），目前，还没有一套适合中国的有关危险化学品风险评价程序和方法的技术性文件（王勇，等，1995；刘桂友，等，2007a）。尽管如此 90 年代以后，在一些部门的法规和管理制度中已经明确提出危险化学品风险评价的内容。1992 年，根据危险化学品的主要特性，我国制定了《常用危险化学品的分类及标志》（GB 13690—92），明确将化学危险品分为八类（危险货物分类和品名编号[S]，1986）。2004 年我国通过了《中华人民共和国港口法》《危险化学品安全管理条例》和《港口危险货物运输管理办法》，这些法律法规都对危险化学品的风险管理和评价做出规定（刘桂友，等，2007b）。2006 年我国实施的《中华人民共和国安全生产法》第三十三条规定，生产经营单位对重大危险源应当登记建档，进行定期检测、评估、监控，并制订应急预案。2011 年国务院发布了修订后的《危险化学品安全管理条例》。2014 年 5 月 7 日，国家安全生产监督管理总局发布了《危险化学品生产、储存装置个人可接受风险标准和社会可接受风险标准（试行）》。

近年来，许多发达国家将危险化学品环境风险评价纳入环境管理的范畴，危险化学品环境风险评价已经成为建设项目、区域开发和政策制定的环境影响评价的重要组成部分。目前应用最广泛的是危险化学品事故风险评价（孟宪林，等，2001；张珞平，等，1999）。1987 年欧盟立法规定，对有可能发生化学事故危险的工厂必须进行环境风险评价。1988 年联合国环境规划署（UNEP）制订了阿佩尔计划（APELL），以应付那些令人难以防范而又有可能对人类造成严重危害的环境污染事故（毛小苓，等，1998）。1990 年我国环保总局下发第 057 号文，要求对重大环境污染事故隐患进行环境风险评价。20 世纪 90 年代以后，在我国新建或拟建的具有重大环境污染事故隐患的建设项目（如化学工业、石油工业、核电工业、医药工业等）的环境影响报告中普遍开展了环境风险评价（曾光明，等，1998；彭理通，1998；胡二邦，等，2004）。

关于危险化学品生产及储运风险评价是人们在利用危化品中不可避免的问题。在生产风险方面的评价中，多评估关于生产使用的危险化学品和生产时的工艺及安全设施（邹志云，等，2015；沈玲，曾强，2007），易高翔针对北京市危险化学品企业的现状，开展了企业安全生产风险评估，提出生产过程的固有风险和动态风险相结合的风险评估方法。

固有风险为企业的基本风险,由危化品物质量、安全监控、工艺水平和周边环境组成;动态风险主要包括安全基础管理和现场管理等指标。上述指标通过专家打分和层次分析确定评价的权重,最终建立了北京市危险化学品企业的生产风险评估模型(易高翔,2011)。段付岗等通过分析合成氨的生产过程,并针对该过程使用的危化品特性进行了风险研究,并针对使用的不同危险化学品的危险类别、健康危害性和工作危险性提出相应的风险控制措施(段付岗,李清位,2014)。在储存阶段也有较多的风险评价研究,王辉民等借鉴了现有的生态风险评价方法,提出适宜危险化学品储存的区域生态风险评价体系,即区域生态风险受体确定、评价终点选择、暴露途径和方式、暴露剂量分析与计算、风险表征以及区域生态风险管理对策等的基于危险化学品储存的区域生态风险评价体系,并根据该评价体系对东北某省某区域进行了风险评价,根据评价结果提出从防范措施、应急预案、环境监测和生态补偿 4 个方面制定区域生态风险管理措施(王辉民,等,2008)。而苏伯兴等则阐述了危险化学品储存企业存在和面临的风险种类,分析了风险产生的原因,通过对风险因素的分析和评估,提出了所见风险的应对措施,从而降低事故概率和频率,减少了危险化学品储存企业的风险(苏伯兴,等,2011)。危险化学品的运输过程也是事故高发的环节(姜学鹏,等,2006;吕冀文,2008),张江华等从事故概率估算和事故后过模拟方面分析了危险化学品的运输风险。应用信息扩散理论估计了危险化学品运输事故概率,并基于 GIS 技术模拟分析了危险化学品运输事故后果,完善了危险化学品运输风险分析,为更好地决策以减少事故、保护人民群众的生命和财产安全提供了保障(张江华,朱道立,2007),赵来军等则通过事故概率的统计估算来分析危化品的运输风险,采用泊松回归模型拟合了上海市安全生产监督管理局 2000—2006 年提供的危险化学品运输事故数据,并对比正态分布求解结果,提出一种危险化学品运输风险概率估计更为有效的方法(赵来军,程晶晶,2011)。

危险化学品对人体健康和环境健康的危害则是风险评价中人们最为关心的问题,对人体健康危害的评价也是风险评价中研究最为透彻的部分。健康风险评价是 20 世纪 80年代以后兴起的危险化学品环境风险评价的重点,目前在世界各国得到一定应用(张应华,等,2007;曾光明,李新民,1997;王宗爽,等,2009;田裘学,1997)。通常在对人体健康危害的评价中,主要根据污染物的化学特性和毒理学特性,将污染物分为致癌化学物、非致癌化学物质、放射性物质,并从这三个方面研究它们对人体的危害。从环境毒理学、生态毒理学、环境化学等微观层次上定量地评价和预测化学品引起的风险较多(Janssen C R et al,2003;Länge R& Dietrich D.,2002;Staples C A, et al,2001)。如欧盟为提高化学品的安全性,分别对已存化学物质和新物质的环境风险评价做出明确规定(C J F E.,1995)。我国近年利用风险概念和分析方法对环境健康风险的应用研究也取得较大进展。1990 年开始在核工业系统开展环境健康风险评价的研究,段晓丽等认为暴露参数是人体暴露和健康风险评价中的关键性参数,其准确性是决定健康风险评价准确性和科学性的关键因素之一。然而,由于国外的暴露参数不能代表我国居民的暴露特征和行为,从而影响环境风险管理和风险决策的有效性和科学性。因此其在介绍了暴露参数的调查研究方法以及在环境健康风险评价工作中的应用的基础上,比较了我国与国外暴露参数在调查和科研方面的差距和不足,为我国暴露参数的发展方向提出了建议(段小丽,等,2012);1997 年国家攻关计划开展了燃煤大气污染对健康危害的研究,周裕敏等和唐荣莉等分别检测了北京市空气中挥发性有机物和道路灰尘重金属含量,并将其浓度与国际上的阈值进行对比进行健康风险评价(周裕敏,等,2011;唐荣莉,等,2012);曾光明等以有毒物质河流泄漏行为为例进行模拟分析,尝试性地提出一种计算河流有毒物质断面超标风险率的数学模拟分析方法,探讨了在一定条件下,即为确保饮用水质的安全,把超标风险率控制在一定范围内应取的措施(曾光明,等,1998)。张应华等基于对水源地石油污染等现场调查数据为基础,选取典型污染物苯,利用可传递参数差异的蒙特卡罗技术方法,分析了乙烯厂不同分区苯污染经过呼吸和饮水暴露途径造成人体健康风险的不确定性,量化不确定性因素影响的地区人体健康风险水平。为污染场地的风险管理和修复行动提供科学依据(张应华,等,2007)。M. H. Achoour 在分析了美国 42 份环境影响报告书后讨论了健康风险评价是如何、为什么和在多大程度上影响了环境影响评估,并以致癌物质的致癌风险分析为例分析了健康风险评价的狭隘性,并提出一种考虑全球的化学物质生产的环境风险评价模型(Achour M H et al,2005)。但由于健康风险评价本身不完善,目前的应用受到很大限制。

Walter A. Rosenbaum(1989)在分析了美国 1983 年提出的环境风险评价程序之后,指出了该程序的缺陷。此后,很多学者相继提出具有针对性的危险化学品环境评价方法,并应用于各个领域。Masashi Gamo 利用风险估计框架评估了 12 种致癌和非致癌物质的环境风险。评估框架由两部分组成:计算不利健康影响的概率和影响的程度的评价。在计算的不利健康影响是考虑了个体差异、曝光量、代谢率和灵敏度;而影响程度的评价采用了损失的预期寿命作为量度(Gamo M et al,2003)。Vladimir Gorsky 对俄罗斯高毒性物质的环境风险进行了评价,建立了大气中有毒物质瞬时排放和短期连续排放的剂量—吸收环境风险评价模式(Gorsky V et al,2000)。J. Oppel 通过 6 种医学产品的土壤浸出试验研究了不同土壤中 6 种医学产品在土壤中的迁移性和污染地下水的可能性(Oppel J et al,2004)。持久性有机污染物的区域风险研究成为当前的研究热点,研究也扩大到考虑物理干扰和生物作用力的各种影响(郭山,1996),很多学者分别对各种有毒有害物质的环境风险进行了深入研究,如饮用水中化学物质(Hofer M& Shuker L,2000)、重金属(Banat K M& Aa H F H,2005)、石油污染物(Chen Z, et al,1998)等。

在对危险化学品环境风险长期的研究后发现,人类不仅仅要关心自身的健康,也要关心生态系统的"健康",生态风险评价就是在这样的条件下产生的。生态风险评价实际上是对生态系统的"健康"进行"生态诊断"和"生态救护",它可在决策支持系统、暴露分析、毒性动力学分析、生物学效应分析、种群及群落风险分析、生态系统风险分析等不同方面和水平层次加以应用。在美国,自 1986 年通过 SARA 之后,环境风险研究的重点逐渐由人体健康风险评价向生态风险风评价转移,国内也开始逐渐关注生态风险评价这个领域(曹洪法,沈英娃,1991;沈英娃,曹洪法,1991)。但目前大部分的研究还停留在理论框架和技术路线的探讨阶段,少数有关生态风险评价的应用研究案例也多集中在对生态环境中污染物浓度的测定或简单的风险指数的计算,而不能真正回答污染的生态风险

（王辉民，等，2008；Sergeant A.，2003；许学工，等，2001；陈辉，等，2006）。

二、初步建立危险化学品风险评价方法

（一）评价模式的选择

风险在字典中的定义是"生命与财产损失或损伤的可能性"。也有将风险定义为"用事故可能性与损失或损伤的幅度来表达经济损失与人员伤害的度量"。目前比较通用和严格的风险定义是：风险 R 指在一定时期内事故发生概率 P 与事故造成的环境后果 C 的乘积。即

$$风险(R)=危险度(P)×易损度(C)$$

环境风险是指在自然环境中产生或者是通过自然环境传递的，对人类幸福产生不利影响，同时又具有某些不确定性的危害事件。

环境风险评价是指对人类的各种社会经济活动所引发或面临的危害（包括自然灾害）对人体健康、社会经济、生态系统等所造成的可能损失进行评估，并据此进行管理和决策的过程。狭义上，环境风险评价通常指对有毒有害物质（包括化学品和放射性物质）危害人体健康和生态系统的影响程度进行概率估计，并提出减小环境风险的方案和对策（林玉锁，1993）。

结合风险的定义，在此将评价模式选择为：

$$风险＝危险度×易损度$$

（二）技术路线

构建危险化学品风险源风险评价模型的技术路线如图 3-4 所示。

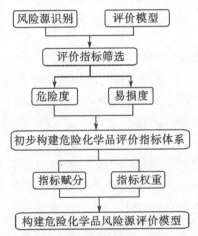

图 3-4 危险化学品风险源风险评价模型构建技术路线

1. 风险源识别

通过对沿海危险化学品企业和码头的调查，得到北海区危险化学品生产企业和危险化学品码头的基本情况，对获得的情况进行统计分析，得到北海区危险化学品风险源的分布情况。

2. 评价模型选择

根据比较通用和严格的风险定义,选择的风险评价模型如下。

$$风险(R)=危险度(P)\times 易损度(C)$$

根据公式计算危险度(P)及易损度(C)的得分,则风险源的风险(R):

$$P = \sum_{i=1}^{4} a_i \times V_i \tag{1}$$

式中,a_i 表示危险度指标 i 的权重,V_i 表示危险度指标 i 的赋分。

$$C = \sum_{i=1}^{4} b_i \times V_i \tag{2}$$

式中,b_i 表示易损度指标 i 的权重,V_i 表示易损度指标 i 的赋分。

$$R = P \times C \tag{3}$$

式中,P 表示根据公式(1)计算得到的危险度,C 表示根据公式(2)计算得到的易损度。

3. 指标筛选

结合北海区的危险化学品风险源的特征及文献调研资料,得出危险化学品的评价指标。

4. 指标得分及权重确定

根据文献资料和专家意见,确定指标得分和权重。

(三)风险源识别

1. 风险源普查内容

初步设计对风险源的普查分为三部分:①沿海危险化学品的生产及储存单位;②沿海危险化学品码头;③海上危险化学品运输。

(1)沿海危险化学品的生产及储存单位。

普查内容包括:①企业名称及概况。②企业位置及所在功能区。③企业界址点经纬度。④危险化学品种类及分类,按我国目前已公布的法规、标准,有三个国标,GB6944—86《危险货物分类和品名编号》、GB12268—90《危险货物品名表》、GB13690—92《常用危险化学品分类及标志》,将危险化学品分类。⑤危险化学品生产及储存量。⑥企业危险化学品生产及存处设施情况:包括相关的设备名称,使用年限,设备存放条件等。⑦事故历史记录:包括事故种类、事故化学品种类及数量、事故大小、事故原因等。⑧企业危险化学品应急处置系统情况:包括应急处置设施,应急处置管理措施等。⑨企业周边海域功能区划,敏感目标及敏感资源:敏感目标的名称、类型、面积、经纬度;敏感资源的名称、及危险化学品可能对敏感资源的影响的相关资料。

(2)沿海危险化学品码头。

普查内容包括:①码头名称及概况。②码头位置及所在功能区。③码头位置及所在功能区。④码头界址点经纬度。⑤危险化学品种类及分类,按我国目前已公布的法规、标准,有三个国标:GB6944—86《危险货物分类和品名编号》、GB12268—90《危险货物品名表》、GB13690—92《常用危险化学品分类及标志》,将危险化学品分类。⑥危险化学品吞吐量。⑦危险化学品存处设施情况:包括相关的设备名称,使用年限,设备存放条件等。⑧事故历史记录:包括事故种类、事故化学品种类及数量、事故大小、事故原因等。⑨危险化学品应急处置系统情况:包括应急处置设施,应急处置管理措施等。⑩周边海域功能区划,敏感目标及敏感资源:敏感目标的名称、类型、面积、经纬度;敏感资源的名称、及危险化学品可能对敏感资源的影响的相关资料。

(3)海上危险化学品运输。

普查内容包括:①海上运输的危险化学品种类及分类,按我国目前已公布的法规、标准,有三个国标:GB6944—86《危险货物分类和品名编号》、GB12268—90《危险货物品名表》、GB13690—92《常用危险化学品分类及标志》,将危险化学品分类。②海运危险化学品吞吐量:统计海运路线及不同路线的吞吐量。③海运危险化学品船只状况:从事危险化学品海运的船只、船员情况;穿上配备的应急设施等。④船只的事故历史记录:包括事故种类、事故化学品种类及数量、事故大小、事故原因等。

2.风险源普查内容优化

将上述风险源普查内容进行实际试应用及意见征求,反馈意见表明普查内容较多,较多资料无法得到。对北海区的危险化学品码头企业等进行重新梳理后,将普查内容进行了简化。

根据普查的结果,发现北海区危险化学品企业和码头的普查得到的信息有相似之处,对北海区的风险普查表进行整合调整,得到最终风险源普查表。

表 3-19 危险化学品概况调查表

区域名称_____ 统计时间_____ 报送单位_____

序号	概况						危险化学品分析					备注
	名称	地区	经纬度	运行状态起始时间	海域敏感目标	周围人口密度	主要危险化学品种类	危险化学品储存量	毒性/爆炸性	既往事故情况	最大存储容器存储量	

填表人_____ 审核人_____

填表说明:

(1)危险化学品种类包括:《首批重点监管的危险化学品名录》所列的所有危险化学品

(2)地区:为港口所在的具体行政区域

(3)海域敏感目标:指该化学品的场所周围半径为1~3公里的海域敏感目标

(4)周围人口密度:指该化学品的场所周围半径为1~3公里的居民密度(万人/平方公里)

(5)危险化学品储存量:该指标是指化学品经常保存的最大储存量。

(6)毒性/爆炸性:依据 GB12268、GB18218—2009 和 GB5044—85。

(7)既往事故情况

指该单位在最近十年间引起急性中毒(爆炸、火灾)的年数、中毒(受伤)人数、死亡人数。

(8)最大存储容器容量:指存储主要化学物的单个容器最大容量。

(四)指标筛选

1.初步建立的风险评价指标

根据最初选定的三类风险源,分别对文献进行整理,初步设计的评价指标体系如图3-5至图3-7所示。

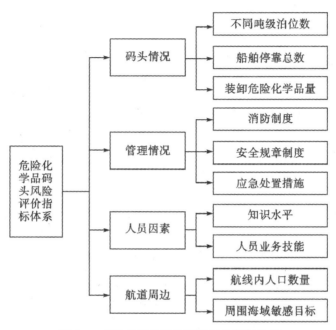

图 3-5　危险化学品码头风险评价指标体系

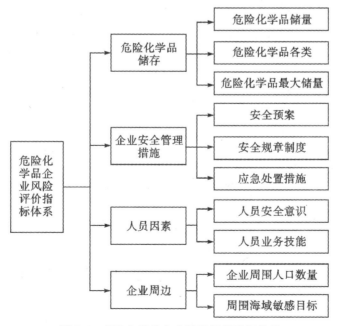

图 3-6　危险化学品企业风险评价指标体系

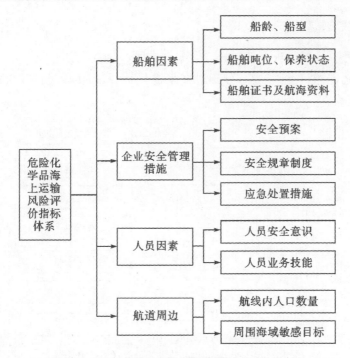

图 3-7　危险化学品海上运输风险评价指标体系

上述评价指标体系资料收集较为困难,同时适用的对象较为单一,无法适用于整个北海区的危险化学品风险源,且在后续评价中指标赋值较为困难,综合考虑上述因素,结合风险源识别得到的资料,对评价指标体系重新进行了优化。

2.优化后的评价指标

根据风险源普查最终获得的资料,结合北海区的危险化学品风险源的特征及文献调研资料,认为危险化学品的评价指标主要如下。

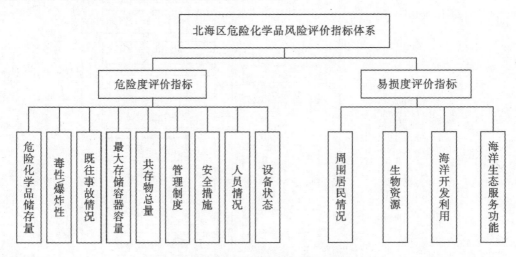

图 3-8　危险化学品风险评价指标

（1）危险度评价指标。

①危险化学品储存量。

该指标是指化学品经常保存的最大储存量，储存量对事故泄漏可能引起的危险程度有很大的影响。

②危险化学品危险性。

该指标指主要化学品的特性，其毒性和爆炸性对事故的危险程度有很大的影响。

③既往事故情况。

指该单位在最近十年间引起急性中毒（爆炸、火灾）的年数、中毒（受伤）人数、死亡人数。该指标用于估量化学物可能发生事故的危险程度。

④最大存储容器容量。

指存储主要化学物的单个容器最大容量，该指标表示局部的事故泄漏可能引起的危险程度。

⑤共存物总量。

指与主要化学品在同一场所内所共存的其他易燃、易爆、有毒化学品存储总量，该指标表示事故发生连锁反应引起的可能危险程度。目前资料无法支持，无法选用此指标，以后资料收集齐全后使用。

⑥管理制度。

指该单位生产管理制定的规章制度的落实情况能引起危险的程度。管理者在组织和实施一个重大危险控制系统中具有关键作用。目前相关情况掌握不完全，无法选用此指标，以后情况了解充分后使用。

⑦安全措施。

指该单位制定的安全防范措施的落实情况能引起危险的程度。危险装置必须在很高的安全标准之下运行。目前相关情况掌握不完全，无法选用此指标，以后情况了解充分后使用。

⑧设备状态。

指单位设备及其保养情况能引起危险的程度。例如阀门、法兰的密封程度影响到跑、冒、漏事故的发生。目前情况掌握不完全，无法选用此指标，以后情况了解充分后使用。

⑨人员情况。

指由于人的操控等能引起的危险的程度。例如人员的失误或者违章操作等。目前情况掌握不完全，无法选用此指标。

经过专家论证，综合考虑指标获取渠道、指标代表性等问题，最终确定的危险度评价指标有：危险化学品储存量、危险化学品危险性、既往事故情况和最大存储容器容量。

（2）易损度评价指标。

①居民密度（万人/平方千米）。

指该化学品的场所所在区县的居民密度（万人/平方千米），危险化学品的外泄，可能造成企业职工和附近居民的伤害和死亡，甚至不得不把附近居民撤离，因此居民密度是评价易损度的一个重要参数。

②生物资源。

指该化学品的场所所在区县所辖海域功能区划中的海洋渔业水域、海上自然保护区和珍稀濒危海洋生物保护区,水产养殖区以及与人类食用有关的工业用水区。危险化学品的外泄,可能对周围的生物造成伤害,从而造成一定的经济损失,因此生物资源是评价易损度的一个重要参数。

③旅游资源。

指该化学品的场所所在区县所辖海域功能区划中的海水浴场,人体直接接触海水的海上运动或娱乐区,滨海风景旅游区。危险化学品的外泄,可能损害周围的海洋生态服务功能,从而造成一定的经济损失,因此海洋生态服务功能是评价易损度的一个重要参数。

④港口工业资源。

指该化学品的场所所在区县所辖海域功能区划中的一般工业用水区、海洋港口水域和海洋开发作业区。危险化学品的外泄,可能对周围的海洋开发利用造成阻碍,从而造成一定的经济损失,因此海洋开发利用情况也是评价易损度的一个重要参数。

(五)指标得分及权重确定

1. 指标赋值依据

(1)危险化学品储存量。

根据北海区风险源普查的结果,对北海区的危险化学品储存量进行赋值。

(2)危险化学品危险性。

根据危险化学品的分类依据 GB12268、GB18218—2009 和 GB5044—85 确定,其赋值参考公路运输的赋值,详见表3-20。

表 3-20 危险化学品危险性赋值

危险化学品类别		赋值
爆炸品		1
气体	易燃气体、非易燃无毒气体	1
	毒性气体	2
易燃液体		1
易燃固体、易于自燃的物质、遇水放出易燃气体的物质		1
毒性物质和感染性物质		3
腐蚀性物质		3
杂项危险物质和物品,包括危害环境物质		1

（3）既往事故情况。

指该单位在最近十年间引起急性中毒（爆炸、火灾）的年数、中毒（受伤）人数、死亡人数。该指标用于估量化学物可能发生事故的危险程度。利用下式计算事故频率指数，详见表3-21。

事故频率指数＝中毒（爆炸、火灾）年数×中毒（受伤）人数＋死亡人数×20。

（4）生物资源。

根据生物资源的珍稀程度和经济价值来划分生物资源等级。

（5）旅游资源。

根据海洋生态服务功能的不同功能和经济价值来划分等级。

（6）港口工业资源。

根据海洋开发利用的类型确定其受到危险化学品泄漏影响的程度，并依次进行赋分，详见表3-21。

2.指标权重确定

危险度指标的权重参考谢连娟等（谢连娟，2000）的研究结果后经专家讨论确定。易损度指标的权重参考张继伟等（张继伟，等，2009）的研究结果后经专家讨论确定，详见表3-21。

（六）建立风险评估模型

根据上文的指标筛选结果，最终建立的风险评估模型如图3-9所示，其评价指标赋值及权重结果如表3-21所示，则风险源的风险（R）根据 $R=P \times C$ 计算，最终根据风险指数的高低确定各个风险源的风险程度。

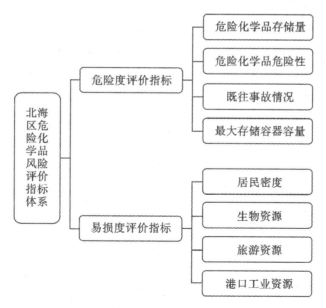

图3-9　危险化学品风险评价指标体系

表 3-21　危险化学品码头及沿海企业风险评价指标赋值及权重

	评价指标	权重	指标赋值		
			1	2	3
危险度 P	危险化学品储存量（万吨）	0.31	≤50	50～200	≥200
	危险化学品危险性	0.35	易燃、其他化学品	爆炸性、有毒气体	剧毒气体
	既往事故情况	0.19	≤100	100～400	≥400
	最大存储容器储存量（t）	0.15	≤10	10～40	≥40
易损度 C	人口密度（万人/平方千米）	0.35	<0.1	0.1～1	≥1
	生物资源	0.35	与人类食用有关的工业用水区	水产养殖区	海洋渔业水域、海上自然保护区和珍稀濒危海洋生物保护区
	旅游资源	0.20	滨海风景旅游区	人体直接接触海水的海上运动或娱乐区	海水浴场
	港口工业资源	0.10	海洋开发作业区	海洋港口水域	一般工业用水区

参考文献

[1] Achour M H，Haroun A E，Schult C J，et al. A New Method to Assess the Environmental Risk of a Chemical Process[J]. Chemical Engineering & Processing. 2005，44(8)：901-909.

[2] Banat K M，Aa H F H. Heavy Metals in Urban Soils of Central Jordan：Should we Worry about their Environmental Risks? [J]. Environmental Research. 2005，97(3)：258-273.

[3] C J F E. Approach to Environmentental Risk Assessment for New Substance[J]. The Science of the Total Envoroment. 1995：275-279.

[4] Chen Z，Huang G H，Chakma A. Integrated Environmental Risk Assessment for Petroleum-contaminated Sites-A North American Case Study[J]. Water Science & Technology. 1998，38(4)：131-138.

[5] Gamo M，Oka T，Nakanishi J. Ranking the Risks of 12 Major Environmental Pollutants that Occur in Japan. [J]. Chemosphere. 2003，53(4)：277-284.

[6] Gorsky V，Shvetzova-Shilovskaya T，Voschinin A. Risk Assessment of Accidents Involving Environmental High-toxicity Substances[J]. Journal of Hazardous Materials. 2000，78(1-3)：173-190.

[7] Hofer M，Shuker L. ILSI Europe Workshop on Assessing Health Risks from Environmental Exposure to Chemicals：the Example of Drinking Water：Summary Report[J]. Food & Chemical Toxicology. 2000，38(4)：S3-S12.

[8] Janssen C R，Heijerick D G，Schamphelaere K A C D，et al. Environmental Risk Assessment of Metals：Tools for Incorporating Bioavailability[J]. Environment International. 2003，28(8)：793-800.

[9] Länge R，Dietrich D. Environmental Risk Assessment of Pharmaceutical Drug Substances-conceptual Considerations[J]. Toxicology Letters. 2002，131(1-2)：97-104.

[10] Oppel J, Broll G, Löffler D, et al. Leaching Behaviour of Pharmaceuticals in Soil-testing Systems: A Part of an Environmental Risk Assessment for Groundwater[J]. Science of the Total Environment. 2004, 328.

[11] Sergeant A. Management Objectives For Ecological Risk Assessment-Developments At Us Epa[J]. Environmental Science & Policy. 2000, 3: 295-298.

[12] Staples C A, Williams J B, Craig G R, et al. Fate, Effects and Potential Environmental Risks of Ethylene Glycol: A Review[J]. Chemosphere. 2001, 43(3): 377-383.

[13] 蔡国梅,徐纪良.全球化学品统一分类和标签制度[J].职业卫生与应急救援,2008,26(6):298-301.

[14] 曹洪法,沈英娃.生态风险评价研究概述[J].环境化学,1991(3):26-30.

[15] 曾光明,李新民.水环境健康风险评价模型及其应用[J].水电能源科学,1997(4):28-33.

[16] 曾光明,钟政林,曾北危.环境风险评价中的不确定性问题[J].中国环境科学,1998,18(3):252-255.

[17] 曾光明,卓利,钟政林,等.突发性水环境风险评价模型事故泄漏行为的模拟分析[J].中国环境科学,1998,18(5):403-406.

[18] 陈辉,刘劲松,曹宇,等.生态风险评价研究进展[J].生态学报,2006,26(5):1558-1566.

[19] 程胜高,鱼红霞.环境风险评价的理论与实践研究[J].环境保护,2001(9):23-25.

[20] 段付岗,李清位.合成氨生产中危险化学品风险分析及控制措施[J].煤炭加工与综合利用,2014(06):23-25.

[21] 段小丽,黄楠,王贝贝,等.国内外环境健康风险评价中的暴露参数比较[J].环境与健康杂志,2012,29(02).

[22] 郭山.环境风险评价[J].世界环境,1996(04):35-37.

[23] 胡二邦,姚仁太,任智强,等.环境风险评价浅论[J].辐射防护通讯,2004,24(1):20-26.

[24] 姜学鹏,徐志胜,邓云芸,等.危险化学品公路运输风险研究进展[J].灾害学,2006,21(04):94-98.

[25] 林玉锁.对我国开展环境风险评价的一些看法[J].环境导报,1993(1):14-15.

[26] 林玉锁.国外环境风险评价的现状与趋势[J].环境与可持续发展,1993(1):8-10.

[27] 刘桂友,徐琳瑜,李巍.环境风险评价研究进展[J].环境科学与管理,2007,32(2):114-118.

[28] 吕冀文.危险化学品运输风险分析[J].化学工程与装备,2008(9):152-154.

[29] 毛小苓,刘阳生.国内外环境风险评价研究进展[J].应用基础与工程科学学报,2003,11(3):266-273.

[30] 毛小苓,赵智杰,张辉.APELL简介及在环境影响评价中的应用[J].环境科学,1998(S1):2-6.

[31] 孟宪林,周定,黄君礼.环境风险评价的实践与发展[J].四川环境,2001,20(3):1-4.

[32] 彭理通.石油化工工业环境风险评价探讨[J].环境科学,1998(S1):49-52.

[33] 沈玲,曾强.危险化学品生产过程中的危险源辨识与评价[J].河南理工大学学报:自然科学版,2007,26(6):624-628.

[34] 沈英娃,曹洪法.生态风险评价方法简述[J].中国环境科学,1991(6):464-468.

[35] 苏伯兴,许保友,张宝森,等.危险化学品储存企业的风险分析及应对措施[J].安全、健康和环境,2011,11(3):52-54.

[36] 唐荣莉,马克明,张育新,等.北京城市道路灰尘重金属污染的健康风险评价[J].环境科学学报,2012,32(8):2006-2015.

[37] 田裘学.健康风险评价的基本内容与方法[J].环境研究与监测,1997(4):32-36.

[38] 王辉民,高菊红,李翔.基于危险化学品储存的区域生态环境风险评价[J].中国安全科学学报,2008,18(3):154-160.

[39] 王勇,杨凯,王云,等.石油化工企业环境风险评价的方法研究[J].中国环境科学,1995,15(3):161-165.

[40] 王宗爽,段小丽,刘平,等.环境健康风险评价中我国居民暴露参数探讨[J].环境科学研究,2009, 22(10):1164-1170.

[41] 国家标准化管理委员会.危险货物分类和品名编号 GB 6944—86[S].北京:国家安全生产监督管 理总局,1986.

[42] 谢春庆.环境风险评价简介[J].四川环境,1994(4):65-69.

[43] 谢连娟.散装液体化学品码头风险综合评价的研究[D].大连海事大学,2000.

[44] 许学工,林辉平,付在毅,等.黄河三角洲湿地区域生态风险评价[J].北京大学学报:自然科学版, 2001,37(1):111-120.

[45] 易高翔.北京市危险化学品企业安全生产风险评估分级研究[J].中国安全生产科学技术,2011,06 (6):93-97.

[46] 张继伟,杨志峰,黄歆宇.基于环境风险分析的海洋自然保护区生态补偿研究[J].生态经济,2009 (4):177-181.

[47] 张江华,赵来军,朱道立.危险化学品运输风险分析[C].北京:中国物流学会,2008.

[48] 张江华,朱道立.危险化学品运输风险分析研究综述[J].中国安全科学学报,2007,17(3):15.

[49] 张珞平,洪华生,陈宗团,等.农药使用对厦门海域的初步环境风险评价[J].厦门大学学报:自然科 学版,1999,38(1):96-102.

[50] 张应华,刘志全,李广贺,等.基于不确定性分析的健康环境风险评价[J].环境科学,2007,28(7): 1409-1415.

[51] 赵来军,程晶晶.区域危险化学品运输风险概率估计[J].安全与环境学报,2011,11(03):239-242.

[52] 周裕敏,郝郑平,王海林.北京城乡结合地空气中挥发性有机物健康风险评价[J].环境科学,2011, 32(12):3566-3570.

[53] 邹志云,郭宁,刘兴红,等.危险化学品生产过程的安全评估和安全控制与泄漏处置[J].计算机与 应用化学,2015,31(11).

[54] 《危险化学品生产、储存装置个人可接受风险标准和社会可接受风险标准(试行)》于近日公布[J]. 中国安全生产科学技术,2014(05).

第四章 建立的海洋环境风险 评价模型和区划方法

第一节 海洋环境风险评价方法

一、基本概念及评价模型

环境风险是指在自然环境中产生或者是通过自然环境传递的,对人类幸福产生不利影响,同时又具有某些不确定性的危害事件。

环境风险评价是指对人类的各种社会经济活动所引发或面临的危害(包括自然灾害)对人体健康、社会经济、生态系统等所造成的可能损失进行评估,并据此进行管理和决策的过程。

尽管风险评价已走过了近 40 年的发展历程,但是到目前为止,国内外对 ERA 的定义仍未达成一致。按照我国环境保护部的定义,环境风险是指突发性事故对环境(或健康)的危害程度,用风险值 R 表征,其定义为事故发生概率 P 与事故造成的环境(或健康)后果 C 的乘积,即 R[危害/单位时间]$=P$[事故/单位时间]$\times C$[危害/事故]

无论基于何种立场或出发点对 ERA 下定义,其中所体现的内涵都基本相同,都重点反映了以下 3 方面内容:①风险,即人类活动或自然灾害引起的,作用于人体健康和生态环境的不利影响;②评价事故发生的可能性,以及人体健康和生态环境所遭受的危害程度;③ERA 结果为科学合理的环境风险防范决策和风险管理措施提供依据。

海洋环境风险一般可分为两类:海洋环境灾害风险和海洋环境突发事件风险。其中,海洋环境灾害风险可参考自然灾害风险评估有关模式进行评价。

对于自然灾害风险,风险一般用为危险度和易损度来表征,即

$$风险(R)=危险度(P)\times 易损度(C)$$

式中,危险度指某种潜在的灾害现象在一定时期内发生的概率,易损度指某种潜在灾害以一定的强度发生而对承灾体可能造成的损失程度,承灾体指特定区域内受灾害威胁的各种对象,包括人口、财产、经济活动、公共设施、土地、资源、环境等。

本书海洋环境风险采用的风险评价基本模型为:$H_R=H_V\times H_H$

式中,H_R 表示风险指数,H_H 表示危险度,H_V 表示易损度。

(1)危险度评估模型。

①致灾因子危险度。

$$H_1 = \sum_{i=1}^{n} a_i F_i$$

式中，H_1 表示致灾因子危险度，a_i 表示致灾因子危险度评估中第 i 个指标的权重值，其值利用层次分析法确定，F_i 为致灾因子危险度评估中第 i 个指标的标度值。

② 孕灾环境因子危险度。

$$H_2 = \sum_{i=1}^{n} b_i M_i$$

式中，H_2 表示孕灾环境因子危险度，b_i 表示孕灾环境因子危险度评估中第 i 个指标的权重值，其值利用层次分析法确定，M_i 为孕灾环境因子危险度评估中第 i 个指标的标度值。

故风险危险度模型为

$$H_H = \alpha H_1 + \beta H_2$$

式中，H_H 表示危险度，α 表示致灾因子在危险度评估中的权重值，β 表示孕灾环境因子危险度在危险度评估中的权重值；α，β 利用层次分析法确定。

（2）易损度评估模型。

$$H_V = \sum_{i=1}^{n} c_i N_i$$

式中，H_V 表示易损度，c_i 表示易损度评估中第 i 个指标的权重值，N_i 为易损度评估中第 i 个指标的标度值。

二、评价指标选取及风险评价

(一)赤潮灾害风险

（1）危险度指标。

①赤潮面积综合指数 A：由于统计的是评价单元内 5 年以来发生的赤潮，存在某评价单元发生多次赤潮的可能性。赤潮面积综合指数，指的是某评价单元 5 年期间每次赤潮所在的面积等级赋值与统计期间该类型赤潮发生次数占总发生次数的百分比的乘积加和。即 $A = \sum_{i=1}^{3} Ai \times Ai\ \%$

其中，A_1 指发生面积小于等于 100 km² 的赤潮，赋值为 1；A_2 指发生面积大于 100 km² 而小于等于 1 000 km² 之间的赤潮，赋值为 2；A_3 指发生面积大于 1 000 km² 的赤潮，赋值为 3。$Ai\%$ 为评价单元统计期间 Ai 等级赤潮发生次数占总发生次数的百分比。

②赤潮年度持续时间(d/a)：某评价单元 5 年以来赤潮天数的年度均值。

③赤潮类型综合指数 T：赤潮藻种类型及其所占百分比的综合指数，具体由评价单元内每次赤潮的赤潮藻种类型的赋值与统计期间该类型赤潮发生次数占总发生次数的百分比的乘积加和得到。即 $T = \sum_{i=1}^{4} Ti \times Ti\ \%$

式中，赤潮藻种类型 Ti 分 4 类，分别为无毒无害赤潮藻种 T_1、无毒有害赤潮藻种 T_2、鱼毒赤潮藻种 T_3、有毒赤潮藻种 T_4，分别赋值 0.75，1.5，2.25 和 3。

$Ti\%$ 为评价单元统计期间 Ti 类型赤潮发生次数占总发生次数的百分比。

④富营养化指数 E：赤潮发生海域海水营养指数背景值，富营养指数 E＝化学需氧量

$COD \times$ 无机氮 $DIN(\text{mg/L}) \times$ 活性磷酸盐 $DIP(\text{mg/L}) \times 10^6/4\,500$，其中 $E \geqslant 1$ 为富营养化，$1 \leqslant E \leqslant 3$ 为轻度富营养化，$3 < E \leqslant 9$ 为中度富营养化，$E > 9$ 为重度富营养化。评价时，取评价单元前一年度海水富营养指数，建议 $5 \sim 8$ 月分别计算和统计；实在没有数据可参考前一年度《中国海洋环境状况公报》结果。

（2）易损度指标。

评价单元中敏感区类型，风险取值分别为：矿产资源利用区、海水资源利用区、工程用海区为一级；捕捞区、其他养殖区、港口航运区、电厂等工业用海区、沿岸居民聚居区为二级；网箱养殖、滩涂养殖和阀架养殖、浴场及滨海旅游度假区、保护对象为生物或生态系统的保护区为三级。

（3）评价指标分级及权重。

赤潮风险评价指标体系与等级见表 4-1。

表 4-1　赤潮风险评价指标体系及分级

指标类型及权重		评价指标及权重		风险分级及取值		
因子	权重	指标	权重	一级,1	二级,2	三级,3
危险度指标（致灾因子）	$\alpha=0.83$	赤潮面积综合指数 A	0.3	$A \leqslant 1$	$1 < A \leqslant 2$	$A > 2$
		赤潮年度持续时间 $C(d/a)$*	0.3	$C \leqslant 5$	$5 < C \leqslant 20$	$C > 20$
		赤潮类型综合指数 T	0.4	$T \leqslant 1$	$1 < T \leqslant 2$	$C > 3$
危险度指标（孕灾环境因子）	$\beta=0.17$	富营养化指数 E**	1	$E \leqslant 3$	$3 < E \leqslant 9$	$E > 9$
易损度指标	1	评价单元中敏感区类型 R***	1	矿产资源利用区、海水资源利用区、工程用海区	捕捞区、其他养殖区、港口航运区、电厂等工业用海区、沿岸居民聚居区	网箱养殖、滩涂养殖和阀架养殖、浴场及滨海旅游度假区、保护对象为生物或生态系统的保护区

注：*：为更好地代表大多数赤潮的发生时间（赤潮持续时间第二、三等级的范围调大），将该参数的等级由 $C \leqslant 10, 10 < C \leqslant 30, C > 30$ 分别改为 $C \leqslant 5, 5 < C \leqslant 20, C > 20$。

**：（方法修改）为统一性和便于参考公报数据，富营养指数 E 的取值范围参照《中国海洋环境状况公报》的取值范围进行了修改，其中，富营养化和轻度富营养化赋值为 1 级，中度富营养化赋值为 2 级，重度富营养化赋值为 3 级，即由 $E \leqslant 2, 2 < E \leqslant 10$ 和 $E < 10$ 分别改为 $E \leqslant 3, 3 < E \leqslant 9$ 和 $E > 9$。

***：考虑到评价单元一般较小，绝大多数为一类功能区，为统一性和便捷性，易损度由评价单元中敏感区面积比例改为评价单元中敏感区类型 R，风险取值分别由 $R \leqslant 0.3, 0.3 < R \leqslant 0.7, R > 0.7$ 改为：矿产资源利用区、海水资源利用区、工程用海区为一级；捕捞区、其他养殖区、港口航运区、电厂等工业用海区、沿岸居民聚居区为二级；网箱养殖、滩涂养殖和阀架养殖、浴场及滨海旅游度假区、保护对象为生物或生态系统的保护区为三级。

(二)绿潮灾害风险

(1)危险度指标。

根据历史监测资料,选取危险度指标为平均最大覆盖率、平均持续时间、发生次数,并分别赋予权重,风险等级分为低、中、高三个等级,见表4-2。

表 4-2　绿潮危险度指标与等级划分标准

序号	危险度指标	权重	低风险 1	中风险 2	高风险 3
1	平均最大覆盖率	0.5	$C<30\%$	$30\%\leqslant C<60\%$	$C\geqslant60\%$
2	平均持续时间 T(天/次)	0.3	$T<20$	$20\leqslant T<40$	$T\geqslant40$
3	发生次数 A	0.2	$A<2$	$2\leqslant A<5$	$A\geqslant5$

标准依据:

①平均最大覆盖率:以各市近岸海域为一个评价区域,如日照段、青岛段以胶州湾为界,分为青岛南、青岛北岸段,烟台(海阳)段和威海段。该评价区域的覆盖率可通过陆岸巡视、浒苔在岸滩的堆积情况、遥感图片等进行分析。平均最大覆盖率计算时,每年绿潮发生时的最大覆盖率,建议取最近3年的平均值。

②平均持续时间:绿潮发生年份持续时间的平均值。

③发生次数:2007年开始到评价时的发生次数,以年为单位。

(2)易损度评价指标体系。

指承灾体因子遭受绿潮灾害破坏机会的多少与发生损毁的难易程度的评估,用易损度来表示。即当绿潮灾害发生时海域使用类型中易受绿潮影响的因素,结合海洋功能区划,受绿潮影响的主要有:捕捞区、养殖区(网箱养殖、滩涂养殖和阀架养殖)、浴场及滨海旅游度假区、居民聚居区、海洋保护区和港口等。防灾减灾能力越高,可能遭受潜在损失就越小,绿潮灾害风险可能就越小。防灾减灾能力包括应急管理能力、减灾投入、资源准备等。易损度指标与划分等级见表4-3。

表 4-3　绿潮易损指标与等级划分

序号	易损度指标	权重	低风险,1	中风险,2	高风险,3
1	功能区划类型	0.5	矿产资源利用区、海水资源利用区、工程用海区	其他养殖区、港口航运区、电厂等工业用海区、沿岸居民聚居区	捕捞区、网箱养殖、滩涂养殖和阀架养殖、浴场及滨海旅游度假区、保护对象为生物或生态系统的保护区
2	管理制度	0.2	专门的领导和工作小组,制定了详细的应急预案及工作方案,方案切实可行	专门的领导和工作小组,制定了应急预案及工作方案,方案较为简单	缺少切实可行的应急预案或工作方案

序号	易损度指标	权重	低风险,1	中风险,2	高风险,3
3	减灾投入保障	0.3	专项经费能够保障对灾害的应对及响应;浒苔处置人力物力充足,满足重点区域浒苔的处理	专项经费基本能够保障对灾害的应对及响应;浒苔处置人力物力基本满足重点区域浒苔的处理	专项经费不足以保障对灾害的应对及响应;浒苔处置人力物力不足,仅能保障少数重点区域浒苔的处理

(三)水母旺发风险

由于水母监测资料较少,为保证评价资料的可获得性,选择北海区的重点功能区进行评价。水母灾害主要影响人体健康、工业取水口和渔业捕捞,因此,主要选择北海区的海水浴场及旅游度假区、沿海工业区、渔业水域这三种功能区进行水母灾害的风险评价。

水母旺发风险评价危险度即致灾因子,反映了水母灾害的强度,所选择的指标主要包括4个:水母的毒性、密度、伞径大小、水母灾害持续时间。

其中,选择水母毒性指标主要从影响人体健康和养殖生物安全的角度考虑;选择密度和伞径大小这两个指标主要从堵塞取水口和渔业网具的角度考虑。另外,水母重量、分布面积也是反映灾害强度的因子,但由于其数据获得比较困难,所以本次的风险评价中未加入这两个指标。

针对不同的功能区,分别赋予上述评价指标不同的权重值。表4-4规定了水母旺发风险评价的指标体系和等级划分依据。

表4-4　水母风险指标体系及等级划分

指标及权重			风险分级及取值		
指标	权重		一级,1	二级,2	三级,3
水母毒性* T	浴场和度假区	0.6	无毒		有毒
	港口和工业取水口	0.2			
	渔业水域及增养殖区	0.4			
水母密度 D** (个/平方米)	浴场和度假区	0.2	$D_1 \leqslant 0.1$ $D_2 \leqslant 0.01$	$0.1 < D_1 < 1$ $0.01 < D_2 < 0.1$	$D_1 \geqslant 1$ $D_2 \geqslant 0.1$
	港口和工业取水口	0.3			
	渔业水域及增养殖区	0.3			
水母伞径 S (cm)	浴场和度假区	0.1	$S \leqslant 10$	$10 < S < 50$	$S \geqslant 50$
	港口和工业取水口	0.3			
	渔业水域及增养殖区	0.2			

（续表）

指标及权重			风险分级及取值		
指标	权重		一级，1	二级，2	三级，3
灾害持续时间 A（天）	浴场和度假区	0.1	$A \leqslant 10$	$10 < A < 30$	$A \geqslant 30$
	港口和工业取水口	0.2			
	渔业水域及增养殖区	0.1			

注：* 无毒：海月水母。有毒：沙海蜇、海蜇、霞水母。

** D_1：海月水母。D_2：沙海蜇、海蜇、霞水母。

根据评价指标和每个指标的权重，建立水母灾害等级的评价模型。水母灾害的评价结果通过分值显示，根据分值划定水母灾害的风险等级。

水母旺发风险评估模型：

$$H_R = \sum_{i=1}^{n} a_i F_i$$

式中，H_R 表示危险度，a_i 表示风险评估中第 i 个指标的权重值，其值利用层次分析法确定；F_i 为风险评估中第 i 个指标的标度值。

（四）海水入侵风险

（1）指标确定。

根据海水入侵特征及其环境影响，构建危险度和易损度两级评价指标。其中危险度指标包括 * [①]：氯化物 Cl、矿化度 M、地下水位埋深、地下水位变化和近 3 年海水入侵程度变化趋势等。SO_4^{2-}、$rHCO^{3-}/rCl^-$、钠吸附比（SAR）、地下水利用量、降雨径流变化等要素指标在一些研究文献中也有应用，但由于目前缺少这些要素的监测数据，未采用。易损度指标包括：人口密度 R 和单位面积耕地比例 L。

（2）权重与等级的划分原则。

结合海水入侵致灾特征及评价区域实际状况，海水入侵风险各指标权重与赋值等级划分采用经验取值法。

各指标权重采用归一化处理，以保证部分指标缺项时，该指标不参与计算从而避免对其他指标权重的影响，即：

$$R_1 = \sum (w_i \times k_i) / \sum w_i$$

（3）指标权重与等级划分。

海水入侵程度等级划分采用《海水入侵监测技术规程（试行）》标准，见表 4-5。

---

① 注：相对于 2013 年的方法，去掉了入侵距离 D、地面高程 H_2、岸基类型，此外，近 5 年海水入侵程度变化趋势改成了近 3 年海水入侵程度变化趋势。

表 4-5 "规程"中海水入侵程度等级划分

分级指标	Ⅰ	Ⅱ	Ⅲ
氯度(mg/L)	<250	250~1 000	>1 000
矿化度 M(g/L)	<1.0	1.0~3.0	>3.0
入侵程度	无入侵	轻度入侵	严重入侵
水质分类范围	淡水	微咸水	咸水

海水入侵风险指标体系权重与划分等级标准见表 4-6。

表 4-6 海水入侵风险指标体系权重与等级划分

类型	评价指标	权重 w_i	风险分级及取值 k_i		
			低风险 1	中风险 2	高风险 3
风险度	氯度(mg/L)	0.2	<250	250~1 000	>1 000
	矿化度 M(g/L)	0.2	<1.0	1.0~3.0	>3.0
	水位埋深(m)	0.15	<2	2~5	>5
	水位高程(m)	0.05	>2	0~2	<0
	地下水位变化趋势	0.2	>−1	−3~−1	<−3
	近 3 年海水入侵程度变化趋势	0.2	下降或稳定	略有增加	增加明显
易损度	人口密度(人/平方千米)	0.4	<200	200~500	>500
	耕地比例	0.6	<20%	20%~50%	>50%

注:地下水位为地表面距地下水面距离,地下水位变化为三年水位差均值(三年均有数值)或两年水位差值(只有两年数值)。

海水入侵程度包括无入侵、轻度入侵和严重入侵,3 年数据中该测站 3 年海水入侵程度无变化或连续两年入侵程度降低定义其入侵程度变化趋势为"下降或稳定";海水入侵程度由无入侵变为严重入侵且持续严重入侵定义其入侵程度变化趋势为"增加明显";其他类型定义为"略有增加"。

(五)土壤盐渍化风险

指标确定:通过对土壤盐渍化的影响因素分析及相关参考文献,初步建立土壤盐渍化风险评价指标体系,根据实际情况,考虑到评价指标的资料可获取性及代表性,从危险度和易损度两个方面,确定土壤盐渍化风险评价的指标,并根据相关参考文献,确定危险度指标为水位埋深、地下水矿化度和土壤全盐量;易损度指标为人口密度和单位面积耕地,如图 4-1 所示。

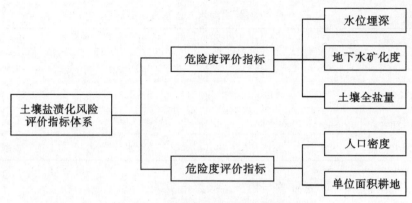

图 4-1 土壤盐渍化风险评价指标体系

赋值标准:根据《土壤盐渍化监测技术规程(试行)》和海区海洋环境风险评价方法与要求确定各指标赋值标准。

土壤盐渍化划分标准执行《土壤盐渍化监测技术规程(试行)》中的标准阈值。具体标准包括土壤酸碱度分级标准、盐渍化类型划分标准、土壤盐渍化性质与程度划分标准。

土壤盐渍化风险指标体系权重与划分等级标准见表4-7。

表 4-7 土壤盐渍化风险指标体系等级划分

评价指标		权重	分级及取值		
因素	指标		低风险 1	中风险 2	高风险 3
危险度	水位埋深(m)	0.3	≥20	0~20	≤0
	地下水矿化度(g/L)	0.3	≤1.0	1.0~3.0	≥3.0
	土壤全盐量 (g/kg) 氯化物型	0.4	≤0.3	0.3~0.7	≥0.7
	硫酸盐—氯化物型		≤0.3	0.3~1.0	≥1.0
	氯化物—硫酸盐型		≤0.4	0.4~1.2	≥1.2
	硫酸盐型		≤0.6	0.6~2.0	≥2.0
易损度	人口密度(人/平方千米)	0.5	≤200	200~500	≥500
	单位面积耕地(%)	0.5	≤10	10~50	≥50

(六)海岸侵蚀风险

(1)风险度指标。

根据岸线侵蚀特征及其影响因素,分析岸线侵蚀定性、定量化指标。其中,侵蚀率及侵蚀速率是岸线侵蚀程度的直接体现;调查海域水动力(潮差、潮流及浪高)强度与岸线防护(自然防护—拦门沙坝或礁石、人工防护)、滩面规模、植被覆盖分别是岸线侵蚀直接原因及承受能力体现;河流输沙量变化、海平面、风暴潮及降雨量变化、水利工程建设、海砂采集等是导致岸线侵蚀的间接因素。

考虑到指标重要性及资料收集完整性,确定岸线侵蚀风险度指标10个,具体见表4-8。

（2）易损度指标。

岸线侵蚀导致土地资源及海岸线资源的匮乏，岸线蚀退对周边岸线利用及开发活动造成较大影响，破坏了蚀退岸线周边交通、旅游景观及历史文化遗迹，对周边成立的自然保护区、海洋特别保护区及重要生态系统带来较大挑战。

根据岸线侵蚀导致自然环境及社会经济损失程度，确定岸线侵蚀易损度指标7个，具体见表4-9。

表 4-8　岸线侵蚀风险度指标

序号	因素	释义	描述与要求
1	岸线类型	砂质、淤泥、基岩或人工岸线	监测岸线类型（淤泥质、砂质或基岩）
2	侵蚀率	侵蚀岸段占调查岸段的百分比	侵蚀岸线长度占监测岸线长度比例
3	侵蚀速率	侵蚀岸段年均侵蚀速率	近5年监测资料
4	滩面规模	调查岸滩面积	宽（滩面宽度＞20 m）、窄（滩面宽度＜20 m）、缺失
5	水体遮蔽屏障	近岸水体中水下沙坝、拦门沙、礁石或人工构筑物	岛屿、礁石、水下浅滩或拦门沙坝
6	植被覆盖	调查岸滩及其周边植被覆盖程度	覆盖率（茂密＞10%、少量＜10%、缺失）、植被类型（树木、灌木丛、草丛等）描述
7	潮差	调查海域高低潮差	近5年资料
8	浪高	调查海域海浪高度	
9	风暴潮	调查海域风暴潮频率（风暴潮导致增水达岸线）	
10	降雨量	调查海域及周边地区年均降雨量变化	

表 4-9　岸线侵蚀易损度指标

序号	因子	释义	描述与要求
1	岸线利用类型	包括自然岸线、农田、盐田、旅游及海洋工程等	自然岸线、农田、盐田或海洋工程
2	人口密度	调查岸段周边行政单元年均人口密度	周边县级市人口密度
3	开发程度	调查岸段及周边人类活动及开发程度	监测岸线周边岸线利用比例
4	交通	调查岸线邻近主要交通干线或是否为交通疏密区	有无小道、主干道、高速路或铁路
5	旅游景观及文化遗迹	调查岸线或周边自然景观、历史文化遗迹及旅游资源	有无省级、国家级旅游文化景观
6	保护区	调查岸线及周边成立的自然保护区及海洋特别保护区	10 km 范围内有无保护区及其距岸线距离
7	重要生态系统	调查岸线周边存在河口、滨海湿地等重要生态系统	10 km 范围内有无重要生态系统及其距岸线距离

（3）指标权重及等级划分。

由于影响岸线侵蚀因素复杂，且权重量化困难，因此利用层次分析法计算岸线侵蚀风险评价指标权重；由于岸线侵蚀风险评价指标等级划分具有量化特征，结合岸线侵蚀特征、影响因素及渤海区具体状况，参照相关文献资料，采用主、客观赋值法确定渤海岸线侵蚀风险评价指标赋值等级（表4-10）。

表4-10　岸线侵蚀风险评价指标权重及等级划分

序号	因素	类型	权重 α_i	等级 r_i		
				1	2	3
风险度 HI_{abs}	侵蚀率		0.370	<30%	30%～70%	>70%
	侵蚀速率	淤泥质岸线	0.370	<1 m/a	1～10 m/a	>10 m/a
		砂质岸线		<0.5 m/a	0.5～2 m/a	>2 m/a
		岸滩下蚀		<1 cm/a	1～10 cm/a	>10 cm/a
	滩面规模		0.090	宽	狭窄	缺失
	水体遮蔽屏障		0.043	岛屿、礁石	水下浅滩或拦门沙坝	缺失
	潮差		0.023	<2 m	2～4 m	>4 m
	浪高		0.016	<1 m	1～3 m	>3 m
	植被覆盖		0.007	茂密树林	较多灌木丛或草丛	少量或缺失
	风暴潮		0.066	≤1 次/年	1～4 次/年	≥4 次/年
	降雨量		0.014	<200 mm	200～600 mm	>600 mm
易损度 II_{abs}	岸线利用类型		0.531	自然岸线	农田、盐田	海洋工程
	人口密度		0.216	<200 人/平方千米	200～500 人/平方千米	>500 人/平方千米
	开发比例		0.083	<30%	30%～70%	>70%
	交通		0.012	无或小路	主干道	高速或铁路
	旅游景观及文化遗迹		0.026	无	省级	国家级
	保护区		0.066	未考虑	10 km 范围内存在	2 km 范围内存在
	重要生态系统		0.066	未考虑	10 km 范围内存在	2 km 范围内存在

（七）海洋石油勘探开发溢油风险

1. 危险度（R_1）指标计算。

海洋石油勘探开发溢油风险概率的计算，国际上已形成了以统计数据为基础的风险概率计算模型，主要数据资源是国际石油和天然气生产商协会（OGP）基于墨西哥海湾、北海等地区溢油事故的统计数据，挪威船级社开发的溢油风险数据库（OSRD）模型在澳大利亚等海域已进行了成功的应用。该模型中考虑溢油风险的事故类型有：钻井、生产作业时的井喷，从立管和管道产生的泄漏，加工设备的泄漏，原油储存和装载时的泄漏，柴油使用和加载时的泄漏。考虑数据的可获取性，本次计算采用了该模型中开发性钻井、生产井和海底管道溢油概率计算方法。

开发性钻井溢油风险，井喷发生的频率：

$$P = 2.5 \times 10^{-4} Q^{-0.3}, Q \text{ 为溢油规模}$$

油井生产作业溢油风险，井喷发生的频率：

$$P = 6.9 \times 10^{-5} Q^{-0.3}$$

平台安全区的管道溢油风险：

$$P = 2.5 \times 10^{-4} Q^{-0.46}$$

海底输油管道溢油风险：

$$P = 2.0 \times 10^{-5} Q^{-0.46} L, L \text{ 为管道长度}$$

利用以上溢油风险概率计算方法，可以分别计算得到各溢油风险源每年发生不同等级溢油量溢油事故的概率。溢油量等级分为：Q_1 为 1～10 t，典型溢油量 5 t；Q_2 为 10～100 t，典型溢油量 50；Q_3 为 100 t 以上，典型溢油量 500 t；对应不同溢油概率用 P_1，P_2，P_3 表示。

由于不同的溢油量等级对周围海域影响的范围也不一样，因此设定 Q_1 影响范围为 20 km 之内，Q_2 影响范围为 50 km 之内，Q_3 影响范围为 100 km 之内，对渤海海域进行网格化，若网格距离溢油风险源的距离小于 1 km，则按 1 km 进行计算，由此可以得到每个网格的溢油危险度值。

到网格 20 km 距离范围内的溢油风险源对该网格的溢油危险度值为

$$OS_1 = \sum (P_1 \times Q_1/D_i + P_2 \times Q_2/D_i + P_3 \times Q_3/D_i)$$

到网格 20～50 km 距离范围内的溢油风险源对该网格的溢油危险度值为

$$OS_2 = \sum (P_2 \times Q_2/D_i + P_3 \times Q_3/D_i)$$

到网格 50～100 km 距离范围内的溢油风险源对该网格的溢油危险度值为

$$OS_3 = \sum (P_3 \times Q_3/D_i)$$

该网格总的溢油危险度值为

$$R_1 = OS_1 + OS_2 + OS_3$$

然后根据计算结果将危险度等级分为高、中、低三级，表 4-11 为渤海石油勘探开发溢油危险度等级表。

表 4-11 溢油危险度等级划分表

溢油危险度等级	低级	中级	高级
分值范围	$<2.5 \times 10^{-4}$	$(2.5 \sim 5) \times 10^{-4}$	$>5 \times 10^{-4}$
颜色	蓝色	黄色	红色

2.易损度(R_2)指标计算。

易损度采用溢油敏感区对溢油的敏感程度赋值打分,要计算溢油敏感区对溢油的敏感程度,应从自然环境、管理需求和人文价值三个方面出发,选择一系列评价指标,为每个指标确定一个简单明了的评价准则,在确定评价指标和评价准则的基础上,通过专家打分结合层次分析等方法确定各分类指标权重,计算区域溢油敏感值。

建立海洋溢油敏感区等级划分标准评价指标体系,应根据海域自然环境的特点,考虑到管理层的需求以及区域对海洋经济发展的影响、社会公众心理影响等因素来建立。

本海洋溢油敏感区指标体系的建立是用一个简单参数来指示一个海域内由于敏感目标的不同与多少,其海洋环境对溢油发生的敏感程度的不同。根据溢油对特征海域损害强度的分析,从区域的自然环境、管理需求(可保护目标)、人文社会价值三个角度,充分考虑生态环境、水动力条件、经济影响、社会和民众心理影响等方面,研究确定海洋溢油敏感区敏感因子,构建海洋溢油敏感区指标体系。

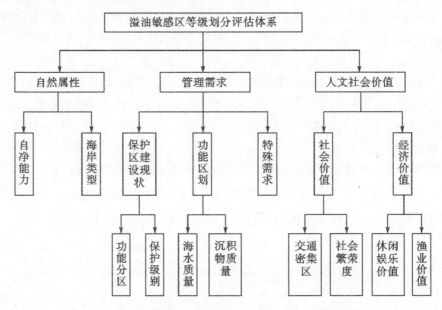

图4-2 海洋溢油敏感区等级划分标准评价指标体系框图

评价指标说明如下。

(1)自然属性。

自净能力:溢油环境容量是在人类生存和自然生态不致受害的前提下,某一环境所能容纳溢油的最大负荷量。目前大多数溢油事件几乎没有迅速、有效、高效的处理措施,其带来的污染后续处置只能主要依靠海洋自身的净化能力,通过对原油分解、稀释等方式解决问题,海水的自净过程需要一段漫长的时间。

溢油超过该水域的自净能力,就可能导致区域内环境质量恶化的后果。环境容量的大小决定于环境空间的大小,与该海域环境质量要求的高低,各种环境要素的特征(如潮流和其他水动力条件)以及溢油本身的物理和化学性质等有关。

评价区域地形特点,从三个角度考虑,分开阔海域、近岸海域或半封闭海域、海湾。因为开阔海域是无任何天然屏障或人工建筑物掩护、直接承受风浪作用的水域,水体交换好,溢油在风、流的作用下,能很快地扩散、稀释。近岸海域或半封闭海域次之。海湾由于封闭性较强,溢油扩散作用最慢,相对而言自净能力最弱。半封闭海域、海湾等沿岸海域比开阔海域对溢油的影响更敏感。

近岸海域指与沿海省、自治区、直辖市行政区域内的大陆海岸、岛屿、群岛相毗连,《中华人民共和国领海及毗连区法》规定的领海外部界限向陆一侧的海域。渤海的近岸海域,为自沿岸低潮线向海一侧 12 海里以内的海域。

海岸类型:参考美国 ESI 指引之海岸分类,共 10 大类,也是对油污清理难易之敏感度区分,由分类 1 之最低敏感度(油污易被海浪冲洗,短期可自然消失)至分类 10 之最高敏感度(油污易沾黏动、植物及沉积,可维持长久,不能使用大型机械清理)。

人工海岸包括港口、码头等,实际上属于退化的环境,本着就高的原则,可以看作等于相邻的海岸线,等于提高其对于溢油的敏感度。

沿海岸线 12 海里以内海域作为近岸海域都考虑岸线敏感度。

(2)管理需求(可保护属性)。

可保护属性指的是评价海域由于具有生态价值(各种保护区的建立)及特殊价值,具有值得保护方面的内容,从下面 3 个方面综合考虑。

①保护区建设现状:考虑目标海域的保护状况。主要收集各种保护区建设情况,以政府部门正式公布的为主。

保护区建设情况分两部分进行考虑。

一是已建立保护的各功能分区情况。因为各功能分区(核心区、缓冲区、试验区)的重点保护对象、管理要求、对人类活动限制不同,核心区最严格,缓冲区次之,试验区可以有限制地加以利用。

二是保护区的分级情况,是国家级、省级的,还是地市级的。

②功能区划:这一项主要满足管理需求,主要依据是国家和各省市的功能区划。因为我国海域实行海洋功能区划制度,对不同海域都有不同功能要求。主要从水质环境质量和沉积物环境质量两个方面考虑。环境质量标准越高,环境对溢油的容纳量越低。

③社会影响(特殊价值):社会影响(特殊价值)主要关注区域内敏感目标的社会影响和政治影响力。在进行评价时,应充分考虑目标海域内是否具有重大影响力的事件或用海活动,包括渤海三省一市生态红线制度。

(3)人文社会价值。

①社会价值。

a.交通密集区:海上溢油虽然发生概率小,但泄漏量可能较大,在风浪较小的情况下,将在海面上渐渐扩散蔓延难以处理,一旦发生往往对海洋环境产生较大的危害。而码头溢油事故虽然发生概率相对较大,但由于发生在码头上或码头前沿港池内,相对容易控制和处理,泄漏量和危害相对可能较小。随着港口的发展,进出港船舶日益频繁,港口发生溢油污染事故的风险越来越大,一旦船舶、码头发生溢油事故造成港口瘫痪,这些都十分不利于港口发展。

溢油对港口、锚地、航路的影响较少,主要是溢油影响到此区域时,只是在进行溢油处置时会对其正常生产运行产生经济影响等。

b. 社会繁荣度:以海域毗邻城市行政级别来考虑。

②经济价值:从两个角度考虑。

a. 人文社会资源包括历史文化、休闲娱乐资源等。人文社会资源代表了地区发展之特性,如偏重发展工业,还是偏重发展生态观光休闲,而不同发展方向也使得社会资源价值的不同。

这里也主要从两个方面考虑,休闲娱乐价值和历史文化价值。由于在渤海沿海收集到的具有重要历史文化价值的敏感目标较少,因此将这两类内容归为一类,统一为休闲娱乐价值。休闲娱乐价值目标存在明显的季节性,其实在很多其他敏感目标中都牵扯到季节性这个问题,如重点保护目标的特别保护期、渤海港口码头结冰期、鸟类的迁徙期、海产品养殖与捕捞期等,非常复杂,实现难度大,本研究暂不考虑敏感目标的季节性问题。

b. 渔业价值:溢油发生后,如影响到增养殖区会对具体的养殖生产企业产生较大的经济损失。本部分主要是考虑养殖区的养殖类型的经济价值来评估其影响程度。

表 4-12 溢油敏感区等级划分标准评价赋分表

一级指标	二级指标	三级指标	赋分标准	赋分	依据
自然属性	自净能力		开阔海域	0	自然地形
			近岸海域	60	12海里以内
			海湾	100	自然地形
	海岸类型		开阔岩岸	10	现场勘查及卫星图
			开阔海蚀平台	20	现场勘查及卫星图
			细沙滩	30	现场勘查及卫星图
			粗沙滩	40	现场勘查及卫星图
			砂及碎石混合滩	50	现场勘查及卫星图
			碎石滩	60	现场勘查及卫星图
			开阔潮间带	70	现场勘查及卫星图
			遮蔽岩岸	80	现场勘查及卫星图
			遮蔽潮间带	90	现场勘查及卫星图
			沼泽、湿地、红树林	100	现场勘查及卫星图

（续表）

一级指标	二级指标	三级指标	赋分标准	赋分	依据
管理需求	保护区建设现状	功能分区	试验区	60	相关规定
			缓冲区	80	相关规定
			核心区	100	相关规定
		保护级别	县级	70	相关规定
			市级	80	相关规定
			省级	90	相关规定
			国家级	100	相关规定
	功能区划	海水质量	四类	40	海洋功能区划
			三类	60	海洋功能区划
			二类	80	海洋功能区划
			一类	100	海洋功能区划
		沉积物	三类	50	海洋功能区划
			二类	75	海洋功能区划
			一类	100	海洋功能区划
	特殊要求		市级及以下重大活动	40	资料收集
			省级重大活动	60	资料收集
			全国重大活动和生态红线限制开发区	80	资料收集
			国际重大活动和生态红线禁止开发区	100	资料收集
人文社会价值	社会价值	交通密集区	小型港口锚地航道	25	资料收集
			一般的港口、锚地、航道	50	资料收集
			区域性重要	75	资料收集
			全国性港口、锚地、航道	100	资料收集
		社会繁荣度	四线城市	40	城市等级划分
			三线城市	60	城市等级划分
			二线城市	80	城市等级划分
			一线城市	100	城市等级划分
	经济价值	休闲娱乐价值	一般景区及县级以下历史文化价值	40	资料收集
			AAA景区及市级历史文化价值	60	资料收集
			AAAA景区及省级历史文化价值	80	资料收集
			AAAAA景区及国家级历史文化价值	100	资料收集
		渔业价值	普通海洋生物（如海带）	60	资料收集
			非珍贵海洋生物（如扇贝）	80	资料收集
			高经济价值生物（如海参、鲍鱼）	100	资料收集

溢油敏感区域敏感度评价是涉及多因素、多因子的综合性评价。由于各评价指标对溢油敏感度的贡献大小不同,对各评价指标具有权衡轻重作用程度的数值就是权值。权值反映了不同评价因子间的相对重要性。

评价指标权值的确定,就是要解决各评价指标在溢油发生后的相对重要性,且赋予各评价指标的具体量化权值。本研究中,评价因子间的权值反映的是区域内敏感目标重要程度的数值。

权值的确定方法有多种,诸如专家打分法、数理统计法、统计调查法和序列综合法等。其中,统计调查法、序列综合法是在专家打分法基础上发展起来的,其实质尚未脱离定性分析。由于专家调查法是主观赋权,往往会因专家的专业知识领域限制,及对某一具体环境系统的结构和功能等方面认识上的局限性而导致赋权结果出现一定偏差。数理统计法所需数据较多,且数据处理复杂,运算量大,一般较少应用。

专家打分是目前应用较多的赋权方法,它实际上是经验估计法与意义推求法的综合,即由少数专家直接根据经验,并考虑反映某评价观点后的确定权值。这种直接由人给出的权重的方法具有一定的主观性。

鉴于此,在指标权重确定过程中,采用德尔菲法(Delphi)和层次分析法(AHP)相结合的方法以避免团体迷思和沉默螺旋。选取13位既有丰富溢油处理经验又有较深理论修养的专家,征得专家本人同意组成专家组。将评价指标构成的两两比较矩阵调查表和有关资料以及统一的九标度填表规则函发给选定专家,请各位专家独立完成调查表的填写。回收调查表并根据每位专家的结果得到比较矩阵 A:

$$A = \begin{bmatrix} a_{11} & a_{12} & \cdots & a_{1n} \\ a_{21} & a_{22} & \cdots & a_{2n} \\ \vdots & \vdots & & \vdots \\ a_{n1} & a_{n2} & \cdots & a_{nn} \end{bmatrix}$$

其中: $a_{ii}=1, a_{ij}=1/a_{ji}$ 。

a_{ij} 为第 i 个指标与第 j 个指标对上层指标的重要性的比较结果。通过特征根法求得各个评价指标的权重系数。统计计算各位专家的权重系数均值和标准差,将结果及补充资料返还给各位专家,请所有的专家在新的基础上完成调查表。经过两次调查,各位专家的意见基本趋于一致,以此时计算得到的指标权数的均值作为该指标的权重如表4-14所示。

表 4-13　溢油敏感区综合等级评价指标权重

一级指标	权重	二级指标	权重
自然属性	0.36	自净能力	0.17
		海岸类型	0.19
管理需求	0.33	保护区功能分区	0.06
		保护区级别	0.06

（续表）

一级指标	权重	二级指标	权重
管理需求	0.33	功能区划海水质量要求	0.07
		功能区划沉积物质量要求	0.08
		特殊价值（社会影响）	0.06
人文社会价值	0.31	休闲娱乐价值	0.07
		社会繁荣度	0.05
		交通密集区	0.08
		渔业价值	0.11

海域溢油综合敏感度计算公式＝[自净能力]×0.17＋[海岸类型]×0.19＋[保护区功能分区]×0.06＋[保护区级别]×0.06＋[海水质量要求]×0.07＋[沉积物质量要求]×0.08＋[特殊价值]×0.06＋[休闲娱乐价值]×0.07＋[社会繁荣度]×0.05＋[交通密集区]×0.08＋[渔业价值]×0.11。

按照上述指标体系、打分说明，初步将海洋溢油敏感区等级划分采用百分制打分确定评估等级。

根据各项指标的分值及权重，计算出每一个网格的赋值，由低到高分为三级，即低度敏感区、中度敏感区和高度敏感区。

表 4-14　溢油敏感区各等级分值范围

溢油敏感区等级	低度敏感区	中度敏感区	高度敏感区
分值范围	<30	（30～60）	>60
颜色	蓝色	黄色	红色

3. 溢油风险值（R）计算

溢油风险评估基本模型采用危险度 R_1 和易损度 R_2 指标计算，溢油风险值 R 计算公式为

$$R = R_1 \times R_2$$

由此可以得到每个网格的溢油风险值。

（八）危险化学品泄漏风险

通过对危险化学品生产及运输过程的分析及查阅文献，初步建立危险化学品风险评价指标体系，如图 4-3 所示：

（1）危险度评价指标筛选与确定。

分析北海区危险化学品的风险性，通过对下述指标筛选，最终确定评价指标。

①危险化学品储存量。

该指标是指化学品经常保存的最大储存量，储存量对事故泄漏可能引起的危险程度有很大的影响。

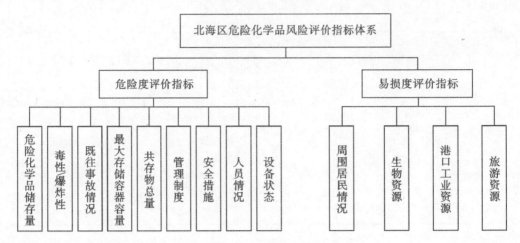

图 4-3　危险化学品风险评价指标体系

②毒性/爆炸性。

该指标指主要化学品的特性,其毒性和爆炸性对事故的危险程度有很大的影响。

③既往事故情况。

指该单位在最近十年间引起急性中毒(爆炸、火灾)的年数、中毒(受伤)人数、死亡人数。该指标用于估量化学物可能发生事故的危险程度。

④最大存储容器容量。

指存储主要化学物的单个容器最大容量,该指标表示局部的事故泄漏可能引起的危险程度。

⑤共存物总量。

指与主要化学品在同一场所内所共存的其他易燃、易爆、有毒化学品存储总量,该指标表示事故发生连锁反应引起的可能危险程度。目前资料无法支持,无法选用此指标,以后资料收集齐全后使用。

⑥管理制度。

指该单位生产管理制定的规章制度的落实情况能引起危险的程度。管理者在组织和实施一个重大危险控制系统中具有关键作用。目前相关情况掌握不完全,无法选用此指标,以后情况了解充分后使用。

⑦安全措施。

指该单位制定的安全防范措施的落实情况能引起危险的程度。危险装置必须在很高的安全标准之下运行。目前相关情况掌握不完全,无法选用此指标,以后情况了解充分后使用。

⑧设备状态。

指单位设备及其保养情况能引起危险的程度。例如阀门、法兰的密封程度影响到跑、冒、漏事故的发生。目前情况掌握不完全,无法选用此指标,以后情况了解充分后使用。

⑨人员情况。

指由于人的操控等能引起的危险的程度。例如人员的失误或者违章操作等。目前情况掌握不完全,无法选用此指标。

通过上述筛选,最终确定的危险度评价指标有:危险化学品储存量、毒性/爆炸性、既往事故情况和最大存储容器容量。

(2)易损度评价指标。

①居民密度(万人/平方千米)。

指该化学品的场所所在区县的居民密度(万人/平方千米),危险化学品的外泄,可能造成企业职工和附近居民的伤害和死亡,甚至不得不把附近居民撤离,因此居民密度是评价易损度的一个重要参数。

②生物资源。

指该化学品的场所所在区县所辖海域功能区划中的海洋渔业水域、海上自然保护区和珍稀濒危海洋生物保护区,水产养殖区以及与人类食用有关的工业用水区。危险化学品的外泄,可能对周围的生物造成伤害,从而造成一定的经济损失,因此生物资源是评价易损度的一个重要参数。

③旅游资源。

指该化学品的场所所在区县所辖海域功能区划中的海水浴场、人体直接接触海水的海上运动或娱乐区、滨海风景旅游区。危险化学品的外泄,可能损害周围的海洋生态服务功能,从而造成一定的经济损失,因此海洋生态服务功能是评价易损度的一个重要参数。

④港口工业资源。

指该化学品的场所所在区县所辖海域功能区划中的一般工业用水区、海洋港口水域和海洋开发作业区。危险化学品的外泄,可能对周围的海洋开发利用造成阻碍,从而造成一定的经济损失,因此海洋开发利用情况也是评价易损度的一个重要参数。

(3)指标得分及权重确定。

①指标赋值依据。

a.毒性/爆炸性。

根据危险化学品的分类依据 GB12268、GB18218—2009 和 GB5044—85 确定,其赋值参考公路运输的赋值,见表 4-15。

表 4-15 危险化学品分类依据

危险化学品类别		赋值
爆炸品		1
气体	易燃气体、非易燃无毒气体	1
	毒性气体	2
易燃液体		1
易燃固体、易于自燃的物质、遇水放出易燃气体的物质		1
毒性物质和感染性物质		3
腐蚀性物质		3
杂项危险物质和物品,包括危害环境物质		1

b. 既往事故情况。

指该单位在最近十年间引起急性中毒(爆炸、火灾)的年数、中毒(受伤)人数、死亡人数。该指标用于估量化学物可能发生事故的危险程度。利用下式计算事故频率指数:

事故频率指数＝中毒(爆炸、火灾)年数×中毒(受伤)人数＋死亡人数×20。

c. 生物资源。

根据生物资源的珍稀程度和经济价值来划分生物资源等级。

d. 海洋生态服务功能。

根据海洋生态服务功能的不同功能和经济价值来划分等级。

e. 海洋开发利用。

根据海洋开发利用的类型确定其受到危险化学品泄漏影响的程度,并依次进行赋分。

②指标赋值与权重。

危险化学品码头及沿海企业风险评价指标赋值及权重见表 4-16。

表 4-16　危险化学品码头及沿海企业风险评价指标赋值及权重

	评价指标	权重	指标赋值		
			1	2	3
危险度 P	危险化学品储存量(万吨)	0.31	≤50	50～200	≥200
	毒性/爆炸性	0.35	易燃、其他化学品	爆炸性、有毒气体	剧毒气体
	既往事故情况	0.19	≤100	100～400	≥400
	最大存储容器储存量(t)	0.15	≤10	10～40	≥40
易损度 C	人口密度(万人/平方千米)	0.35	<0.1	0.1～1	≥1
	生物资源	0.35	与人类食用有关的工业用水区	水产养殖区	海洋渔业水域、海上自然保护区和珍稀濒危海洋生物保护区
	旅游资源	0.20	滨海风景旅游区	人体直接接触海水的海上运动或娱乐区	海水浴场
	港口工业资源	0.10	海洋开发作业区	海洋港口水域	一般工业用水区

三、海洋环境风险识别

通过近年来对北海区各类海洋环境风险相关资料和数据的收集,结合周边自然环境及社会经济环境的状况,筛选并确定各类海洋环境源的基本情况。通过各类风险评价的指标及其权重,结合各敏感区的分布状况,对获得的情况进行分析和诊断,识别各类主要风险源及其分布情况。

四、风险等级划分及标识

（1）赤潮风险等级。

赤潮危险度划分为高、中、低三个等级，等级标准与颜色标识见表4-17。

表 4-17　赤潮危险度划分及颜色标识

危险度高低	危险度划分标准	颜色标识
低危险度	0～1	
中危险度	1～2	
高危险度	2～3	

赤潮风险区划等级划分为低、中、高三个等级，等级标准与颜色标识见表4-18。

表 4-18　赤潮风险区划等级划分及颜色标识

风险等级	风险强度	颜色标识
低风险	$H_R \leqslant 3$	
中风险	$3 < H_R \leqslant 6$	
高风险	$6 < H_R \leqslant 9$	

（2）绿潮风险等级。

绿潮风险等级划分见表4-19、表4-20。

表 4-19　赤潮风险区划等级划分及颜色标识

风险等级	风险强度	颜色标识
低风险	$H_R \leqslant 3$	
中风险	$3 < H_R \leqslant 6$	
高风险	$6 < H_R \leqslant 9$	

表 4-20　绿潮风险等级划分标准与颜色标识标准

风险等级	风险强度	颜色标识
低风险	$1 \leqslant R < 9$	
中风险	$9 \leqslant R \leqslant 18$	
高风险	$18 < R \leqslant 27$	

（3）水母风险等级。

水母旺发风险区划等级划分及颜色标识见表 4-21，水母旺发风险区划网格大小：$2' \times 2'$。

表 4-21 水母旺发风险区划等级划分及颜色标识

风险等级	风险指数	颜色标识
低风险	$1 \leqslant H_R \leqslant 1.5$	
中风险	$1.5 < H_R < 2.2$	
高风险	$2.2 \leqslant H_R \leqslant 3$	

（4）海水入侵风险等级。

海水入侵风险评价采用公式计算风险 SWI 值：$SWI =$ 危险度 $R_1 \times$ 易损度 R_2。

表 4-22 海水入侵危险度及易损度等级划分及颜色标识

等级	风险指数	颜色标识
低	$SWI < 1$	
中	$1 \leqslant SWI < 2$	
高	$SWI \geqslant 2$	

海水入侵风险等级划分参考其他风险划分为 3 级，详见表 4-23。其中，风险指数小于 3 为低风险，在 3～6 之间为高风险，大于等于 6 为高风险。

表 4-23 海水入侵风险评价等级划分及颜色标识

风险等级	风险指数	颜色标识
低风险	$SWI < 3$	
中风险	$3 \leqslant SWI < 6$	
高风险	$SWI \geqslant 6$	

（5）土壤盐渍化风险等级。

土壤盐渍化风险等级划分见表 4-24。其中，风险指数小于 3 为低风险，在 3～6 之间为高风险，大于等于 6 为高风险。

表 4-24　土壤盐渍化风险评价等级划分及颜色标识

风险等级	风险指数	颜色标识
低风险	$R<3$	
中风险	$3\leqslant R\leqslant 6$	
高风险	$R>6$	

（6）岸线侵蚀风险等级。

岸线侵蚀风险等级划分见表 4-25，风险指数取值划分等级同土壤盐渍化。

表 4-25　岸线侵蚀风险评价等级划分及颜色标识

风险等级	风险指数	颜色标识
低风险	$R<3$	
中风险	$3\leqslant R\leqslant 6$	
高风险	$R>6$	

（7）海洋石油勘探开发溢油风险等级。

据计算结果将溢油风险分为高、中、低三级，等级划分见表 4-26。

表 4-26　溢油风险值等级划分表

溢油风险值等级	低级	中级	高级
分值范围	$<7.5\times10^{-3}$	$(7.5\sim30)\times10^{-3}$	$>30\times10^{-3}$
颜色	蓝色	黄色	红色
标识			

（8）危险化学品风险等级。

危险化学品泄漏风险源等级划分见表 4-27，风险指数取值划分等级同土壤盐渍化。

表 4-27　危险化学品风险源风险程度划分

风险等级	风险指数	颜色标识
低风险	$R<3$	
中风险	$3\leqslant R\leqslant 6$	
高风险	$R>6$	

第二节 海洋环境风险区划方法

一、评价区域网格划分

将评价海域分割为多个网格单元,网格大小:$1' \times 1'$。

有些类型风险由于监测站位或收集的相关资料位置零星分布于沿海陆域或海域,数据资料覆盖程度难以达到网格评价的要求,不要求网格划分,在数据资料较少的位置,以监测位置及附近为目标评价和计算判断风险值,绘制风险图,如岸线侵蚀风险评价、危化品泄漏风险评价。其中,海水入侵风险、水母旺发风险、土壤盐渍化风险以监测站位所在的区域为评价单元计算风险值,绘制风险图。

二、风险强度计算

收集每个网格的风险因子数据,分别计算其危险度及易损度,进行运算得到风险强度。

三、风险区划图件制作

根据网格的风险强度确定其风险等级,每种风险等级用不同的颜色表示;根据图表容纳情况每种风险类型单独或混合作图。图纸大小:A4。

第五章　在北海区的应用

第一节　概　述

一、任务来源

根据国家海洋局印发的《2014 年全国海洋生态环境监测工作任务》,在海洋生态环境风险监测方面,2014 年将继续做好海洋生态环境灾害及风险监测预警、重大海洋污染事件跟踪监测工作。对赤潮(绿潮)等灾害进行及时应急监测,对海水入侵和土壤盐渍化、重点岸段海岸侵蚀进行监测。

拟通过开展环境重点风险源的分析与评估,掌握北海区重点风险源的类型及分布状况,通过分析海区海域敏感海洋功能区分布状况,掌握风险源周边的敏感目标;并通过开展重点环境风险源风险等级评价和区划工作,掌握环境风险高发区域,为风险防范及管理提供有力的技术支撑。

二、海洋环境风险评价与区划的需求

(一)环境问题成为全社会关注的热点

2014 年,环境问题成为全社会极为关注的热点。

1 月 7 日,为贯彻落实《大气污染防治行动计划》,环境保护部与全国 31 个省(自治区、直辖市)签署了《大气污染防治目标责任书》,明确了各地空气质量改善目标和重点工作任务。除了明确考核 PM2.5 年均浓度下降指标外,目标责任书还包括《大气污染防治行动计划》中的主要任务措施。这是继国务院全文下发《大气污染防治行动计划》以来,我国大气污染防治政策"落地"最关键的一步。

4 月 10 日 17 时,兰州市主城区自来水供水单位威立雅水务集团公司检测出出厂水苯含量 118 微克/升,远超出国家限值的 10 微克/升。4 月 11 日凌晨 2 时,苯检测值为 200 微克/升,属于严重超标。随着经济发展,各种工业废料、农业化学物质的排放造成我国水资源严重污染,水源地水质下降,尽管自来水厂出厂水质符合检测标准,但并不意味着居民能够喝上安全水。

4 月 17 日,环保部和国土资源部发布《全国土壤污染状况调查公报》,就历时 8 年进行的全国性土壤污染情况对公众披露。公报显示,全国土壤总的点位超标率为 16.1%。南方土壤污染重于北方;长江三角洲、珠江三角洲、东北老工业基地等部分区域土壤污染问题较为突出,西南、中南地区土壤重金属超标范围较大。

2014 年 4 月 24 日,十二届全国人大常委会第八次会议以高票赞成通过了新修订的《中华人民共和国环境保护法》,这是环保法实施 25 年来的首度大修。环保法修订不仅将区域污染和流域污染,包括土壤污染等突出的环境问题纳入立法内容,另一方面最严格的执法手段和政策也用立法的形式明确。环保法修订中首次提及,面对重大的环境违法事件,地方政府分管领导、环保部门等监管部门主要负责人将"引咎辞职"。

(二)海洋环境突发污染事件呈多发态势,海洋环境灾害频发

随着沿海经济的迅猛发展和海洋开发活动的增加,近岸海域环境面临的压力越来越大,近岸海域突发污染事件、海洋环境灾害频发,对海洋环境、海洋经济与公众健康安全造成了严重威胁,国家与社会对海洋环境风险的管理需求愈加迫切。

渤海是我国海上油气生产的重要基地,同时海上运输活动繁忙,溢油事故频发,其中不乏重大溢油事故,如 2006 年长岛海域油污染事故和埕岛油田管道泄漏事故等。2010 年 7 月 16 日 18 时,中石油大连新港石油储备库输油管道发生爆炸,大量原油泄漏入海,导致大连湾、大窑湾和小窑湾等局部海域及岸线受到严重污染。2011 年 6 月 4 日和 6 月 17 日,蓬莱 19-3 油田相继发生两起溢油事故,导致大量原油和油基泥浆入海,对渤海海洋生态环境造成严重污染损害。2013 年 11 月 22 日,位于青岛黄岛区的中石化输油储运公司潍坊分公司输油管线破裂,约 1 000 m² 路面被原油污染,部分原油沿雨水管线进入胶州湾边的港池,海面过油面积约 3 000 m²。处置过程中管线溢油进入市政雨水涵道油气混合发生爆燃,同时在入海口被油污染海面上也发生爆燃,输油管道爆裂附近岸滩受到石油污染。

危化品泄漏事故时有发生,2012 年,一货船 3 天发生 2 次化学品泄漏,据报道,8 月 5 日深圳盐田国际码头,一艘外籍货轮发生了危险化学品集装箱泄漏事故,而正是这艘货船,在两天前也发生过化学品泄漏。这一次事件,距离上次事故处理完毕,还不到 30 个小时。这艘外籍货轮载货量为 8 t,船上共有两个集装箱储存单氰胺,据船上工作人员反映,除了单氰胺外,泄漏的货柜周围还有数量不明的甲苯二异氰酸酯。据专家介绍,与两天前发生泄漏事故集装箱内危险物品完全相同,初步估计事故原因是由于集装箱内物品自身化学性质不稳定,受气候等多方面因素膨胀爆炸。

北海区沿岸危化品相关码头、企业众多,危化品储量较大,危化品码头吞吐量日益上升,风险防范能力普遍不匹配。

近十多年来,赤潮发生次数和大规模赤潮发生次数呈现持续上升的趋势,并且从 2009 年开始,在秦皇岛附近海域连续 6 年(2009~2014 年)发生新型生态灾害——褐潮,褐潮海域海水呈黄绿色至浅褐色,并造成受灾海域贝类生长停滞甚至死亡。有关专家将引发褐潮微微藻命名为抑食金球藻。近几年来,北海区仍然是我国近岸赤潮多发区和重灾区之一,赤潮多发区集中在鲅鱼圈、秦皇岛附近、大连近岸、烟台四十里湾、胶州湾和青岛前海等近岸海域。

2008 年 5 月 30 日,在距第 29 届奥帆赛不足两月之际,青岛东南约 150 km 处发现大面积绿潮,绿潮持续时间达两个多月,规模之大历史罕见。自 2007 年至今,山东半岛南部沿岸海域连续 8 年发生浒苔绿潮,绿潮暴发及上岸对沿途各市的滨海旅游业的发展造成了严重的影响,对岸滩生态环境影响严重。

近年来,水母暴发对沿海浴场、滨海旅游度假区休闲人群身体健康带来严重安全隐患。日益增多的水母数量使沿岸海水浴场受到影响,近几年来,青岛第一海水浴场泳期每天有数十人被水母蜇伤。据青岛医学院调查数据,1987 年以来北戴河浴场有 5 人被水母蜇死、3 000 人被蜇伤;秦皇岛海滨近几年被蜇伤的人数也达到了 3 400 多人。2013 年 8 月,南戴河旅游度假区 1 男孩被水母蜇死。水母对工业的影响也很明显。在滨海发电厂、淡化水厂以及核电站等工程区,频频出现水母缠绕、堵塞上述工程设施取排水口的事故。2009 年 7 月,华电青岛发电有限公司海水循泵的过滤网遭到了水母的"袭击",青岛市三分之一的工业和居民用电受到了严重威胁。

据《中国海洋环境状况公报》,渤海滨海平原地区海水入侵较为严重,局部地区呈加重趋势,辽宁锦州和葫芦岛、河北沧州、山东潍坊和滨州等沿海地区海水入侵最大距离一般为 10～30 km。土壤盐渍化严重地区分布于渤海滨海平原地区,盐渍化范围一般距岸 10～30 km。

近几十年来,由于人为因素和自然因素的影响,砂质和粉砂淤泥质海岸海滩不断遭受侵蚀,海岸侵蚀后退的速度不断加大。自 2003 年以来,利用重点海岸现场监测和航空遥感比对监测手段对渤海沿岸盖州—鲅鱼圈、龙口—蓬莱、黄河口等 6 段重点岸段进行了岸线侵蚀监测。监测结果表明,龙口至蓬莱岸段砂质海岸侵蚀速度加大。

(三)国家与社会对海洋环境风险评价的需求十分迫切

针对日益凸显的风险事故,国外政府、企业和学者展开了有关风险评价(ERA)的大量研究和实践,为降低事故风险,维护人类健康,保护生态环境提供技术支持,但国内海洋领域的环境风险评价尚属空白。

20 世纪 80 年代,EPA 公布了关于 64 种污染物的水质标准,这是对致癌物风险定量分析程序的首次应用。1992 年,美国发布了《暴露评价导则》,生态风险评价的基本模型也开始用于植物、动物和整个生态系统。

2004 年,欧洲委员会通过了《欧洲环境与健康行动计划 2004～2010》,该计划明确指出,要确保对潜在的环境和健康风险采取积极的识别和应对措施,加强风险交流,调整减小风险的相关政策。在第七次框架规划(2007～2013)中,环境健康风险分析方法和决策支持工具的研究及其相关政策的发展已被列为优先解决事项。

日本的 ERA 工作主要是针对化学物质展开的,环境省(Ministry of Environment, MOE)的环境健康部门下设有 ERA 办公室,专门针对化学物质存在的环境风险进行初步分析评价,从而为 MOE 制定风险减小对策提供科学依据。

目前,我国风险评价尚处于发展阶段的初期。2005 年中石油吉林石化公司因爆炸事故引发的松花江污染事件,在我国风险评价研究领域具有里程碑意义。该事故的发生促使中国环境保护部门开始关注设施安全性,开展了化工、石化等行业的危险源识别和监测工作,并且将较多精力投身于建设项目环境风险评价,并对此发布了相应的技术导则。导则涵盖了危险源的评价、事故发生后污染物释放和扩散造成的影响等内容。同时,我国环境污染防治和区域生态保护方面的学者,也围绕环境风险评价展开了多领域研究,但海洋领域的区域风险评价尚属空白阶段。

风险评价是一个普遍意义上的概念,是针对人类各种社会经济活动所引发或面临的危害(包括自然灾害),可能会对人体健康、社会经济、生态系统等造成的损失进行评估,并据此进行管理和决策的过程。

针对日益凸显的风险事故,迫切需要明确所辖海域海洋环境风险类型、主要风险源及风险等级,由此,探索海洋环境风险评价的方法,系统开展各类海洋风险源的普查,分析所辖海域主要海洋环境风险、评价其风险等级,对于各辖区有关海洋管理部门明确海洋风险管理优先顺序,主要风险应对预案的准备,有针对性地完善防灾抗灾能力,合理安排和调配各类应急物质等,最终实现"预防为主""针对性应对"的管理对策具有重大的意义。

三、总体思路

作为一种分析、预测和评价过程,风险评价本身具有一套适用范围较广的定性、定量和半定量评价的技术方法。随着风险评价应用领域的逐步拓展,风险评价方法也产生差异,出现了一系列针对不同风险评价类型的评价体系和适用技术,提高了风险事故预测和事故后果评价的准确性。

ERA 类型往往因评价对象和评价范围不同而存在较大差异,主要围绕危险源评价、人体健康评价和生态环境评价 3 个方面,采用相应的评价方法实施 ERA。但是无论开展何类型的风险评价,其在评价内容和评价程序上或多或少会有相似和重叠。实际操作过程中的 ERA,往往是 3 种评价内容的综合,还涉及评价后的一系列风险管理和环境决策内容。

近年来,国家对海洋环境高度重视,为了有效防范与管理海洋风险,国家海洋局组织开展了海洋风险评价与区划工作。

海洋环境风险评价与区划工作是一项新型任务,国内外相关研究较少,尤其国内此项工作刚刚起步,海洋风险类型较多,其特征各不相同,相关信息的获取存在困难,构建反映危险度、易损度或者事故概率与事故后果的指标所需的数据资料或信息十分有限,特别是没有能够反映易损度或事故后果的数据资料,尚缺统一的规范化方法与标准,也无可参考的案例。国家海洋局北海环境监测中心海洋环境风险编制组参照了自然灾害风险的定义及表达式,重点考虑资料相关信息的可获取性,初步提出《北海区海洋环境风险评价方法》。

以下风险评价与区划方法基本按照《北海区海洋环境风险评价方法》及《北海区海洋环境风险评价大纲》开展。

第二节　评价海域自然环境与资源状况

一、评价海域基本概况

辽宁省位于我国东北地区南部,南临黄海、渤海,东与朝鲜一江之隔,与日本、韩国隔海相望。全省国土面积 14.8 万 km²,近海水域面积 6.8 万 km²。辽宁省海岸线东起鸭绿江口,西至山海关老龙头,大陆海岸线全长 2 178 km,占中国大陆海岸线总长的 12%,其中渤海大陆岸线长度为 1 235 km,黄海大陆岸线长 875 km;基岩岸、砂质岸、淤泥岸岸线长度分别为 452 km、69 km、964 km。岛屿岸线长 622 km,占中国岛屿岸线总长的 4.4%。近海分布大小岛屿 506 个,岛屿面积 187.7 km²。共辖副省级城市 2 个(沈阳、大连)、12 个地级市,其中 56 个市辖区、17 个县级市、27 个县(其中 8 个少数民族自治县)。根据《辽宁省 2010 年第六次全国人口普查主要数据公报》,全省总人口为 4 374.632 3 万人;居住在城镇的人口为 27 167 928 人,占 62.10%;居住在乡村的人口为 16 578 395 人,占 37.90%。

河北省地处北纬 36°05′至 42°37′,东经 113°11′至 119°45′之间,位于华北平原,兼跨内蒙古高原。全省内环首都北京市和北方重要商埠天津市,东临渤海。内环京津,西为太行山地,北为燕山山地,河北省是中国唯一兼有高原、山地、丘陵、平原、湖泊和海滨的省份。全省面积 18.88 万 km²。海岸线长 487 km。全省现辖石家庄、唐山、邯郸等 11 个地级市,37 个市辖区、22 个县级市、107 个县、6 个自治县。60 多个市县对外开放,省会为石家庄市。河北不仅濒临渤海,且可随港出海,涉及中国海域及世界大洋。全省大陆海岸线长度 487 km,临海的海域中,有岛屿 107 个。

天津市位于北纬 38°34′至北纬 40°15′、东经 116°43′至东经 118°04′之间,地处我国华北平原的东北部、海河水系与永定新河水系的尾闾,东临渤海湾,北依燕山,西接首都北京,南北与河北省接壤,是海河五大支流南运河、子牙河、大清河、永定河和北运河的汇合处和入海口。天津市南北长约 189 km,东西宽约 117 km,陆域总面积 11 919 km²,海域面积约 3 000 km²,其中水深 -5~0 m 的海域面积约为 847 km²,-15~-5 m 约为 746 km²,潮间带面积约为 336 km²。天津市海岸线北起天津河北行政区域北界线与海岸线交点(涧河口以西约 2.4 km 处),南至歧口,全长 153.2 km。天津市唯一海岛——三河岛,位于永定新河河口,岛屿面积 0.015 km²,岛屿岸线长 0.469 km。天津有 12 个市辖区、1 个副省级区、3 个市辖县,共有乡镇级区划数为 240 个。市辖区分为中心城区、环城区和远郊区,人口为 1 413.15 万人(2012 年)。

山东省位于华东沿海,黄河下游,京杭大运河中北段。东临黄海,北滨渤海,全省包括半岛和内陆两部分。从北至南分别与河北、河南、安徽、江苏四省接壤。陆地总面积 15.71 万 km²,海域面积 17 万 km²。山东自然地理分布范围为南北跨度约为 4 个纬度,东西跨度约为 5 个经度。大陆海岸线北起冀、鲁交界处的大口河河口,南至鲁、苏交界处的绣针河河口,海岸线长 3 345 km,占全国海岸线的 1/6。面积 200 m² 以上海岛的共有 527 个,海岛总面积 111 km²,海岛岸线总长度为 559 km。山东省沿海地市包括滨州市、东营市、潍坊市、烟台市、威海市、青岛市、日照市。其中,青岛所辖海域位于 119°40′E~121°15′E、35°25′N~36°35′N,所辖领海面积约 8 350 km²,30 m 等深线以内的海域面积约 8 900 km²。海岸线长且多曲折,约为 763 km,海岛的岸线总长 132 km,总计海岸线长 895 km,大陆岸线占山东省全省岸线的 1/4 强。青岛市海滩、滩涂资源非常丰富,沿海海滩和滩涂面积 375 km²。截止到 2012 年 12 月,山东省共 17 个地级市,县级行政单位 138

个(市辖区 50 个、县级市 25 个、县 52 个)。根据《山东省 2010 年第六次全国人口普查主要数据公报》,全省常住人口为 9 979.31 万人。山东省河流较多,黄河是山东省内最大的河流,京杭大运河横过黄河,是山东省的第二大河。

二、自然环境特征

(一)地质

(1)辽宁省。

辽宁省位于新华夏系巨型隆起带和沉降带上,海岸带地貌分区包括辽东半岛山地丘陵区、下辽河平原区和辽西山地丘陵区。辽东半岛南部和辽西为基岩、砂砾质海岸,辽河三角洲和黄海北部为淤泥质海岸。全省直接入海河流 60 余条,其中流域面积在 500 km² 以上的有 19 条。

辽宁省海岸带及附近地域,按东北地层划分,属燕山分区(朝阳—阜新小区、山海关小区)、下辽河分区(盘锦小区)、辽东分区(营口—丹东小区、旅大小区)三个分区和五个小区。

营口—丹东小区地层以太古界鞍山群、下元古界辽河群及太古界混合岩为主,其他地层分布零星;旅大小区地层以太古界地层为主,古生界地层集中分布在复州湾、长兴岛、金州区大魏家等地,其他地层零星分布盘锦小区,第四纪地层面积广,厚度大层位齐全,下伏第三纪地层;辽西山海关小区和朝阳—阜新小区大面积分布下元古—太古界混合岩,其他地层零星出露。

地质岩性属最古老的基底变质岩系,岩体多以花岗岩、片麻岩、板岩、石灰岩等组成。辽东及辽南地区主要为黑云母条带状混合岩为主。辽西地区以混合花岗岩为主偶有均质混合岩、条带混合质变粒岩。此外在局部地区有太古—元古代、中生代的侵入岩。

(2)河北省。

河北省西北部为山区、丘陵和高原,其间分布有盆地和谷地,中部和东南部为广阔的平原。海岸线长 487 km。河北省地势西北高、东南低,由西北向东南倾斜。地貌复杂多样,高原、山地、丘陵、盆地、平原类型齐全,有坝上高原、燕山和太行山地、河北平原三大地貌单元。

(3)天津市。

天津地质构造复杂,大部分被新生代沉积物覆盖。地势以平原和洼地为主,北部有低山丘陵,海拔由北向南逐渐下降。北部最高,海拔 1 052 m;东南部最低,海拔 3.5 m。全市最高峰为九山顶,海拔 1 078.5 m。地貌总轮廓为西北高而东南低。天津有山地、丘陵和平原三种地形,平原约占 93%。除北部与燕山南侧接壤之处多为山地外,其余均属冲积平原,蓟县北部山地为海拔千米以下的低山丘陵。靠近山地是由洪积冲积扇组成的倾斜平原,呈扇状分布。倾斜平原往南是冲积平原,东南是滨海平原。

(4)山东省。

山东沿海陆地地貌的基本特征是以胶莱河为界,以西沿海为广阔的鲁北平原,以东为鲁东丘陵区。其中,鲁北平原又以小清河为界,以北为黄河三角洲平原,小清河与胶莱河之间为潍北平原;滨海平原和河谷下游平原多为冲积、冲洪积的砂层或砂砾石、砂卵石层,含水层连续,透水性好。第四纪沉积层中的古河道具有较强的渗透性,是地下水富集场所;滨州、东营、潍坊等地北部地区分布着大面积历史上形成的浅层卤水,黄河三角洲、潍北平原北部沿海地带,土壤类型为滨海盐土,底下为承压淡水;当干旱含水层水位下降低于海平面,或大量开采淡水,即可造成咸水入侵。环莱州湾多为沿海平原和河流下游的砂质、泥沙质海岸区,地形平坦,地面标高仅 2～5 m,天然状态下地下水位埋深仅 2 m,地层透水性较强,地下水流场容易发生变化,易受风暴潮袭击。

(二)水文气象

(1)辽宁省。

辽宁省黄渤海大部分沿海年平均气温在 9℃左右,辽东半岛南端气温为 10℃,气温从海洋向大陆递减,沿海为气温变化的过渡带。年极端最高气温,以渤海西部沿海较高,可达 40℃左右,其他地区均在 34℃～36℃之间,岛屿 33℃。年极端最低气温以渤海东北部沿岸较低,为 −29℃～−27℃之间,大洼最低为 −29.3℃,渤海西北部和黄海的东北部为 −26℃～−24℃,其他沿岸地区为 −29℃～−22℃。夏季气温,大陆高于海上,冬季气温则相反。一年中沿海最暖季节为 7 月下旬至 8 月上旬;最低气温出现在 1 月下旬。秋季气温高于春季。

辽宁省沿海年降水量分布不均匀,总趋势是从辽东半岛南端向东北逐渐增加,其值从旅顺的 600 mm 增加到丹东的 1 000 mm。各地降水量年际变化较大,最多年降水量与最少年降水量相比可达 2～3 倍。一年内降水分布明显,存在干湿季。夏多,冬少,秋多于春。

辽宁省沿海位于东亚季风区内,其风速、风向的分布和变化在很大程度上受季风控制,同时还受地形、海陆分布等因素的影响。冬季沿海受冬季风控制,渤海西部、北黄海沿岸盛行西北风,渤海东部沿岸以北风最多。春季风速较为复杂,沿海大部分地区仍以南风较多。夏季,渤海段盛行南风,北黄海岸段及辽东半岛南端以东南风为最多。秋季,由于夏季风已开始向冬季风转换,风向变化较复杂,但沿海大部分地区仍以北风和西北风占优势。沿岸大风出现最多的季节为春季和冬季,秋季次之,夏季最少。

辽东湾沿岸为我国冰情最严重海区,其南部冰情较北部轻,而东岸的冰情又较西岸轻。该湾固定冰主要分布在西岸,宽度一般在 1 km 以内,冰厚为 20～30 cm,最大厚度 60 cm 左右,堆积高度 1～2 m,最大堆积高度 4 m 左右。严重冰期(1～2 月),辽东湾顶部至葫芦岛一带,固定冰宽度超过 16 km,冰厚一般为 30～40 cm,最大为 100 cm;堆积高度一般为 2～3 m,最大为 6 m;东岸除个别伸入陆地的港湾和浅滩外,一般无固定冰,只有少量的流冰。

黄海北部沿岸,除鸭绿江口附近冰情较重外,其他海域冰情较轻。严重冰期,鸭绿江口至大洋河口一带,固定冰宽度可达 25 km,冰厚为 20～30 cm,最大为 50 cm 左右,堆积高度多为 1～2 m,最大 3 m 左右;大洋河口以西沿岸,固定冰宽度从 2 km 逐渐减至 0.1 km,冰厚一般为 10～20 cm,最大为 30 cm 左右,堆积高度多在 1 m 以下。大连港以南至老铁山一带,一般无冰,但伸入内陆的港湾则有结冰现象。黄海北部沿岸流冰的分布范围由东向西逐渐变窄,在鸭绿江口附近流冰外缘距岸约 50 km。江口以西流冰大致沿 15 m 等深线分布,至长山列岛以西,离岸约 20 km,流冰速度多在 20～30 cm/s,最大达 100 cm/s。流冰方向多与最大潮流方向一致。

辽宁海域海流主要是黄海暖流形成的辽东湾环流和北黄海沿岸流。黄海北部海流为气旋环流,其北部沿岸有一股自东向西的沿岸流,流向终年不变,但其强度受鸭绿江、大洋河径流和沿岸风向、风速影响而发生季节性变化,夏季流速大于春季。辽东湾环流春季形成顺时针方向的环流系统,长兴岛附近流速最大。夏季则为逆时针方向,仍以长兴岛附近流速最大。

辽宁海域潮汐大多属正规半日潮。但自渤海海峡沿复州湾及辽东湾东、西岸段直至绥中团山角附近沿岸属非正规半日混合潮;新立屯至秦皇岛沿岸属正规全日潮;在非正规半日混合潮和正规全日潮中间的绥中娘娘庙沿岸属非正规日混合潮。

黄海北部沿岸的潮差由鸭绿江口向渤海海峡递减。前者平均潮差最大,如西水道内,平均潮差 4.2 m,最大潮差可达 8.1 m;辽东湾东、西沿岸潮差呈对称分布。湾顶平均潮差较大,如老背河口平均潮差达 2.7 m,最大潮差 5.5 m。绥中芷锚湾为 1.65 m,秦皇岛附近的宁海,平均潮差最小,其值仅 0.1 m。

(2)河北省。

河北属温带季风气候—暖温带、半湿润—半干旱大陆性季风气候,特点是冬季寒冷少雪,夏季炎热多雨;春多风沙,秋高气爽。全省年平均气温在 4℃～13℃ 之间,一月 -4℃～2℃,七月 20℃～27℃,大体西北高东南低,各地的气温年较差、日较差都较大,全年无霜期 110～220 d。全省年平均降水量分布很不均匀,年变率也很大。一般的年平均降水量在 400～800 mm 之间。燕山南麓和太行山东侧迎风坡,形成两个多雨区,张北高原偏处内陆,降水一般不足 400 mm。夏季降水常以暴雨形式出现,1966 年 7 月 29 日唐山市遵化降雨 327.9 mm,为该省最大日降水量。春季降水少,春旱、夏涝对农业生产威胁较大。年日照时数 2 400～3 100 h;年均降水量 300～800 mm;一月平均气温在 3℃ 以下;七月平均气温 18℃ 至 27℃,四季分明。

(3)天津市。

天津地处北温带,位于中纬度亚欧大陆东岸,主要受季风环流的支配,是东亚季风盛行的地区,属暖温带半湿润季风性气候。临近渤海湾,海洋气候对天津的影响比较明显。主要气候特征是,四季分明,日照充足,春季多风,干旱少雨;夏季炎热,雨水集中;秋季气爽,冷暖适中;冬季寒冷,干燥少雪,因此,春末夏初和秋天是到天津旅游的最佳季节。冬半年多西北风,气温较低,降水也少;夏半年太平洋副热带暖高压加强,以偏南风为主,气温高,降水也多。有时会有春旱。天津的年平均气温约为 14℃,7 月最热,月平均温度 28℃;历史最高温度是 41.6℃。1 月最冷,月平均温度 -2℃。历史最低温度是 -17.8℃。年平均降水量在 360～970 mm 之间,(1949～2010 年)平均值是 600 mm 上下。多风、少雨、强日照、蒸发量大的特点,再加上本区有广阔而密实的淤泥质潮间带,造就了优越的晒盐条件,使之成为我国最大的海盐和海洋化工基地。

（4）山东省。

山东半岛地处中纬度地带，是典型的暖温带季风气候区，一年四季分明，气候资源丰富，但由于中纬度区天气系统活动频繁，各类灾害天气也比较多，半岛东南部岸带与西北部岸带差异显著。就整个岸带而言，具有明显的海洋性和大陆性过渡气候特征。平均年降水量，渤海为 500～600 mm，北黄海为 600～750 mm，南黄海可接近 1 000 mm。雨季在 6～8 月，降水量可占全年的一半，甚至多达 70%。

渤海山东沿海潮汐以半日潮为主，全日潮成分较弱。黄海大部分区域为规则半日潮。潮差黄海普遍大于渤海，东部大于西部。平均潮差湾顶大于湾口，半岛南部大于半岛北部。自烟台到成山角潮差由大变小；成山角外有一无潮点，无潮点潮差最小，为 75 cm；成山角向南，平均潮差几乎呈直线增大，至丁字湾口达 306 cm，至青岛附近略有下降后又逐步增加。青岛以南沿岸是山东海岸带中平均潮差最大区域。

山东省半岛北部地区是风暴潮多发点，一年四季均可发生，以温带风暴潮为主。

（三）岸线

（1）辽宁省。

辽宁海岸线漫长，从鸭绿江口西部至山海关老龙头，全长 2 110 km，占全国海岸线总长度的 12%，其中渤海大陆岸线长度为 1 235 km，黄海大陆岸线长度 875 km；基岩岸、砂质岸、淤泥岸岸线长度分别为 452 km、69 km、964 km。海洋大陆架辽阔。海岸带-15 m以上面积 175 万公顷，相当于辽宁省 1985 年耕地面积的 48.8%，其中理论基准面至-15 m 的面积 148 万公顷，相当于辽宁耕地面积的 41.3%，它是发展海洋渔业的优良场所。辽宁海岸线不仅漫长，而且曲折，形成许多优良的天然港湾。其中有著名军港旅顺，著名商港大连、营口、丹东、葫芦岛，合称为东北四大商港。此外还有大东沟、大孤山、庄河口、金州湾、复州湾、大凌河口、小凌河口等港湾。

（2）河北省。

河北不仅濒临渤海，且可随港出海，涉及中国海域及世界大洋。全省大陆海岸线长度为 487 km，临海的海域中，有岛屿 107 个。

河北省湿地资源丰富，类型众多，既有浅海、滩涂，又有陆地河流、水库、湖泊及洼地，具有重要的保护、科研价值全省湿地面积有 1.1 亿 m²，占全省土地总面积的 59%，其特点如下。

①作为一个干旱省份，湿地资源相对较多，占全省土地总面积的 59%，比全国的平均水平 27% 高一倍多；

②湿地类型比较全，既有海岸湿地，又有河流、湖泊、沼泽湿地；

③面积小，分布广而零散，除沿海外，没有较大面积的湿地；

④湿地相对集中分布在沿海、坝上地区，平原地区、广大山区只有零星分布；

⑤平原河流湿地因上蓄下排和气候干旱，大部分已成季节性河流或多年断流；

⑥人工湿地面积在河北省占有一定比重，天然湿地面积呈现逐渐缩小趋势。

该省湿地类型大致可分为近海及海岸湿地、河流湿地、湖泊湿地、沼泽和沼泽化草甸及库塘五大类。由于湿地类型众多，植物群落类型多样，为不同生态类型的野生动物提供了适宜的栖息环境,同时这些湿地也是众多迁徙鸟类途中停息和补充能量的栖息地。

（3）天津市。

目前,天津市岸线资源的开发最为活跃,向陆一侧的岸线已经基本开发利用,向海一侧也使用了近50%,而零米线以外的大面积海域却还没有得到有效的开发利用。据统计,2007年天津市海域使用总面积约238.4 km²,其中以港口、航道为主的交通运输用海面积最大,为161.2 km²;其次为填海项目用海面积45.3 km²;渔业用海面积15.7 km²;排污倾废用海面积8.2 km²;旅游娱乐用海面积0.7 km²;特殊用海面积5.7 km²;工矿用海面积1.6 km²。近期,已有大规模海洋开发项目正在开发。如天津港已完成30万吨级航道扩建工程、中国面积最大的保税港区东疆港区;外海30万吨级国家级原油码头工程等。

（4）山东省。

山东海岸带地貌类型多样且特征各异。由西起鲁冀交界的漳卫新河至龙口屺姆角的平原海岸和山东半岛山地丘陵形成的岬湾海岸组成。平原海岸潮滩发育,组成物质细腻,主要由淤泥质粉沙和粉砂组成;山地丘陵海岸分为沙质和基岩海岸。按海岸的形态、成因、物质组成等可分为淤泥质海岸、砂砾质海岸、基岩海岸等。

①淤泥质海岸。

山东粉砂淤泥质海岸形成广阔的潮滩,它西起与河北交界的漳卫新河河口,向东终止于龙口屺姆角,全长约631 km。潮滩地形平坦,平均坡降为0.08%。另外,在山东半岛的半封闭基岩港湾内,也有小范围的淤泥质海岸分布,如胶州湾北部、丁字湾内、乳山湾内、靖海湾等。

黄河三角洲海岸潮滩:黄河三角洲海岸可分古黄河三角洲海岸和近代黄河三角洲海岸。潮滩平坦而又广阔的,潮间带的宽度平均为3～6 km,最宽处可达10 km以上。

莱州湾粉砂质海岸潮滩:莱州湾海岸西起小清河口,东至屺姆角,岸线全长约120 km。莱州湾主要有小清河、湖河、白浪河、虞河、堤河、潍河和胶莱河注入,对其发育产生重要影响。黄河输沙对其也有一些影响。莱州湾海岸潮间带与黄河三角洲海岸潮间带特征有明显不同。它的潮滩平均宽度较窄,为4～6 km。组成物质为较粗的粉砂。

②砂砾质海岸。

从虎头崖向东围绕山东半岛,直至与江苏交界的绣针河口砂砾质海岸广泛分布。该海岸形成以沙为主,并含砾石及贝壳碎片的沙砾滩。该滩滩面较窄坡度较陡。滩面宽度多为数十米,基本上在100 m以内,坡度多在1°～3°之间。沙砾滩又称海滩,波浪是其形成的主要水动力。

半岛北部沙砾滩:分布在莱州刁龙嘴—烟台养马岛一带。此处陆源沙丰富,沙滩上常有沙丘及潟湖发育。沙滩多由砂组成,含砾石,宽度多为100～200 m。海滩坡度较陡,多在1°～3°之间。

半岛东部沙砾滩:分布在威海荣成湾、桑沟湾、石岛沿海。沙质海滩上有沙坝及潟湖发育,海滩较宽,局部可达百米以上,厚度可达十几米。

半岛南部沙砾滩:文登—乳山—海阳—青岛—日照沙质海岸发育,海滩分布广泛。

海滩上有沙坝、潟湖及沙砾堤发育。海滩宽度多变,变化在 50~500 m 之间。

③基岩海岸。

山东基岩海岸,北起虎头崖,南至日照岚山头,与沙质海岸相间分布,岸线曲折,港湾众多,在基岩海岸上形成的岩滩多由基岩和粗砂、砾石组成。岩滩滩面狭窄,坡降大,波浪对其侵蚀作用明显。

半岛北部岩滩:从虎头崖—成山角有多处基岩海岸出现。如蓬莱角至八角、芝罘角—养马岛。该滩是由局部基岩海岸形成的岩滩。岩滩分布局限,滩面宽度仅几十米或一百多米。

半岛东部岩滩:在威海—成山角—石岛一带,有典型的基岩海岸形成的岩滩,岩滩上有海蚀平台、海蚀洞穴发育,并常见巨砾。在强烈的波浪作用下,海岸明显后退。

半岛南部岩滩:从文登—青岛—日照的南部基岩海岸,常见岬湾中有典型的基岩海岸出现,海蚀柱、海蚀洞等地貌形态。岩岸均有因波浪侵蚀后退的现象。

④岸线利用类型。

山东渤海区海况平稳,易于各项开发利用活动的开展,港口、油气、渔业、盐业以及滨海旅游等优势海洋资源开发,在全国占有突出的地位。近年海岸带地区兴起了大规模的开发利用活动,如开辟盐田,兴修虾池、鱼池、建设海港围海筑坝,开辟旅游区、高档住宅区填海造地使海岸带地形发生很大的变化,它使海岸变得平直,岸线的曲率减小。随着人为活动规模的扩大,特别是大规模的填海使得海岸线不断向海推进,海域和水深都将逐渐缩小。因为地形的改变使得海湾的自然环境发生变化并可能导致海湾的消亡。目前山东自然的海岸越来越少,人工海岸越来越多。

山东省海域岸线利用类型有自然岸线、盐田、农田或海洋工程等。

根据 908 专项山东省海岸线修测调查成果,山东人工岸线长度约占全省海岸线总长度的 38%,自然岸线长度约占全省海岸线总长度的 62%。沿海各地市海岸线中,滨州、东营、潍坊三市没有砂质海岸线和基岩岸线,大部分为人工岸线。其中,滨州人工岸线约占全市岸线总长度的 81.8%、东营约占全市岸线总长度的 63.9%、潍坊约占全市岸线总长度的 96%。

山东渤海区海域氯化钠浓度较高,地下卤水资源丰富,常年蒸发量比降水量大 1 100 mm,再加上强日照,多风,有广阔而密实的淤泥质滩涂,晒盐条件优越,是我国发展海水晒盐最理想的地区之一。盐田分布于渤海沿岸的滨州、东营、潍坊及烟台莱州等地的滨海地带,黄海沿岸的文登华山盐场、青岛东风盐场、日照王家滩盐场也有零星分布。

三、海洋资源开发利用和海洋产业发展状况

(一)海洋资源开发利用状况

渔业、港口、石油、旅游和海盐是渤海的五大优势资源。黄海生物种类多,数量也大。形成烟威、石岛、海州湾、连青石、吕泗和大沙等良好的渔场。黄海其他矿产资源主要有滨海砂矿,现已进行开采。山东半岛近岸区还发现有丰富的金刚石矿床。

(1)油气资源。

渤海石油和天然气资源十分丰富,整个渤海地区就是一个巨大的含油构造,滨海的胜利、大港、辽河油田和海上油田连成一片,渤海已成为我国第二个大庆。渤海油气盆地,面积约 8 万平方米,是辽河油田、大港油田和胜利油田向渤海的延伸,也是华北盆地新生代沉积中心,沉积厚度达 10 000 m 以上。海域内有 14 个构造带和 230 多个局部构造,是我国油气资源比较丰富的海域之一。目前在辽东湾发现了石油地质储量达 2 亿吨的绥中 36-1 油田、锦州 20-2 凝析油气田和锦州 9-3 等油气田;在渤海中部发现了渤中 28-1 油田和渤中 34-1/4 油田。据中国石油天然气集团公司最近宣布,在渤海湾滩海地区冀东南堡油田共发现 4 个含油构造,基本落实三级油气地质储量(当量)10.2 亿吨。

(2)盐田资源。

海盐是重要的化学资源,我国有漫长的海滩,大多地势平坦,滩海广阔,很适于建滩晒盐,按照过去以省为单位划分盐场,有辽宁盐场,长芦盐场(包括天津、河北等盐场),山东盐场,淮北盐场"四大盐场"之说。渤海、黄海沿岸年蒸发量大,并有明显的干季,渤海、黄海地区有着丰富的海盐生产资源,其中最著名的是长芦盐场。长芦盐场是我国海盐产量最大的盐场,主要分布于河北省和天津市的渤海沿岸。南起黄骅,北到山海关南,包括塘沽、汉沽、大沽、南堡、大清河等盐田在内,全长 370 km,共有盐田 230 多万亩,年产海盐 300 多万吨,产量占全国海盐总产量的 1/4。其中,以塘沽盐场规模最大,年产盐 119 万吨。长芦盐场主要生产食用盐、工业盐。长芦盐场所产之盐,数量大、质量好、颗粒均匀、色泽洁白,中外驰名。河北沧州是全国最大的工业盐产区,在全国盐场地位上是大陆内最大,全国第二位。

辽宁盐场又称东北盐场,主要分布在辽宁省渤海沿岸和辽东湾营口、盖县一带,其次是黄海沿岸的大连、新金等地。产区因岩岸割裂,面积稍窄小,但盐的质量上乘。总产量约 80 万吨。其中,产量最大的主要有四个,可称辽宁"四大盐场":营口盐场,是全省最大的盐场,1989 年产量达 30.4 万吨,生产能力可达 80 万吨;皮口盐场,年产量 15.2 万吨,生产能力可达 36 万吨;金州盐场,年产量 9 万吨,生产能力 30 万吨;复州盐场,年产量 20.8 万吨,生产能力为 75 万吨。

山东盐场是我国最早开发的盐区,主要包括山东省保护的莱州湾盐场和黄海的胶州湾盐场。前者制盐原料近年主要采用埋藏地下的卤水。近年经过勘探得知,莱州湾沿岸 1 500 km² 的地下均富藏卤水资源,总储量为 74 亿立方米;所含盐类的总量约计 8 亿多吨,其中原盐约有 6.4 亿吨。目前山东利用地下卤水制盐量已经占到盐总产量的 60%,总产量达 3 603 万吨,约占全国总产量的 1/5,一跃成为我国最大的原盐产地,主要建成的卤水制盐基地有寿光、昌邑、寒亭、莱州、广饶等。由于重视了开发地下卤水制盐,潍坊、烟台、惠民、东营等地的大片沿海盐碱地,经建盐场后不断提取地下卤水晒盐,阻止了盐碱地向内延伸,土壤不断淡化,变为宜耕的农田。

(3)渔业资源。

渤海沿岸有辽河、海河、黄河等河流从陆上带来大量有机物质,使这里成为盛产对虾、蟹和黄花鱼的天然渔场。渤海沿岸河口浅水区营养盐丰富,饵料生物繁多,是经济鱼、虾、蟹类的产卵场、育幼场和索饵场。渤海中部深水区既是黄、渤海经济鱼、虾、蟹类洄游的集散地，又是渤海地方性鱼类、虾、蟹类的越冬场。渤海是我国最大的内海，素有天然鱼池之称，盛产多种鱼、虾、贝类水产品，还有丰富的其他海洋资源。渤海海洋动物和植物共约 170 种以上，有哺乳类的海豹，各种鱼类，软体动物有乌贼与鱿鱼，甲壳类有虾、蟹，棘皮动物有海参，腔肠动物有海蜇、海绵类，海藻类有海带、紫菜、石花菜等。其中主要的鱼类就有 100 多种。由于渤海位置和海流等自然条件的影响，温水性鱼类最多，其次是寒水性鱼类。小黄鱼、带鱼都是我国四大渔产之一。渤海有许多良好的海湾和河流入口，是理想的天然渔场，北部有望寒寨、菊花岛和大清河口渔场，南部有龙口、黄河口渔场，西部有海河口渔场。

黄海的生物区系属于北太平洋区东亚亚区，为暖温带性，其中以温带种占优势，但也有一定数量的暖水种。海洋游泳动物中鱼类占主要地位，共约 300 种。主要经济鱼类有小黄鱼、带鱼、鲐鱼、鲅鱼、黄姑鱼、鳓鱼、太平洋鲱鱼、鲳鱼、鳕鱼等。底栖动物资源十分丰富，可供食用的种类，最重要的是软体动物和甲壳类。经济贝类资源主要有牡蛎、贻贝、蚶、蛤、扇贝和鲍等。经济虾、蟹资源有对虾（中国对虾）、鹰爪虾、新对虾、褐虾和三疣梭子蟹。棘皮动物中刺参的产量也较大。

（4）旅游资源。

渤海沿岸自然风景优美，名胜古迹众多，充分具备了以阳光、海水、沙滩、绿色、动物为主题的温带海滨旅游度假资源条件。环渤海地区旅游资源丰富多彩，既有陆上的自然景观和人文景观，又有变幻莫测的海洋景观，汇集成海光山色独具风格的旅游景观。海洋自然景观以海水、河滩、海岛为特征，构成集旅游、休闲、疗养为一体的理想胜地。如大连的老虎滩、棒棰岛、金石滩，河北的北戴河和昌黎的黄金海岸，天津的人造海滨游泳场，辽宁兴城的海滨和菊花岛度假村，烟台、威海、青岛的海滨浴场，山东长岛的避暑度假村和山东半岛顶端的成山角，都是理想的海滨避暑胜地。改革开放以来，还专门建立了海滨旅游开发区，如大连的金石滩旅游开发区、秦皇岛的北戴河旅游开发区，青岛的石老人旅游开发区等。环渤海地区还有丰富的自然科学旅游资源，如大连老铁山鸟岛自然保护区、蛇岛自然保护区等。

（5）港口资源。

港口是具有水陆联运设备和条件，供船舶安全进出和停泊的运输枢纽，是水陆交通的集结点和枢纽，工农业产品和外贸进出口物资的集散地，船舶停泊、装卸货物、上下旅客、补充给养的场所。由于港口是联系内陆腹地和海洋运输（国际航空运输）的一个天然界面，因此，人们也把港口作为国际物流的一个特殊结点。北方海域港口分布见图 5-1。

在环渤海和北黄海地区 6 000 多千米的海岸线上，目前有大小 220 多个港口，其中辽宁省 100 个，天津市 8 个，河北省 25 个，山东省 79 个，江苏 11 个。亿吨级大港有大连港、天津港、青岛港、秦皇岛港、日照港，占全国沿海亿吨大港的一半。我国大陆国际集装箱吞吐量前 10 名排行榜上，渤海湾港口群的青岛港、天津港、大连港和营口港四港榜上有名，其中，前三港属于全国沿海八大集装箱干线港。而在我国批准作为"试验田"的 4 个保税港区中,环渤海地区也占有两席——大连大窑湾保税港区和天津东疆保税港区。全国十大港口北方海域占了5个,分别为天津港、青岛港、秦皇岛港、大连港和营口港。

图 5-1　北方海域港口分布图

(二)海洋产业发展状况

环渤海地区作为中国三大海洋经济区之一,是中国海洋经济发达地区,经济战略地位十分重要。靠独特的地缘优势、丰富的海洋资源、便捷的海陆运输,环渤海地区海洋经济总产值一直占全国海洋经济总产值的1/3左右。

环渤海地区主要海洋产业如下。

(1)海洋盐业。

环渤海地区是中国最大的盐业生产基地,我国4大海盐产区有3个位于渤海沿岸,盐田总面积约30万公顷,2001~2005年海盐产值一直保持全国海盐总产值85%以上的份额。

(2)海洋化工。

环渤海地区的海洋化工在国内海洋化工产业中处于领先地位,2001~2005年该产值一直占全国海洋化工总产值的80%以上。

(3)海洋水产业。

海洋水产业是环渤海地区传统的海洋产业,尤其是其中的海洋渔业比较突出,海洋渔业从业劳动力占该区海洋水产从业劳动力的99%以上,从2001年占全国海洋水产业总产值的35%升至2005年的56%,体现了该区海洋水产业在全国海洋水产业中举足轻重的地位。

(4)海洋油气业。

环渤海地区油气资源十分丰富,拥有包括胜利、辽宁、大港、华北和渤海海上油气等海陆油气田,油气储量居全国之首。2005年该区海洋油气产值达到全国油气总产值的44%以上,2007年在渤海湾河北省辖区内的冀东南堡勘探到探明储量高达10亿吨的油田,更加提升了环渤海地区海洋油气业在全国同类产业中的优势地位。

(5)海洋交通运输业。

环渤海地区有一支以中央骨干航运业为主、地方航运业为辅的远洋船队,承担着我国大量的出口贸易运输业务。区内港口资源十分丰富,港口密度居全国首位。区内的天津港、青岛港、大连港和营口港更是跻身于中国十大港口之列。与世界上 160 多个国家有经贸来往,有 40 多条国际班轮航线,是我国主要的对外贸易窗口。

(6)造船业。

环渤海地区经济呈现"二三一"结构特点,工业优势使该区造船工业聚集程度较高,始终占有全国造船业总产值的 30% 左右。

(7)滨海旅游业。

环渤海地区夏无酷暑、冬无严寒的气候条件,形态多样的地质地貌,悠久的历史传统,使该区拥有得天独厚的自然和人文景观。滨海旅游业虽然在海洋产业上划分属于新兴海洋产业,但得益于该区优越的区位条件和较为强大的经济实力,滨海旅游业发展势头强劲。仅 2001~2005 年,该区滨海旅游业所占全国滨海旅游业份额比例增长了 7 倍。

从短期来看,环渤海地区海洋经济发展水平在全国处于较发达水平。但从可持续发展的角度来看,该区区域海洋经济发展已呈现不平衡态势,对资源环境的依赖性很大,海洋空间利用有待进一步拓展,海洋高新技术产业尚未形成一定规模。如果在经济发展的浪潮中对现有海洋产业结构进行升级优化,调整发展思路,推动该区海洋经济发展,成为当前环渤海地区海洋经济发展亟待解决的问题。

四、海洋功能区与海域敏感区概况

(一)渤海

渤海是半封闭性内海,大陆海岸线从老铁山角至蓬莱角,长约 2 700 km。沿海地区包括辽宁省(部分)、河北省、天津市和山东省(部分)。海域面积约 7.7 万平方千米。

(1)辽东半岛西部海域。

包括大连老铁山角至营口大清河口毗邻海域,主要功能为渔业、港口航运、工业与城镇用海和旅游休闲娱乐。旅顺西部至金州湾沿岸重点发展滨海旅游,适度发展城镇建设,加强海岸景观保护与建设,维护海岸生态和城镇宜居环境;普兰店湾重点发展滨海城镇建设,开展海湾综合整治,维护海湾生态环境;长兴岛重点发展港口航运和装备制造,节约集约利用海域和岸线资源;瓦房店北部至营口南部海域发展滨海旅游、渔业等产业,开展营口白沙湾沙滩等海域综合整治工程;仙人岛至大清河口海域保障港口航运用海,推动现代海洋产业升级。区域近海和岛屿周边海域加强斑海豹自然保护区等海洋保护区的建设与管理。

(2)辽河三角洲海域。

包括营口大清河口至锦州小凌河口毗邻海域,主要功能为海洋保护、矿产与能源开发、渔业。双台子河、大凌河河口区域重点加强海洋保护区建设与管理,维护滩涂湿地自然生态系统,改善近岸海域水质、底质和生物环境质量,养护修复翅碱蓬湿地生态系统;辽东湾顶部按照生态环境优先原则,稳步推进油气资源勘探开发和配套海工装备制造,并协调好与保护区、渔业用海的关系;大辽河河口附近及其以东海域适度发展城镇和工业建设,完善海洋服务功能;凌海盘山浅海区域加强渔业资源养护与利用。区域实施污染物排海总量控制制度,改善海洋环境质量。

(3)辽西冀东海域。

包括锦州小凌河口至唐山滦河口毗邻海域,主要功能为旅游休闲娱乐、海洋保护、工业与城镇用海。锦州白沙湾、葫芦岛龙湾至菊花岛、绥中西部、北戴河至昌黎海域重点发展滨海旅游,维护六股河、滦河等河口海域和典型砂质海岸区自然生态,严格限制建设用围填海,禁止近岸水下沙脊采砂,积极开展锦州大笔架山、绥中砂质海岸、北戴河重要沙滩、昌黎黄金海岸等的养护与修复。锦州湾、秦皇岛南部海域发展港口航运。兴城、山海关至昌黎新开口海域建设滨海城镇,防止城镇建设破坏海岸自然地貌,维护滨海浴场风景区海域环境质量安全。

(4)渤海湾海域。

包括唐山滦河口至冀鲁海域分界毗邻海域,主要功能为港口航运、工业与城镇用海、矿产与能源开发。天津港、唐山港、黄骅港及周边海域重点发展港口航运。唐山曹妃甸新区、天津滨海新区、沧州渤海新区等区域集约发展临海工业与生态城镇。区域积极发展滩海油气资源勘探开发。加强临海工业与港口区海洋环境治理,维护天津古海岸湿地、大港滨海湿地、汉沽滨海湿地及浅海生态系统、黄骅古贝壳堤、唐山乐亭石臼坨诸岛等海洋保护区生态环境,积极推进各类海洋保护区规划与建设。稳定提高盐业、渔业等传统海洋资源利用效率。开展滩涂湿地生态系统整治修复,提高海岸景观质量和滨海城镇区生态宜居水平。区域实施污染物排海总量控制制度,改善海洋环境质量。

(5)黄河口与山东半岛西北部海域。

包括冀鲁海域分界至蓬莱角毗邻海域,主要功能为海洋保护、农渔业、旅游休闲娱乐、工业与城镇用海。黄河口海域主要发展海洋保护和海洋渔业,加强以国家重要湿地、国家地质公园、海洋生物自然保护区、国家级海洋特别保护区、黄河入海口、水产种质资源保护区等为核心的海洋生态建设与保护,维护滨海湿地生态服务功能,保护古贝壳堤典型地质遗迹以及重要水产种质资源,维护生物多样性,促进生态环境改善,严格限制重化工业和高耗能、高污染的工业建设。黄河口至莱州湾海域集约开发滨州、东营、潍坊北部、莱州、龙口特色临港产业区,发展滨海旅游业,合理发展渔业、海水利用、海洋生物、风能等生态型海洋产业,加强水产种质资源保护,重点保护三山岛等海洋生物自然保护区。区域海洋开发应与黄河口地区防潮和防洪相协调;屺姆岛北部至蓬莱角及庙岛群岛海域重点发展滨海旅游、海洋渔业,加强庙岛群岛海洋生态系统保护,维护长山水道航运功能。开展黄河三角洲河口滨海湿地、莱州湾海域综合整治与修复。区域实施污染物排海总量控制制度,改善海洋环境质量。

(6)渤海中部海域。

位于渤海中部,是我国重要的海洋矿产资源利用区域,主要功能为矿产与能源开发、渔业、港口航运。西南部、东北部海域重点发展油气资源勘探开发,协调好油气勘探、开采用海与航运用海之间的关系。区域积极探索风能、潮流能等可再生能源和海砂等矿产资源的调查、勘探与开发。合理利用渔业资源,开展重要渔业品种的增殖和恢复。加强海域生态环境质量监测,防治赤潮、溢油等海洋环境灾害和突发事件。

(二)黄海

黄海海岸线北起辽宁鸭绿江口,南至江苏启东角,大陆海岸线长约4 000 km。沿海地区包括辽宁省(部分)、山东省(部分)和江苏省。黄海为半封闭的大陆架浅海,自然海域面积约38万平方千米。沿海优良基岩港湾众多,海岸地貌景观多样,沙滩绵长,是我国北方滨海旅游休闲与城镇宜居主要区域。淤涨型滩涂辽阔,海洋生态系统多样,生物区系独特,是国际优先保护的海洋生态区之一。

(1)辽东半岛东部海域。

包括丹东鸭绿江口至大连老铁山角毗邻海域,主要功能为渔业、旅游休闲娱乐、港口航运、工业与城镇用海和海洋保护。鸭绿江口至大洋河口、城山头、老铁山附近海域主要发展生态保护和滨海旅游,维护鸭绿江口与大洋河口滨海湿地生态系统;长山群岛海域主要发展海岛生态旅游和海洋牧场建设,维护海岛生态系统,协调旅游、渔业、海岛保护与基础设施建设用海关系;大连市南部海域主要发展滨海城镇建设和旅游,维护成山头、金石滩、小窑湾等大连南部基岩海岸景观生态,推动现代海洋服务产业升级;大连湾至大窑湾海域、大东港海域发展港口航运,保障海上交通和国防安全;大东港西部海域、庄河毗邻海域、花园口、大小窑湾、大连湾顶部重点发展滨海城镇和现代临港产业。加强近岸海域环境保护与治理,修复青堆子湾、老虎滩湾、大连湾等海湾系统。

(2)山东半岛东北部海域。

包括蓬莱角至威海成山头毗邻海域,主要功能为渔业、港口航运、旅游休闲娱乐和海洋保护。蓬莱角至平畅河海域重点发展滨海旅游、海洋渔业;套子湾西北部、芝罘湾海域重点发展港口航运;烟台市区至成山头近岸海域主要发展滨海旅游与现代服务业。区域应协调海洋开发秩序,维护成山头水道、烟威近岸航路等港口航运功能。严格禁止近岸海砂开采和砂质海岸地区围填海活动。重点保护崆峒列岛、长岛、依岛、成山头、牟平砂质海岸、刘公岛等海洋生态系统。开展芝罘湾、威海湾、养马岛、金山港、双岛湾等海域综合整治。

(3)山东半岛南部海域。

包括威海成山头至苏鲁海域分界毗邻海域,主要功能为海洋保护、旅游休闲娱乐、港口航运和工业与城镇用海。成山头至五垒岛湾海域主要发展海洋渔业,荣成近岸海域兼顾区域性港口建设和滨海旅游开发,适度发展临海工业;五垒岛湾至日照海域主要发展滨海旅游业,建设生态宜居型滨海城镇,禁止破坏旅游区内自然岩礁岸线、沙滩等海岸自然景观,加强潟湖、海湾等生态系统保护,加强胶州湾、千里岩岛等海洋生物自然保护区建设;青岛西南部、日照南部合理发展港口航运和临港工业。开展石岛湾、丁字湾、胶州湾等海湾综合整治。

第三节 海洋环境主要风险识别

一、赤潮灾害风险

2008~2014年北海区赤潮发生情况见统计表5-1。从表中可以看出,自2008年起,北海区共发生赤潮近百次,其中,辽宁省、河北省、渤海远岸海域、天津市、山东省(除了青岛市)、青岛市近岸分别发生了23,29,3,11,25,8次;从面积看,超过1 000 km²的赤潮共发生4次,面积最大的为2010年发生在秦皇岛—绥中沿岸海域和南戴河近岸海域的微微型藻赤潮;面积在100至1 000 km²的赤潮共发生20次,面积在100 km²以下的赤潮共发生71次;从位置看,大连湾、鸭绿江口、秦皇岛—绥中沿岸海域、天津近岸海域、烟台市四十里湾、威海乳山近海、青岛浮山湾附近海域均是赤潮多发区。

表5-1 2008~2014年北海区赤潮发生情况

序号	日期	地点	成灾面积(km²)	赤潮生物种类
1	2008-02-27~03-04	大连湾	108	诺氏海链藻、中肋骨条藻
2	2010-06-16~06-26	大连湾	20	赤潮异弯藻
3	2011-07-05	大连湾 大连港附近海域	1.2	夜光藻
4	2011-07-06	大连湾 棉花岛渔港政附近海域	10	中肋骨条藻
5	2011-09-27~09-28	大连湾 泊石湾海水浴场附近海域	10	卡盾藻、原甲藻
6	2012-08-06	大连湾	15	三角角藻、丹麦细柱藻
7	2008年8月	星海湾	5	海洋卡盾藻
8	2011-07-01~07-03	星海湾公园附近海域	1	夜光藻
9	2009-08-11~08-13	金州湾	15	中肋骨条藻
10	2010-08-15~08-16	大窑湾	52.5	螺旋环沟藻
11	2010-09-05~09-06	大窑湾(大孤山南部海域)	30	多纹膝沟藻
12	2012-07-26~07-28	大窑湾	1	夜光藻
13	2011-07-11~07-13	大连市龙王塘渔港和郭家沟渔港附近海域	0.002	夜光藻、梭角藻

（续表）

序号	日期	地点	成灾面积（km²）	赤潮生物种类
14	2012-7-11～7-13	大连市龙王塘	40	塔玛亚历山大藻
15	2008-06-16～06-21	丹东市鸭绿江口	500	夜光藻
16	2011-05-23～05-26	丹东市鸭绿江口 东港赤潮监控区	20	尖刺伪菱形藻
17	2011-05-11～05-23	丹东市鸭绿江口	4 000	夜光藻
18	2008-06-16～06-21	丹东市大鹿岛	130	夜光藻
19	2005-06-16～06-18	营口市鲅鱼圈	2 000	夜光藻
20	2009-07-03～07-05	锦州市娘娘宫	1.5	夜光藻
21	2009-07-29～08-04	葫芦岛市菊花岛	10	夜光藻
22	2014-05-30～6-13	辽东湾东部海域	110	夜光藻
23	2013-6-19～20	辽东湾西部	5	夜光藻
24	2010-5-14～15	秦皇岛北戴河赤潮监控区	4.5	夜光藻
25	2010-6-7～10	曹妃甸附近海域	25	夜光藻
26	2010-6-26	辽东湾中部	1.5	夜光藻
27	2010-6-24～7-12	秦皇岛—绥中沿岸海域，南戴河近岸海域	3 350	微微型浮游生物
28	2010-7-24～30	秦皇岛—北戴河赤潮监控区	20	红色中缢虫
29	2011-8-1～4	北戴河附近海域中直浴场附近	2.4	夜光藻
30	2011-8-2～3	北戴河附近海域中直浴场、戴河口、平水桥南等靠岸一侧海域	4	古老卡盾藻
31	2011-8-4～5	北戴河附近海域中直浴场、平水桥南	3	异弯藻
32	2011-8-4～5	北戴河附近海域戴河口附近海域	3	螺旋环沟藻
33	2011-8-4～5	北戴河附近海域洋河口外近岸海域	1.7	螺旋环沟藻
34	2011-5-30	河北昌黎新开口附近海域	20	柔弱根管藻
35	2011-6-17～21	河北秦皇岛附近海域北戴河赤潮监控区	0.02	夜光藻
36	2011-6-17	河北秦皇岛附近海域北戴河鸽子窝一直延伸至抚宁昌黎分界线附近	180	微微型鞭毛藻
37	2012-6-8	秦皇岛附近海域		微微型藻
38	2012-7-16～8-2	渤海湾西部（天津驴驹河贝类增养殖区）		丹麦细柱藻、柔弱拟菱藻、浮动弯角藻

（续表）

序号	日期	地点	成灾面积（km²）	赤潮生物种类
39	2012-8-28～29	秦皇岛东山浴场附近海域	1.3	夜光藻
40	2012-8-30～31	秦皇岛山海关石河口附近海域	4.5	具刺膝沟藻、海洋原甲藻
41	2012-10-4～10	秦皇岛东山浴场至集装箱码头近岸海域	20	多纹膝沟藻
42	2013-5-25～26	秦皇岛戴河口至金山嘴附近海域	2	夜光藻
43	2013-6-3～4	秦皇岛戴河口至金山嘴附近海域	10	夜光藻
44	2013-6-9～12	秦皇岛港东锚地至戴河口附近海域	16	夜光藻
45	2013-6-18～22	秦皇岛东山浴场至金山嘴附近海域	7.06	微小原甲藻和夜光藻
46	2013-6-18～20	渤海湾北部海域	0.000 025	夜光藻
47	2013-6-23～27	秦皇岛港东锚地	4	夜光藻
48	2014-05-31～6-1	秦皇岛东山浴场	0.1	夜光藻
49	2014-05-15～8-7	河北秦皇岛近岸海域	2 000	抑食金球藻
50	2014-06-11～12	河北秦皇岛近岸海域	75	夜光藻
51	2014-06-13～15	河北秦皇岛近岸海域	228	夜光藻、微小原甲藻
52	2014-09-01～4	秦皇岛浅水湾附近海域	8	米氏凯伦藻
53	2014-09-15～19	秦皇岛西浴场附近海域	1.1	锥状斯氏藻、叉状角藻
54	2013-6-26～7-2	渤海湾北部海域	50	夜光藻、红色中缢虫和尖刺拟菱藻
55	2014-09-13～17	渤海中部海域	400	米氏凯伦藻
56	2008 年 7 月	天津近岸海域	30	叉状角藻、小新月菱形藻
57	2009 年 4 月	天津近岸海域	30	中肋骨条藻
58	2009 年 6 月	天津近岸海域	30	夜光藻
59	2009 年 8 月	天津近岸海域	300	中肋骨条藻
60	2010-5-24～6-12	天津港航道以北至汉沽海域	237	夜光藻
61	2010-9-19～11-3	汉沽附近海域	470	威氏圆筛藻、尖刺菱形藻
62	2012-7-16～8-2	天津近岸海域	44	丹麦细柱藻、柔弱伪菱形藻、短角弯角藻、诺氏海链藻和旋链角毛藻

（续表）

序号	日期	地点	成灾面积（km²）	赤潮生物种类
63	2012-8-8～8-16	天津近岸海域	490	诺氏海链藻和旋链角毛藻、中肋骨条藻
64	2013-7-5～7-8	天津临港经济区东部海域	154	中肋骨条藻、诺式海链藻、窄面角毛藻和柔弱拟菱形藻
65	2013-7-16～25	天津汉沽至天津港航道附近海域	100	夜光藻
66	2014-08-26～9-30	天津滨海旅游区附近海域	300	离心列海链藻、多环旋沟藻
67	2008-8-29	烟台市四十里湾	1.65	赤潮异弯藻
68	2008-9-5	烟台市四十里湾	1	尖刺菱形藻
69	2008-10-20	烟台市四十里湾	9.42	中肋骨条藻
70	2009-8-10～15	乳山文登交界海域	100	海洋卡盾藻
71	2009-8-20～31	烟台市四十里湾	42.04	血红哈卡藻
72	2009-4-11～17	乳山市小青岛西南海域	20	夜光藻
73	2009-5-26～6-3	乳山市小青岛东南海域	30	夜光藻
74	2009-7-21～8-4	乳山文登交界海域	150	海洋卡盾藻
75	2010-9-13～18	烟台四十里湾马山寨、草埠附近海域	3.45	海洋卡盾藻
76	2010-9-6～10	烟台四十里马山寨、草埠附近海域	6.02	中肋骨条藻、尖刺拟菱形藻
77	2010-9-6～7	牟平西山北头附近海域	3	赤潮异弯藻
78	2010-8-20～31	烟台市四十里湾	42.04	红色裸甲藻
79	2010-8-7	烟台市四十里湾	2.76	赤潮异弯藻
80	2010-7-21～8-4	乳山至文登沿岸海域	150	海洋卡盾藻
81	2010-5-26	海阳至乳山附近海域	550	夜光藻
82	2010-5-7～12	日照附近海域	580	夜光藻
83	2010-4-11～17	乳山市小青岛西南至南黄岛外沿岸海域	20	夜光藻
84	2011年6月至8月	烟威近海	不详	抑食金球藻
85	2012-10-25～29	烟台四十里湾马山寨海域	5	红色裸甲藻

(续表)

序号	日期	地点	成灾面积(km²)	赤潮生物种类
86	2012 年 8 月	寿光市小清河口海域	不详	中肋骨条藻
87	2012-5-4～31	岚山区虎山以东	60	夜光藻
88	2013-2-13～3-15	寿光市老河口海域	66	中肋骨条藻、直链藻
89	2014-03-26～28	山东莱山—招远附近海域	66	夜光藻
90	2014-08-28～9-5	山东烟台东泊子至养马岛东北部附近海域	19	海洋卡盾藻
91	2014-9-21～23	山东烟台长岛县海域	890	海洋卡盾藻
92	2008-8-7～9	青岛灵山岛东北部海域	86	卡盾藻
93	2008-6-29～30	青岛胶州湾跨海大桥附近	20	异帽藻
94	2009-4-3	青岛五四广场附近海域	0.002	夜光藻
95	2009-4-17	青岛音乐广场附近海域	0.001 5	夜光藻
96	2012-5-8～11	青岛市市南区浮山湾	10	夜光藻
97	2012-9-14～17	青岛市浮山湾附近海域	0.4	旋沟藻
98	2013-5-2～3	青岛浮山湾附近海域	0.039	夜光藻
99	2014-04-14～15	青岛市奥帆基地附近海域	0.01	夜光藻

二、绿潮灾害风险

绿潮是一种世界范围内经常发生的有害藻华,可以对沿海环境造成严重的危害。绿潮主要是由石莼属(*Ulva*),包括之前的浒苔属(*Enteromorpha*)、刚毛藻属(*Cladophora*)、硬毛藻属(*Chaetomorpha*)等定生大型绿藻脱离固着基后漂浮并不断增殖,从而造成生物量急剧扩增的藻类灾害,通常发生在河口、潟湖、内湾和城市密集的海岸等富营养化程度相对较高的水域环境中。近几十年绿潮在世界范围内的发生频率和影响规模呈现出上升趋势,尤其是在经济发展相对比较快的地区。近几年来,发生在黄海的绿潮藻类主要为浒苔。

北海区绿潮发生时间为每年 5～9 月份,2008 年夏初,青岛近海海域及沿岸遭遇了突如其来、历史罕见的绿潮灾害。5 月 30 日,中国海监飞机在青岛东南 150 km 的海域发现大面积浒苔,影响面积约为 12 000 km²,实际覆盖面积为 100 km²。6 月底,浒苔的影响面积达到最大,约为 25 000 km²,实际覆盖面积为 650 km²。8 月以后影响面积逐渐减少,8 月底,黄海海域浒苔影响面积降至 1 km² 以下。之后连续至今每年均暴发绿潮,日照、青岛、海阳等近岸海域均受到绿潮影响。绿潮大规模暴发时间通常为每年 6～8 月份,正值沿海旅游旺季,海面及岸滩堆积的藻体严重影响了沿岸景观。大规模绿潮也造成了严重次生危害,主要包括绿潮形成后,遮拦阳光,影响其他海洋植物特别是海草和浮游植物的生长;绿藻腐烂后产生的次生有毒产物,造成水体缺氧,引起水生动物大量死亡,改变动物区系群结构,对沿海的生态环境造成极大的破坏;大量绿潮海藻生物量的堆积严重影响了沿海的水产养殖业。表 5-2 统计了 2008 年～2014 年浒苔绿潮影响时间及规模。

表 5-2　2008 年～2014 年浒苔影响时间及规模(面积单位:km²)

年份	最早发现的时间、地点	分布面积	最大规模覆盖面积	最大覆盖面积日期	当年结束时间
2008	5 月 14 日,34°37.3′N,121°26.5′E(盐城外海)	20 800	540	7 月 12 日	9 月 1 日
2009	5 月 20 日,33°55′N,121°30′E(盐城外海)	58 000	2 100	7 月 2 日	8 月 22 日
2010	5 月 7 日,32°0′N,124°0′E(长江口外)	29 800	530	7 月 10 日	8 月 17 日
2011	5 月 27 日,34°5′N,121°30′E(盐城外海)	26 400	560	7 月 19 日	8 月 17 日
2012	4 月 14 日,29°37′N～29°45′N,124°28′E～124°34′E 海域	19 700	267	6 月 13 日	8 月 20 日
2013	5 月 10 日,32°45′N～33°10′N,122°53′E～123°31′E 海域(盐城外海)	28 900	790	6 月 27 日	8 月 20 日
2014	5 月 12 日,34°10′N～34°30′N,120°20′E～120°40′E 盐城以北海域	50 000	540	7 月 14 日	8 月 21 日

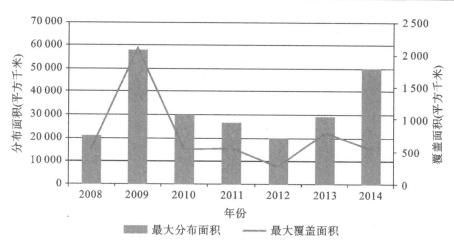

图 5-2　2008 年～2014 年黄海中北部浒苔绿潮面积

三、水母旺发风险

水母是一种营浮游生活的低等无脊椎生物,其触手上带有有毒的刺细胞,用于捕食和防御。水母在海洋生态系统中处于"盲端"地位,很少有生物能够以水母为食,但水母却能够摄食大量的浮游动物,与鱼类进行食物竞争,一旦水母长期成为海洋生态系统中的主导生物,海洋渔业资源和其他生物资源将会受到重创,也将给食品安全、海洋经济、人类健康和社会稳定带来严重后果。

近年来,全球近海生态系统在全球气温升高、沿岸人类活动强度加大、渔业资源捕捞过度等多重压力下发生了很大变化。海洋生态灾害发生的频率与种类不断增加,继赤潮、绿潮等生态灾害之后,水母灾害也日益严重。如今,水母泛滥已成为全球范围的一种新型生态灾害,所造成的危害已在国际上引起高度关注。水母暴发造成的危害包括:①对沿海浴场、滨海旅游度假区休闲人群身体健康带来严重安全隐患,2006 年营口金沙滩海滨浴场有两名游客被水母蜇死,2013 年北戴河海水浴场一名 8 岁男孩被水母蜇死,2014 年青岛石老人海水浴场一名大学生被水母蜇死;②水母暴发严重危害渔业生产,导致经济渔业生物减产,损坏渔业网具;③水母对工业的影响也很明显,在滨海发电厂、淡化水厂以及核电站等工程区,频频出现水母缠绕、堵塞上述工程设施取排水口的事故;④水母大量增殖摄食大量的浮游动物与鱼卵仔鱼,与鱼类竞争食物和生态位,严重破坏生态平衡。

2012～2014 年,北海监测中心对胶州湾内的青岛电厂取水口邻近海域、青岛第一海水浴场、青岛流清湾三处重点海域进行了水母灾害监测,另外对胶州湾、胶南近岸海域、灵山岛附近海域也进行了水母的巡航目测调查。2013 年 6～9 月,辽宁省海洋环境监测总站对大连南部沿海大连湾和星海湾进行了灾害水母实时跟踪监测。2013 年 6～9 月,秦皇岛海洋环境监测中心站对北戴河近岸海域进行了水母监测。对水母灾害的评价,由于历史资料比较少,所以在进行评价时,每个功能区都取过去 5 年中水母灾害最严重的数据进行评价。

(一)青岛近岸海域

1.青岛电厂取水口邻近海域

青岛电厂取水口位于胶州湾东侧,在海泊河入海口附近。2009 年夏季,该处海域海月水母暴发,一度堵塞电厂取水口。

(1)调查站位。

2012 年～2014 年,在位于胶州湾东侧的青岛电厂取水口海域布设了 6 个站点(图3.3-1),进行水母拖网监测。监测时间为 5～9 月。

(2)水母灾害发生情况。

2012 年监测结果显示,青岛电厂取水口邻近海域旺发的有害水母为海月水母。海月水母成体自 5 月底出现,9 月份消亡,旺发时间持续约 100 d。该海域海月水母暴发的高峰期在 6 月份,水母密度维持在 0.01 个/平方米以上,尤以 6 月 27 日密度最高,约为 0.25个/平方米;7 月份海月水母密度降低,但也高于 0.001 个/平方千米;8 月份密度降低至0.001 个/平方千米以下;9 月份基本消亡殆尽。该海域海月水母伞径在 10～25 cm 之间,平均伞径 13.2 cm。2013 和 2014 年,该海域未发现海月水母。

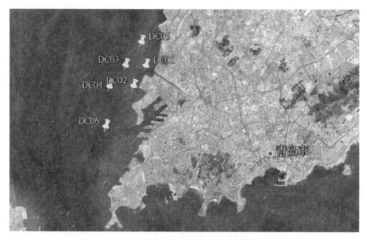

图 5-3 2012～2014 年青岛胶州湾电厂附近水母监测站位

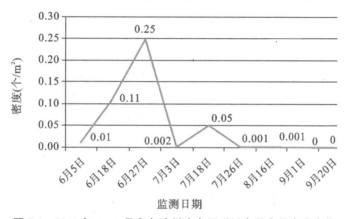

图 5-4 2012 年 6～9 月青岛胶州湾电厂附近海月水母密度变化

2.青岛第一海水浴场

青岛第一海水浴场位于青岛市汇泉湾内,浴场水域为 580 m×500 m,面积为 $2.9×10^5$ m^2。浴场每年开放时间为 7 月至 9 月,高峰期间游客日接待量超过 20 万人次。近几年,随着青岛近岸水母数量的增多,一浴内也频繁发生游客被蜇伤的事件,平均每天有几十人甚至上百人被水母蜇伤。

(1)调查站位。

对浴场水母的调查采用巡视法。

(2)水母灾害发生情况。

监测结果表明,2009 年,在青岛第一海水浴场内出现的大型水母多为白色霞水母(*Cyanea nozakii*),另外在 8 月 25 日的监测中还出现沙海蜇(*Nemopilema nomurai*)。白色霞水母的旺发期出现在 8 月上旬和中旬,该时段内白色霞水母不仅数量多,个体也通常较大,伞径最大可达 75 cm 左右。水母数量最多的一天为 8 月 4 日,浴场内观测到的白色霞水母达 15 个(密度小于 0.001 个/平方米)。自 8 月下旬开始,浴场内水母的数量明显减少,个体也较旺发期小,平均伞径在 30 cm 左右。

2012年,青岛第一海水浴场内监测到的大型水母7月以沙海蜇为主,伞径在60 cm左右;8月主要为白色霞水母,伞径在30~60 cm之间,平均伞径约为40 cm。8月15日,在浴场内监测到24个白色霞水母(密度小于0.001个/平方米)和1个沙海蜇;8月23日,在浴场内监测到20个白色霞水母。

2013年7月18日,在汇泉湾外观测到沙海蜇,密度约为0.005个/平方米,伞径约为60 cm。

2014年8月4日,在汇泉湾外观测到沙海蜇,密度约为0.001个/平方米,伞径为60~80 cm。

青岛第一海水浴场水母旺发时间主要集中在7~8月,约60 d。浴场内主要伤人水母为沙海蜇和白色霞水母,均为毒性较大的种类。据浴场工作人员介绍,浴场周一至周五游客数量为7万~8万人/天,周末可达20万人/天以上;浴场开放期间,每天被水母蜇伤的游客数量不定,少时每天有3~4人至医务室就诊,多时伤者可达30~40人/天。青岛第一海水浴场尚未发生水母严重伤人事件。

3.青岛石老人海水浴场

2014年8月4日,在青岛石老人海水浴场有一名外地大学生被水母蜇伤至死。之后北海监测中心对石老人海水浴场的进行了水母巡视监测,监测范围约0.01 km²,巡视过程中监测到1只沙海蜇。石老人海水浴场的水母密度小于0.001个/平方米。

4.青岛流清湾

青岛流清湾内有大片的扇贝养殖区。近几年,流清湾内出现数量较多的海月水母,目前尚未发现海月水母对养殖生物造成影响。

(1)调查站位。

2009年6月14日和7月23日,北海监测中心在青岛流清湾进行了两次水母应急监测,站位布设见图5-5。2012年,在流清湾布设6个站点进行水母拖网监测,监测时间为5~9月(图5-6)。2013和2014年,均未对该海域进行水母监测。

图5-5　2009年青岛流清湾水母监测站位

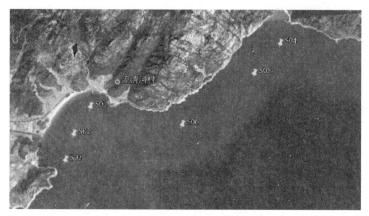

图 5-6　2012 年青岛流清湾水母监测站位

（2）水母灾害发生情况。

2009 年,在流清河湾扇贝养殖区大量出现的水母为海月水母。6 月 14 日,海月水母伞径在 9～20 cm 之间,密集区个体密度高达 45 个/平方米;7 月 23 日,海月水母数量明显降低,仅在 36°07′12″N,120°36′19″E 附近海域发现一小片聚集的海月水母,密度约为 1个/平方米。

2012 年调查结果显示,6 月 27 日在流清湾内拖网采集到海月水母,密度为 0.002个/平方米;8 月 9 日拖网采集到沙海蜇,密度为 0.01 个/平方米,伞径约为 60 cm。

流清湾的海月水母集中分布在扇贝养殖区内,养殖区间隙海域海月水母的数量很少。沙海蜇则主要分布在养殖区以南海域。目前尚未发现养殖区内的水母暴发对扇贝养殖造成危害。

5. 红岛近岸海域

2012 年 9 月,在红岛近岸海域(胶州湾底)进行了两次巡航监测,监测站位见图5-7。其中 9 月 8 日该海域海月水母密度较高,约为 0.002 3 个/平方米。由于缺少前期数据,不清楚该海域水母旺发的持续时间。在 2013 和 2014 年,均未对该海域进行监测。

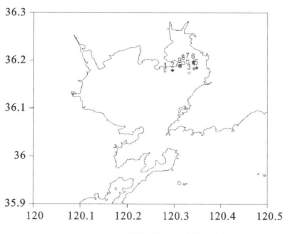

图 5-7　2012 年红岛近岸水母监测站位

6.青岛近岸其他海域

2012~2014 年间,搭载各项监测任务,对青岛胶州湾、胶南至崂山近岸海域进行了水母的巡视监测。监测结果如下。

2012 年,青岛近岸其他海域沙海蜇最高密度为 0.007 个/平方米,最高密度出现于 7 月 27 日的胶州湾口;白色霞水母的最高密度为 0.002 个/平方米,最高密度出现于 8 月 18 日的胶州湾口。

2013 年,青岛近岸其他海域沙海蜇最高密度为 0.002 8 个/平方米,最高密度出现于 7 月 26 日的胶州湾口;白色霞水母的最高密度为 0.000 1 个/平方米,最高密度出现于 8 月 9 日的胶州湾口。

2014 年,青岛近岸其他海域沙海蜇最高密度小于 0.001 个/平方米,最高密度出现于 8 月 7 日的胶州湾口;白色霞水母密度很低,只有零星分布。

2012~2014 年青岛近岸海域的水母监测结果显示,2012 年水母的密度最高,至 2014 年逐年降低。海月水母主要在 2012 年旺发于青岛电厂取水口和流清湾海域,沙海蜇和白色霞水母每年的密集区均位于胶州湾口—太平湾一带海域。

(二)大连近岸海域

1.大连湾

大连湾位于大连南部沿海,为港口航运区。2013 年 6~9 月,对大连南部沿海大连湾进行了灾害水母实时跟踪监测,共 4 个航次,站位布设见图 5-8。水母灾害监测采样方式采用水平拖网和垂直拖网,同时,在船舶航行过程中,采用目测计数的方法对大型水母进行了监测。

6 月 27 日和 28 日、8 月 24 日和 27 日在大连湾进行的 4 个航次共计 39 个站位的水母灾害应急监测调查中,无论是水平拖网、垂直拖网还是水面观察都没有发现水母。2014 年,未在大连湾进行水母监测。

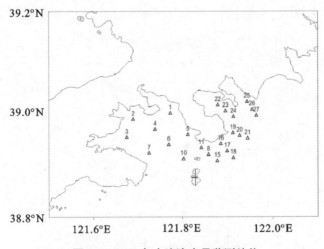

图 5-8 2013 年大连湾水母监测站位

2.星海湾

星海湾位于大连南部沿海,为旅游休闲娱乐区。根据以往调查数据和历史资料显示,进入夏季后星海湾为海月水母灾害暴发的重点海域,所以对星海湾海域进行了重点监测。

(1)调查站位。

2013年6～9月,对星海湾进行了灾害水母实时跟踪监测,总计7个航次。站位布设见图5-9。水母灾害监测采样方式采用水平拖网和垂直拖网,同时,在船舶航行过程中,采用目测计数的方法对大型水母进行了监测。2014年,未在大连湾进行水母监测。

(2)水母灾害发生情况。

2013年6～8月在星海湾进行的7次水母灾害应急监测调查,发现水母种类全部为海月水母;进入9月份以后,没有监测到海月水母(9月6日、9月15日)。具体调查结果如表5-3和表5-4所示。6月份调查结果显示,海月水母数量很少而且个体较少,此时海水温度较低,海月水母正处于发育繁殖的早期阶段;进入7月份后,海水温度逐步上升,海月水母大量生长繁殖,7月份三次调查结果显示海月水母的数量、伞径和重量都随时间而呈现增长趋势,并且在海面发现海月水母种群块状分布区,7月份为海月水母灾害暴发期;8月9日的调查结果并没有发现大量海月水母,分析具体原因可能是因为天气和潮流原因所致,迫使海月水母向深海底层游动,8月份海月水母具体变化情况还有待于进一步观察。

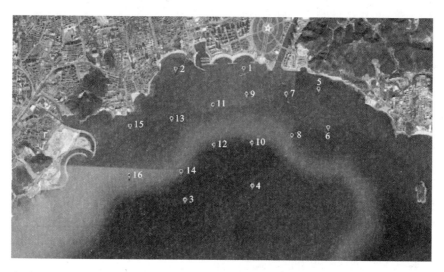

图 5-9　2013 年星海湾水母监测站位

表 5-3　2013 年大连星海湾水母监测分析记录表(扫海面积 100 m²)

调查时间	站位数	发现水母站位	数量(个)	伞径(cm)	重量(g)
2013 年 6 月 21 日	10	DL-06	2	1.5	3.7
				1.5	4.4

调查时间	站位数	发现水母站位	数量(个)	伞径(cm)	重量(g)
2013 年 7 月 17 日	15	DL-08	2	7	45
				7	38
		DL-14	1	15	385
2013 年 7 月 24 日	14	DL-02	2	5	21
				12	103
		DL-5	1	15	184
		DL-9	1	8	66
		DL-13	3	6	48
				10	77
				11	88
2013 年 7 月 31 日	16	DL-5	2	18	435
				12	190
		DL-07	3	15.5	225
				16	230
				10	55
		DL-8	2	7	99
				22	720
		DL-13	9	11	95
				12.7	205
				16	270
				10	65
				6.5	35
				14	170
				10	80
				12	90
				6	35
2013 年 8 月 9 日	15	DL-01	3	18.5	550
				14.5	300
				11.5	200
2013 年 8 月 15 日	15	DL-XHW-13	5	12.0	160
				6.0	45
				9.0	70
				10.0	80
				8.0	65
2013 年 8 月 21 日	12	DL-XHW-13	1	6.5	50
平均值			0.026 个/平方米	10.6	150.9

表 5-4　2013 年大连星海湾水母目测法监测记录表

序号	监测时间	时长（min）	视野范围（m）	种类	数量（个）	密度（个/m²）	伞径范围平均值（cm）
1	2013-7-17	6	10	海月水母	16	0.008 74	10
2	2013-7-24	5	6	海月水母	97	0.107 78	9
3	2013-7-31	4	6	海月水母	102	0.17	12

（三）秦皇岛海域

秦皇岛沿岸的北戴河、南戴河旅游度假区,气候宜人、水质优良、沙滩细软,是我国最著名、规模最大的海滨避暑胜地,也是中央直属度假区和浴场。近年来明显加重的水母暴发给其带来了很大的危害。据青岛医学院调查数据,1987 年以来北戴河浴场有 5 人被水母蜇死、3 000 人被蜇伤。由于该海域的重要性,对其进行水母风险评价,并提出相应的治理措施,是十分必要的。

（1）调查站位。

调查站位分布如图 5-10 所示,其中三条断面为拖网调查断面,9 个站位为浮游生物定点采样站位。调查时间为 2010 年、2011 和 2013 年的 6～9 月份,每年进行 6 次。2014 年,未在秦皇岛近岸海域进行水母监测。

（2）水母灾害发生情况。

2010、2011 年发现的大型水母主要为海月水母,但总体数量不多,密度较小。2013 年 6 月下旬,秦皇岛北戴河近岸海域发现水母聚集暴发,主要集中于戴河口附近,种类以海月水母为主,最大伞径 30 cm;7

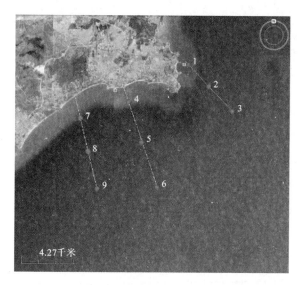

图 5-10　2010～2013 年北戴河近岸海域水母监测站位

月 25 日密度最高,全网海月水母数量 120 个,密度 0.32 个/平方米,平均伞径 20 cm;8 月份密度稍有降低;至 9 月份进入消亡期。另外,7 月上旬开始在北戴河海域发现沙海蜇;8 月份沙海蜇数量和密度达到最高,监测到的最大密度为 0.004 个/平方米,最大伞径 50 cm;进入 9 月份沙海蜇消失。

南戴河旅游度假区未进行水母监测。但 2013 年,一名 8 岁男孩在南戴河旅游度假区被水母蜇伤致死。水母旺发对该海域也造成极大的危害。

表 5-5 **2013 年秦皇岛海域大型水母拖网监测记录**（单位：个/平方米）

	7月12日	7月20日*	7月25日	8月4日	8月8日	8月9日	8月12日
海月水母	0.017	0.042	0.320	0.130	0.072	0.053 2	0.091
沙海蜇	—		—	0.001	—		0.004

注：7月20日为目测监测，两种没有分别计数，但大多数为海月水母，只有零星沙海蜇。

四、海水入侵风险

普遍认为，地下水过量采取及无序的人类活动，如城市化建设、农田围垦及水利设施建设、生态环境破坏，是导致海水入侵的主要原因。除此之外，地质岸线演变、长期海平面变化、降雨量、风暴潮及洪水等自然过程也可使滨海地区地下水含水层水文动力发生改变，从而导致海水入侵现象。近年来渤海滨海平原及黄海中北部沿海区域海水入侵较为严重，特别是河北省沿海一线及山东莱州湾区域海水入侵距离超过 10 km。

2014 年 4 月对渤海及黄海中北部沿海区域进行了海水入侵监测，其中渤海监测区域主要包括辽宁省大连市、营口市、盘锦市、锦州市、葫芦岛市；河北省秦皇岛市、唐山市、沧州市；山东省滨州市、潍坊市、烟台市；黄海监测区域包括辽宁省丹东市、山东省威海市和青岛市。站位布设时，利用现有农业用水井或者居民饮用水井，在确定的监测区域内，布设监测断面和站位。监测断面垂直于海岸线方向，每个断面布设监测站位 3~5 个，总计 101 个测站。

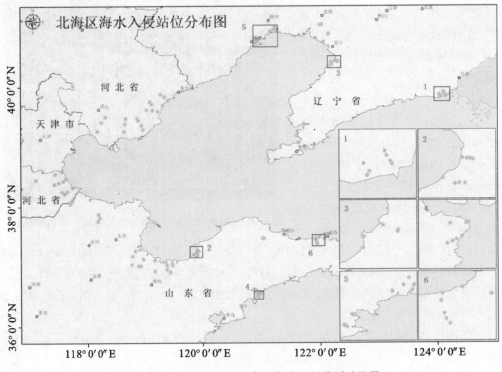

图 5-11 **2014 年 4 月北海区海水入侵监测站位图**

(一)辽宁省

2014 年辽宁省海水入侵监测结果显示,约 60% 监测站位有海水入侵现象,严重海水入侵站位达 24%。其中,营口、锦州、葫芦岛、丹东均出现严重海水入侵区域,大连和盘锦出现轻度海水入侵区域。监测站位 Cl^- 含量最高值出现在葫芦岛龙港区连湾镇,Cl^- 含量达 17 587.06 mg/L;矿化度含量最高值出现在营口西崴子断面,矿化度含量达 36.95 g/L。

地下水水位埋深均值为 9.0 m,最高值位于葫芦岛市,水位埋深达 22.1 m。其中,盘锦市地下水水位埋深均超 10.0 m,其他区域水位埋深几米到十几米不等。2012～2014 年水位埋深变化显示,大连市平均地下水水位下降 1.75 m,亟须关注该下降趋势对海水入侵风险影响。

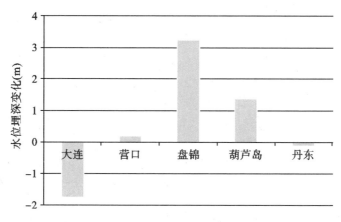

图 5-12　辽宁省各地市地下水水位变化(m)

(二)河北省

2014 年河北省海水入侵监测结果显示,除秦皇岛、唐山部分监测断面无海水入侵,河北省大部分监测区域为轻度海水入侵区,局部出现严重海水入侵区域;海水入侵站位比例达 57%,其中严重入侵站位比例达 10%。监测站位 Cl^- 含量和矿化度含量最高值均出现在秦皇岛抚宁断面,Cl^- 含量达 3 630.08 mg/L,矿化度含量达 15.48 g/L。

河北省地下水水位埋深缺少沧州数据,秦皇岛和唐山地下水水位埋深介于 1.12～6.3 m,均值为 2.66 m。相比之下,唐山地下水水位较为平稳,均为 2 m 左右;秦皇岛地下水水位各测站相差较大。2012～2014 年水位埋深变化显示,少量测站地下水水位有下降趋势,下降最大站位位于秦皇岛 QB6BT023 站位,下降 3.7 m。

(三)山东省

2014 年山东省海水入侵监测结果显示,除威海初村断面无海水入侵外,山东省其他监测断面均出现不同程度海水入侵。海水入侵站位比例达 71%,其中严重入侵站位比例达 40%,以潍坊最为严重,大部分测站为严重入侵。监测站位 Cl^- 含量最高值出现在潍坊昌邑柳瞳断面,Cl^- 含量达 57 598.48 mg/L;矿化度含量最高值出现在青岛丁字湾 B 断面,矿化度含量达 987 g/L。

青岛市监测断面缺少地下水水位埋深数据,其他地市地下水水位埋深介于(1.35～30)m,均值为 8.92 m。相比之下,烟台地下水水位埋深最大,约 14.2 m;其次为潍坊,地下水水位均值为 12.0 m;滨州市地下水水位埋深最小,均值为 2.44 m。

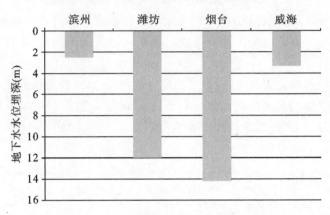

图 5-13　山东省各地市平均地下水水位(m)

2012～2014 年水位埋深变化显示,潍坊地下水水位变化不大,滨州和威海地下水水位略有降低,降低不到 1 m;烟台地下水水位变化范围为 6.2～7.5 m,均值为 0.2 m。山东省各地市地下水水位变化见图 5-14。

表 5-6　2014 年 4 月北海区海水入侵监测结果统计

地市	断面名称	Cl⁻		矿化度	
		范围(mg/L)	海水入侵程度	范围(g/L)	海水入侵程度
大连	大连甘井子区断面	96～232	无入侵	0.662～1.152	无入侵—轻度入侵
	金州区断面	528～560	轻度入侵	1.734～1.832	轻度入侵
营口	营口西崴子断面	99.94～13 979.38	无入侵—严重入侵	0.85～36.95	无入侵—严重入侵
	营口西河口断面	20.32～13 493.96	无入侵—严重入侵	2.65～30.23	严重入侵
盘锦	盘锦唐家乡北窑村	172.84～212.34	无入侵	0.808～1.324	无入侵—轻度入侵
	盘锦清水乡永红村	167.9～562.95	无入侵—轻度入侵	0.939～0.958	无入侵
锦州	锦州何屯断面	598～750	轻度入侵	2.407～2.902	轻度入侵
	锦州崔屯断面	531～2 266	轻度入侵—严重入侵	2.701～5.447	轻度入侵—严重入侵

（续表）

地市	断面名称	Cl⁻		矿化度	
		范围（mg/L）	海水入侵程度	范围（g/L）	海水入侵程度
葫芦岛	龙港区北港镇	174.35～15 073.96	无入侵—轻度入侵—严重入侵	0.70～9.5	无入侵—严重入侵
	龙港区连湾镇	225.01～17 587.06	无入侵—轻度入侵—严重入侵	0.41～24.9	无入侵—严重入侵
丹东	东港西线断面	62～4 710.5	无入侵—轻度入侵—严重入侵	0.565～10.288	无入侵—轻度入侵—严重入侵
	丹东长山断面	250～2 854.5	轻度入侵—严重入侵	0.4～1.23	无入侵—轻度入侵
秦皇岛	秦皇岛抚宁断面	56.72～3 630.08	无入侵—严重入侵	0.17～15.48	无入侵—轻度入侵—严重入侵
	秦皇岛昌黎断面	110.6～283.6	无入侵—轻度入侵	0.98～1.16	无入侵—轻度入侵
	秦皇岛马坨店乡断面	8.51～45.38	无入侵	0.14～0.81	无入侵
唐山	唐山梨树园村断面	22.69～170.16	无入侵	0.14～0.94	无入侵
	唐山南堡镇马庄子断面	42.54～1 043.65	无入侵—轻度入侵—严重入侵	0.14～4.41	无入侵—轻度入侵—严重入侵
	唐山陡沿沽村断面	5.67～697.66	无入侵—轻度入侵	0.21～2.04	无入侵—轻度入侵
沧州	沧州岐口村断面	393.5～650.5	轻度入侵	1.04～1.65	轻度入侵
	沧州赵家堡断面	397.0～641.6	轻度入侵	1.13～1.63	轻度入侵
	沧州冯家堡断面	505.2～620.4	轻度入侵	1.41～1.56	轻度入侵
滨州	滨州无棣县	874.73～919.71	轻度入侵—严重入侵	2.64～3.44	轻度入侵—严重入侵
	滨州沾化县	959.7～1 199.63	轻度入侵—严重入侵	2.23～2.83	轻度入侵
潍坊	滨海断面	14.91～8 878.27	无入侵—严重入侵	0.27～13.8	无入侵—严重入侵
	昌邑柳瞳断面	970.32～57 598.48	轻度入侵—严重入侵	2.54～101	轻度入侵—严重入侵

（续表）

地市	断面名称	Cl⁻		矿化度	
		范围(mg/L)	海水入侵程度	范围(g/L)	海水入侵程度
潍坊	昌邑下营断面	310.98~12 892.68	轻度入侵—严重入侵	1.35~22.42	轻度入侵—严重入侵
	寒亭断面	2 045.19~25 458.66	严重入侵	1.46~75.33	轻度入侵—严重入侵
	寿光断面	814.32~36 084.81	轻度入侵—严重入侵	2.53~145.60	轻度入侵—严重入侵
烟台	烟台朱旺断面	364.89~8 097.49	轻度入侵—严重入侵	0.681~13.846	无入侵—轻度入侵—严重入侵
	烟台海庙断面	349.89~4 148.71	轻度入侵—严重入侵	0.769~2.206	无入侵—轻度入侵
威海	威海张村断面	26.49~3 049.05	无入侵—严重入侵	0.26~6.74	无入侵—严重入侵
	威海初村断面	26.99~177.44	无入侵	0.33~0.88	无入侵
青岛	丁字湾 A 断面	150~18 800	无入侵—轻度入侵—严重入侵	0.49~424	无入侵—严重入侵
	丁字湾 B 断面	89~17 900	无入侵—严重入侵	0.57~987	无入侵—严重入侵
	丁字湾 C 断面	129~325	无入侵—轻度入侵	0.24~5.64	无入侵—严重入侵

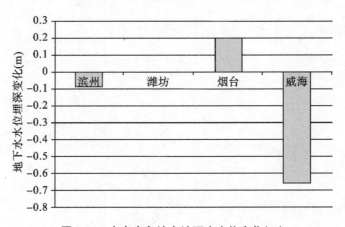

图 5-14　山东省各地市地下水水位变化(m)

五、土壤盐渍化风险

环渤海地区由于受地质条件与气候因素的影响，地下水位高，地下水矿化度大，且蒸降比较高，是土壤盐渍化灾害的易发区。土壤盐渍化较严重的区域主要分布在辽宁、河北、天津和山东的滨海平原地区，分布范围一般距岸 20～30 km，主要类型为氯化物型和硫酸盐—氯化物型盐土、重盐渍化土。其中河北秦皇岛和唐山、山东滨州和烟台莱州等区域盐渍化范围呈逐年扩大趋势。土壤盐渍化对农业生产和生态环境均有较大影响，主要表现在使农作物减产或绝收，破坏植被生长恶化生态环境。

2014 年 4 月对渤海及黄海中北部沿海区域进行了土壤盐渍化监测，其中渤海监测区域主要包括辽宁省营口市、盘锦市、锦州市、葫芦岛市；河北省秦皇岛市、唐山市、沧州市；山东省滨州市、潍坊市、烟台市；黄海监测区域包括辽宁省丹东市、山东省威海市和青岛市。

表 5-7　2014 年 4 月北海区土壤盐渍化监测结果统计

地市	监测断面	监测站位	pH	Cl⁻ (g/kg)	SO₄²⁻ (g/kg)	全盐量 (%)	酸碱度	盐渍化类型	盐渍化程度
营口	西崴子断面	B6BT001	6.85	0.410	0.820	1.420	中性	硫酸盐—氯化物型	盐土
		B6BT002	6.56	0.220	0.790	1.270	中性	硫酸盐型	重盐渍化土
		B6BT003	6.18	0.040	0.760	1.080	酸性	硫酸盐型	重盐渍化土
	西河口断面	B6BT004	6.81	0.280	0.860	1.900	中性	硫酸盐型	重盐渍化土
		B6BT005	6.80	0.090	0.580	1.030	中性	硫酸盐型	重盐渍化土
		B6BT006	6.78	0.020	0.290	0.450	中性	硫酸盐型	轻盐渍化土
盘锦	荣兴农场	1-1	7.47	1.533	0.201	0.231	中性	氯化物型	轻盐渍化土
	唐家乡 石庙子村	1-2	7.62	0.168	0.100	0.094	碱性	氯化物—硫酸盐型	非盐渍化土
	平安乡哈吧村	1-3	7.36	0.059	0.201	0.138	中性	硫酸盐型	非盐渍化土
	城郊乡清堆子	2-3	7.90	0.035	0.100	0.037	碱性	硫酸盐型	非盐渍化土
锦州	何屯断面	B6BT011	6.50	9.740	1.100	3.790	酸性	氯化物型	盐土
		B6BT012	6.41	8.840	1.330	3.950	酸性	氯化物型	盐土
		B6BT013	6.67	9.530	0.770	3.550	中性	氯化物型	盐土
	崔屯断面	B6BT014	6.41	1.610	0.870	4.130	酸性	氯化物—硫酸盐型	盐土
		B6BT015	6.39	1.180	6.340	2.370	酸性	硫酸盐型	盐土
		B6BT016	6.59	1.040	13.190	2.780	中性	硫酸盐型	盐土

（续表）

地市	监测断面	监测站位	pH	Cl⁻ (g/kg)	SO₄²⁻ (g/kg)	全盐量（%）	酸碱度	盐渍化类型	盐渍化程度
葫芦岛	龙港区北港镇	B6BT017	8.35	4.240	0.830	0.620	碱性	氯化物型	重盐渍化土
		B6BT018	8.13	2.940	1.020	0.530	碱性	氯化物—硫酸盐型	中盐渍化土
		B6BT019	8.01	0.100	0.830	0.020	碱性	硫酸盐型	非盐渍化土
	龙港区连湾镇	B6BT020	8.24	4.400	1.430	0.770	碱性	氯化物—硫酸盐型	重盐渍化土
		B6BT021	8.06	2.230	0.650	0.460	碱性	氯化物—硫酸盐型	中盐渍化土
		B6BT022	7.99	1.100	0.550	0.040	碱性	氯化物—硫酸盐型	非盐渍化土
丹东	长山镇	A1	7.02	2.070	0.830	0.482	中性	氯化物—硫酸盐型	中盐渍化土
		A2	7.18	0.520	0.890	0.134	中性	硫酸盐—氯化物型	非盐渍化土
		A3	7.31	0.330	0.610	0.096	中性	硫酸盐—氯化物型	非盐渍化土
	北井子镇	B1	7.93	2.590	0.680	0.454	碱性	氯化物—硫酸盐型	中盐渍化土
		B2	7.97	0.580	0.490	0.156	碱性	氯化物—硫酸盐型	非盐渍化土
		B3	8.00	0.920	0.650	0.197	碱性	氯化物—硫酸盐型	非盐渍化土
秦皇岛	抚宁断面	YB6BT023	6.87	0.128	0.456	0.215	中性	硫酸盐型	非盐渍化土
		YB6BT024	6.77	0.185	0.290	0.130	中性	硫酸盐—氯化物型	非盐渍化土
		YB6BT025	6.98	0.099	0.355	0.100	中性	硫酸盐型	非盐渍化土
	昌黎断面	YB6BT026	7.59	0.099	0.090	0.080	碱性	氯化物—硫酸盐型	非盐渍化土
		YB6BT027	6.23	0.085	0.055	0.067	酸性	氯化物—硫酸盐型	非盐渍化土
		YB6BT028	5.97	0.171	0.300	0.140	酸性	硫酸盐—氯化物型	非盐渍化土

（续表）

地市	监测断面	监测站位	pH	Cl⁻（g/kg）	SO₄²⁻（g/kg）	全盐量（%）	酸碱度	盐渍化类型	盐渍化程度
秦皇岛	马坨店乡断面	YQHD1	7.50	0.085	0.118	0.060	中性	硫酸盐—氯化物型	非盐渍化土
		YQHD2	5.95	0.057	0.166	0.050	酸性	硫酸盐型	非盐渍化土
		YQHD3	7.22	0.057	0.114	0.040	中性	硫酸盐型	非盐渍化土
唐山	梨树园村断面	YB6BT029	7.46	0.170	0.145	0.110	中性	氯化物—硫酸盐型	非盐渍化土
		YB6BT030	7.49	0.057	0.146	0.090	中性	硫酸盐型	非盐渍化土
		YB6BT031	7.54	0.085	0.089	0.068	碱性	硫酸盐—氯化物型	非盐渍化土
	南堡镇马庄子断面	YB6BT032	7.88	0.327	0.242	0.160	碱性	氯化物—硫酸盐型	非盐渍化土
		YB6BT033	7.59	0.327	0.576	0.230	碱性	硫酸盐—氯化物型	轻盐渍化土
		YB6BT034	7.57	0.114	0.523	0.150	碱性	硫酸盐型	非盐渍化土
		YB6BT035	7.65	0.298	0.379	0.170	碱性	硫酸盐—氯化物型	非盐渍化土
	陡沿沽村断面	YTS1	7.98	0.639	0.370	0.290	碱性	氯化物—硫酸盐型	轻盐渍化土
		YTS2	7.87	0.142	0.427	0.160	碱性	硫酸盐型	非盐渍化土
		YTS3	7.66	0.043	0.470	0.130	碱性	硫酸盐型	非盐渍化土
沧州	岐口村断面	YCZ1	7.80	18.260	1.840	3.280	碱性	氯化物型	盐土
		YCZ2	8.36	0.180	0.410	0.170	碱性	硫酸盐型	非盐渍化土
		YCZ3	8.28	0.350	0.840	0.250	碱性	硫酸盐型	非盐渍化土
		YCZ4	7.40	0.130	1.160	0.260	中性	硫酸盐型	非盐渍化土
	赵家堡断面	YCZ5	8.10	0.690	0.380	0.280	碱性	氯化物—硫酸盐型	轻盐渍化土
		YB6BT036	8.50	2.830	1.060	0.720	碱性	氯化物—硫酸盐型	重盐渍化土
		YB6BT037	7.72	6.960	1.100	1.350	碱性	氯化物型	盐土
	冯家堡断面	YB6BT038	8.20	4.810	1.540	1.100	碱性	氯化物—硫酸盐型	盐土
		YB6BT039	7.64	2.270	1.320	0.640	碱性	氯化物—硫酸盐型	重盐渍化土
		YB6BT040	7.70	0.950	1.080	0.430	碱性	硫酸盐—氯化物型	中盐渍化土

（续表）

地市	监测断面	监测站位	pH	Cl⁻ (g/kg)	SO₄²⁻ (g/kg)	全盐量 (%)	酸碱度	盐渍化类型	盐渍化程度
滨州	无棣县	B6BT041	8.37	0.466	0.576	0.239	碱性	硫酸盐—氯化物型	轻盐渍化土
		B6BT043	8.23	0.110	0.432	0.166	碱性	硫酸盐型	非盐渍化土
		B6BT044	8.15	0.551	0.192	0.153	碱性	氯化物—硫酸盐型	非盐渍化土
	沾化县	B6BT045	8.26	0.400	0.528	0.196	碱性	硫酸盐—氯化物型	非盐渍化土
		B6BT046	8.24	0.385	0.432	0.149	碱性	硫酸盐—氯化物型	非盐渍化土
		B6BT047	7.96	0.501	0.720	0.188	碱性	硫酸盐—氯化物型	非盐渍化土
潍坊	滨海断面	B6BT049	9.18	0.010	0.090	0.080	强碱性	硫酸盐型	非盐渍化土
		B6BT050	8.32	0.060	0.640	0.202	碱性	硫酸盐型	非盐渍化土
		B6BT051	8.58	0.010	0.080	0.022	强碱性	硫酸盐型	非盐渍化土
	昌邑柳疃断面	B6BT052	10.19	0.040	0.750	0.132	极强碱性	硫酸盐型	非盐渍化土
		B6BT053	8.82	0.210	0.220	0.132	强碱性	硫酸盐—氯化物型	非盐渍化土
		B6BT054	7.91	0.230	1.040	0.138	碱性	硫酸盐型	非盐渍化土
	昌邑下营断面	B6BT055	9.34	0.080	0.010	0.213	强碱性	氯化物型	轻盐渍化土
		B6BT056	8.65	0.020	1.620	0.200	强碱性	硫酸盐型	非盐渍化土
		B6BT057	8.73	0.200	0.060	0.113	强碱性	氯化物—硫酸盐型	非盐渍化土
	寒亭断面	B6BT058	8.83	17.000	2.220	0.373	强碱性	氯化物型	中盐渍化土
		B6BT059	8.98	1.130	1.040	0.165	强碱性	氯化物—硫酸盐型	非盐渍化土
		B6BT060	8.90	0.030	0.020	0.052	强碱性	氯化物—硫酸盐型	非盐渍化土
	寿光断面	B6BT061	8.63	4.810	2.050	0.907	强碱性	氯化物—硫酸盐型	重盐渍化土
		B6BT062	8.23	1.460	0.790	0.183	碱性	氯化物—硫酸盐型	非盐渍化土
		B6BT063	8.59	0.270	0.120	0.247	强碱性	氯化物—硫酸盐型	轻盐渍化土

（续表）

地市	监测断面	监测站位	pH	Cl⁻(g/kg)	SO₄²⁻(g/kg)	全盐量（%）	酸碱度	盐渍化类型	盐渍化程度
烟台	朱旺断面	B6BT064	8.74	0.106	0.211	0.059	强碱性	硫酸盐—氯化物型	非盐渍化土
		B6BT065	8.24	0.043	0.096	0.037	碱性	硫酸盐型	非盐渍化土
		B6BT066	7.96	0.028	0.038	0.034	碱性	硫酸盐—氯化物型	非盐渍化土
		B6BT067	7.66	0.057	0.134	0.030	碱性	硫酸盐型	非盐渍化土
	海庙断面	B6BT068	8.52	0.085	0.038	0.047	强碱性	氯化物—硫酸盐型	非盐渍化土
		B6BT069	8.31	0.028	0.154	0.051	碱性	硫酸盐型	非盐渍化土
		B6BT070	8.26	0.028	0.058	0.046	碱性	硫酸盐型	非盐渍化土
		B6BT071	8.48	0.057	0.288	0.072	碱性	硫酸盐型	非盐渍化土
威海	张村断面	B6HR012	6.84	1.240	0.020	0.300	中性	氯化物型	轻盐渍化土
		B6HR013	6.78	0.570	0.950	0.800	中性	硫酸盐—氯化物型	重盐渍化土
		B6HR014	6.43	0.470	0.420	2.080	酸性	氯化物—硫酸盐型	盐土
		ZC4	6.52	0.100	0.150	1.600	中性	硫酸盐—氯化物型	盐土
	初村断面	B6HR015	8.99	0.030	1.090	0.860	强碱性	硫酸盐型	中盐渍化土
		B6HR016	6.85	0.070	0.190	0.560	中性	硫酸盐型	轻盐渍化土
		B6HR017	5.56	0.010	0.170	0.500	酸性	硫酸盐型	轻盐渍化土
		B6HR018	8.16	0.240	0.080	1.580	碱性	氯化物—硫酸盐型	盐土
		CC5	6.56	0.130	0.060	1.420	中性	氯化物—硫酸盐型	盐土
青岛	丁字湾A断面	A01	9.71	0.060	0.480	2.170	极强碱性	硫酸盐型	盐土
		A02	8.14	0.050	0.340	1.180	碱性	硫酸盐型	重盐渍化土
		A03	8.14	1.560	0.240	1.280	碱性	氯化物型	盐土
		A04	7.26	0.023	0.020	0.042	中性	氯化物—硫酸盐型	非盐渍化土

（续表）

地市	监测断面	监测站位	pH	Cl⁻ (g/kg)	SO₄²⁻ (g/kg)	全盐量 （%）	酸碱度	盐渍化类型	盐渍化程度
青岛	丁字湾 B 断面	B01	7.55	3.680	0.050	6.750	碱性	氯化物型	盐土
		B02	7.80	0.090	0.190	3.320	碱性	硫酸盐型	盐土
		B03	8.07	0.080	0.140	0.630	碱性	硫酸盐—氯化物型	中盐渍化土
		B04	7.18	0.087	0.125	0.094	中性	硫酸盐—氯化物型	非盐渍化土
	丁字湾 C 断面	C01	8.12	0.530	0.840	0.540	碱性	硫酸盐—氯化物型	中盐渍化土
		C02	8.23	0.371	0.655	0.450	碱性	硫酸盐—氯化物型	中盐渍化土
		C03	7.56	0.230	0.180	0.193	碱性	氯化物—硫酸盐型	非盐渍化土

（一）辽宁省

辽宁省沿岸土壤盐渍化重点监测地区主要分布在营口、盘锦、锦州、葫芦岛和丹东。

2014 年辽宁省土壤盐渍化监测结果（表 5-7 及图 5-15）显示，监测区以中性土为主，所占比例为 43%，其次为碱性土占 39%，中性土和碱性土主要分布在营口和葫芦岛；盐渍化类型主要为硫酸盐型和氯化物—硫酸盐型，所占比例均为 36%，葫芦岛和丹东以氯化物—硫酸盐型为主，硫酸盐型主要分布在营口；辽宁省监测区盐渍化程度以非盐渍化土为主，占 32%，盐土和重盐渍化土分别占 25% 和 22%，其中非盐渍化土主要分布在盘锦和丹东，营口以重盐渍化土为主，锦州监测区域均是盐土。

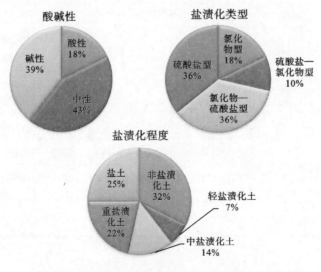

图 5-15　辽宁省各地市土壤盐渍化指标统计（%）

（二）河北省

2014 年河北省土壤盐渍化监测结果（表 5-7 及图 5-16）显示，监测区以碱性土为主，所占比例为 62％，其次为中性土占 28％，碱性土主要分布在唐山和沧州，秦皇岛以中性土为主；盐渍化类型主要为硫酸盐型和氯化物—硫酸盐型，所占比例分别为 38％和 31％，沧州以氯化物—硫酸盐型为主，硫酸盐型主要分布在秦皇岛和唐山；河北省监测区盐渍化程度以非盐渍化土为主，占 69％，盐土和重盐渍化土分别占 10％和 7％，其中非盐渍化土主要分布在秦皇岛和唐山，盐土主要分布在沧州。

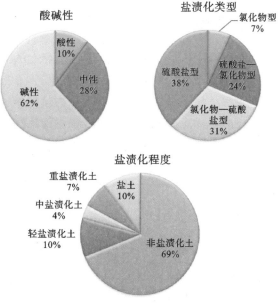

图 5-16 河北省各地市土壤盐渍化指标统计（％）

（三）山东省

2014 年山东省土壤盐渍化监测结果（表 5-7 及图 5-17）显示，监测区以碱性土为主，所占比例为 49％，碱性土主要分布在滨州、烟台和青岛，其次为强碱性土占 29％，强碱性主要分布在潍坊，潍坊共布设 15 个站位，其中 11 个站为强碱性土，3 个站为碱性土，1 个站为极强碱性土；盐渍化类型主要为硫酸盐型和氯化物—硫酸盐型，所占比例分别为 37％和 27％，氯化物—硫酸盐型主要分布在潍坊，硫酸盐型主要分布在潍坊和烟台；山东省监测区盐渍化程度以非盐渍化土为主，占 55％，盐渍土和重盐渍化土分别占 17％和 6％，潍坊、滨州和烟台以非盐渍化土为主，盐土主要分布在威海和青岛，中盐渍化土主要分布在潍坊、威海和青岛。

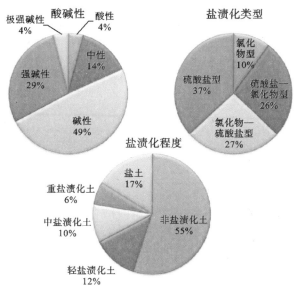

图 5-17 山东省各地市土壤盐渍化指标统计（％）

六、海岸侵蚀风险

海岸侵蚀是当今全球海岸带普遍存在的一种灾害性地质现象。受全球变暖和海面上升的影响,近几十年来世界各地的海岸侵蚀出现加剧趋势。根据渤海区域 2000 年、2005 年、2008 年、2010 年和 2012 年海岸线及其变化状况统计表(表 5-8),2012 年渤海区岸线长达 3 102.32 km,其中以人工岸线比例最大,其次为沙质岸线,再次为基岩岸线,淤泥质岸线比例最小。

表 5-8　渤海海岸线遥感监测数据结果统计(单位:km)

地区	类型	年度				
		2000	2005	2008	2010	2012
天津	人工岸线	38.58	48.28	77.72	185.46	265.76
	沙质岸线	—	—	—	—	—
	淤泥质岸线	107.95	106.59	101.09	76.78	36.86
	基岩岸线	—	—	—	—	—
	合计	146.53	154.87	178.81	262.24	302.62
河北	人工岸线	259.40	294.95	344.02	353.60	414.37
	沙质岸线	90.34	90.12	88.64	87.81	79.19
	淤泥质岸线	11.85	4.20	3.59	3.35	1.79
	基岩岸线	4.09	4.09	4.09	4.09	4.09
	合计	365.68	393.36	440.35	448.85	499.43
辽宁	人工岸线	664.79	766.52	815.63	919.30	1 014.36
	沙质岸线	217.89	205.13	190.73	170.56	156.35
	淤泥质岸线	44.24	33.02	31.50	21.52	18.00
	基岩岸线	290.58	249.01	233.30	212.84	192.69
	合计	1 217.51	1 253.68	1 271.16	1 324.23	1 381.40
山东	人工岸线	604.90	651.02	632.80	643.94	673.36
	沙质岸线	107.39	95.23	90.17	90.17	81.53
	淤泥质岸线	135.22	157.40	161.42	169.02	155.96
	基岩岸线	10.34	10.34	8.74	8.20	8.02
	合计	857.85	914.00	893.13	911.33	918.87

（续表）

地区	类型	年度				
		2000	2005	2008	2010	2012
渤海	人工岸线	1 675.62	1 867.36	1 971.27	2 179.08	2 404.71
	沙质岸线	415.62	390.47	369.54	348.55	317.07
	淤泥质岸线	191.31	194.63	196.51	193.89	175.75
	基岩岸线	305.01	263.45	246.13	225.12	204.79
	合计	2 587.57	2 715.91	2 783.45	2 946.64	3 102.32

根据监测资料,2014 年对辽宁省葫芦岛绥中六股河—止锚湾岸段、营口沙岗镇—团山镇岸段,河北省滦河口至戴河口岸段,山东省滨州岸段、黄河三角洲岸段、莱州湾岸段、龙口—烟台岸、青岛岸段进行了岸线侵蚀风险评价,评价岸线分布见图 5-18。

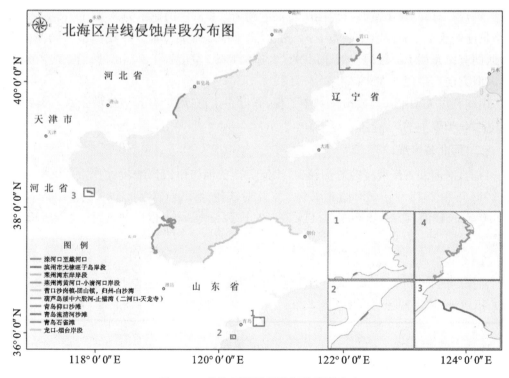

图 5-18　北海区岸线侵蚀评价岸段分布

(一)辽宁省岸线

辽宁海岸线漫长,从鸭绿江口西部至山海关老龙头,全长 2 110 km,占全国海岸线总长度的 12%,其中渤海岸线长度为 1 235 km,黄海岸线长度 875 km;基岩岸、砂质岸、淤泥岸岸线长度分别为 452 km、69 km、964 km。

根据 2005 年～2009 年岸线侵蚀监测结果,辽宁省葫芦岛绥中六股河—止锚湾岸段、营口沙岗镇—团山镇岸段均有海岸侵蚀现象。

1. 葫芦岛绥中六股河—止锚湾(二河口—天龙寺)岸段

监测岸段分布于六股河至天龙寺附近岸段,其中,六股河口至二河口略见淤涨;二河口至天龙寺为侵蚀岸,以团山沿岸(靶场附近)海岸侵蚀严重,而天龙寺以南海岸基本稳定;全部监测岸段均存在不同程度的侵蚀,侵蚀速率为 0.4～1.6 m/a,属于轻度、中度岸线侵蚀。

该岸段以砂质岸线为主,向海方向有拦门沙坝;沙滩滩面略宽,有少量植被覆盖。该海域岸线附近水动力较弱,潮差 2.06 m,浪高不到 1 m,全年未出现风暴潮;降雨较为充沛,降雨量达 642 mm/a。

该岸段为自然岸线,邻近滨海道路,周边居住人口不多,约 284 人/平方千米,周边无特殊生态系统及保护区等,岸线侵蚀导致社会影响不大。

2. 营口沙岗镇—团山镇,归州—白沙湾岸段

营口沙岗镇—团山镇海岸侵蚀岸段长度约为 5 km,侵蚀速率为 3～4 m/a,归州—白沙湾长度约为 2 km,侵蚀速率为 1～2 m/a,属于中度岸线侵蚀。岸线类型为淤泥质、砂质,区间有国家团山海蚀地貌海洋保护区。岸滩略窄,宽度少于 20 m,滩面覆盖少量灌木丛,向海方向有拦门沙坝。

岸线利用类型主要为盐田及海洋工程,邻近主干道,附近有省级旅游景观,人口密度达 489 人/平方千米。

(二)河北省岸线

目前,对河北省岸线侵蚀监测较少,滦河口至戴河口岸段岸线侵蚀严重,2008～2010 年、2012 年和 2013 年中国海监北海航空支队对该侵蚀岸线(滦河口(39°25′11.4″N,119°18′6.0″E)—戴河口(39°48′8.1″N,119°26′42.1″E)长度、最大侵蚀宽度、侵蚀总面积进行了监测。

2010 年

监测岸线长度 98.7 km,其中遭受侵蚀的岸线约 5.6 km,占总长的 5.7%;平均侵蚀宽度 15.9 m,海岸侵蚀总面积 89 071 m²,平均侵蚀速度 8.0 m/a。

2012 年

监测岸线长度 105.4 km,其中遭受侵蚀的岸线约 5.1 km,占总长的 4.8%;平均侵蚀宽度 22 m,海岸侵蚀总面积 113 986 m²,平均侵蚀速度 11 m/a。

2013 年

监测岸线长度 99.7 km,其中自然岸线占 28.7 km,遭受侵蚀的岸线约 3.4 km,占总长的 3.4%;平均侵蚀宽度 98.4 m,海岸侵蚀总面积 441 585 m²,平均侵蚀速度 98.4 m/a。

该岸段以砂泥质及人工岸线为主,沙滩较为宽阔,向海方向无遮蔽屏障,水动力略强,岸线自然侵蚀风险较大。并且,由于人工挖沙、用海过度等问题突出,该段岸线蚀退严重。

岸滩宽阔,无植被覆盖,向海方向无遮蔽屏障。邻近海域以不正规半日潮为主,最高

潮水位为 2.05 m,平均高潮水位为 1.73 m;最低潮水位为 0.53 m,平均低潮水位为1.03
米;最大潮差为 1.52 m,平均潮差为 0.70 m。潮流为不正规半日潮流,涨潮流向西南,落
潮流向东北,呈往复流。近海区由于地势开阔,潮流强度较弱,最大潮流流速为 0.9 海
里/时,一般为 0.5～0.7 海里/时。沿岸昌黎县年降雨量平均为 695.6 mm,年际降雨量
变化大,以夏季最多,冬季最少(《昌黎县旅游发展规划纲要(2006～2010 年)》)。昌黎县
人口密度约 372 人/平方千米,岸线开发利用比例不高。岸线利用类型包括自然岸线、渔
业养殖及海洋工程,其中以自然岸线所占比例最大,主要用于旅游开发,包括有著名的昌
黎黄金海岸国家自然保护区。

(三)山东省岸线

2004～2012 年,山东省(青岛市除外)海岸侵蚀长度为 222 km,占总长度的 8.7%,侵
蚀总面积为 13.58 km²。其中,淤泥质海岸侵蚀主要分布于黄河口,侵蚀总面积为10.45
km²,侵蚀长度为 36.3 km,平均侵蚀宽度为 288 m,平均侵蚀速率为 36.0 m/a,侵蚀强度
为严重侵蚀。入海河流输沙量减少和河流改道是引起黄河口海岸侵蚀的重要原因。入
海河流径流量、输沙量减少破坏了海岸带泥沙冲淤平衡,使海洋水动力相对增强,导致岸
线侵蚀后退和海滩滩面刷深。砂质海岸侵蚀总面积为 3.12 km²,侵蚀长度为 185.8 km,
平均侵蚀宽度为 17.2 m,平均侵蚀速率为 2.15 m/a,侵蚀强度为强侵蚀。需要指出的
是,山东省砂质海岸多为旅游度假区,海岸侵蚀致使沙滩不断变窄,坡度变陡,旅游沙滩
环境退化,亟须对岸线侵蚀风险评价,进而积极采取相应修复措施。

1.滨州市岸段

滨州近海每年发生近 20 次的风暴潮,风暴潮导致滨州所辖岸段侵蚀严重。以滨州
旺子岛贝壳堤岛与湿地国家级自然保护区为例,2012 年保护区核心区内现存裸露贝壳
堤,与 2011 年相比贝壳堤面积减少了约 0.054 km²;侵蚀速率及侵蚀率均呈逐年递增趋
势(表 5-9)。

表 5-9　滨州旺子岛岸段侵蚀情况

指标	2010 年	2011 年	2012 年
侵蚀速率(m/a)	3	4.3	5.1
侵蚀率(%)	6	8.6	10.2
侵蚀面积(km²)	0.026 7	0.038 3	0.045 4

2.黄河三角洲岸段

1976～1996 年的 20 年间,黄河三角洲地区共淤进 556.97 km²,其中,1976～1986 年
年均造陆 37.65 km²,1992～1996 年年均造陆 13.00 km²,1997 年 10 月至 1998 年 10 月
造陆面积 10.98 km²,而 1999 年黄河断流达 226 d,口门造陆仅 3.0 km²,造陆率明显减
小。据最近调查,由于黄河下游近年来水来沙大幅度减少,整个黄河三角洲表现为不同
程度的侵蚀,即使黄河三角洲尾间也出现严重的侵蚀现象。

在黄河三角洲飞雁滩油田段,由于黄河改道清水沟流路后,水沙停止供应,岸滩和水

下岸坡遭受强烈冲刷后退,已经严重影响到飞雁滩油田的生产建设。研究表明,1976 至 2000 年的 24 年间,零米等深线冲刷后退 1 050 m,年均蚀退 437 m,水线目前已经进入油田内部。水下岸坡目前也以每年大于 100 m 的速率在侵蚀后退。

航空监测结果显示,2008 年至 2011 年,黄河口区域岸段监测淤泥质海岸长度 226.7 km,遭受侵蚀的岸线长度约 20.0 km,占总长的 8.8%,最大侵蚀速度为 477.0 m/a,平均侵蚀速率为 122.0 m/a,海岸侵蚀总面积 7.3 km²,淤积总面积 15.6 km²。

3. 莱州湾岸段

近年来,莱州湾岸线,甚至河口区域侵蚀严重。在过去 30 年中,莱州湾南岸侵蚀岸线长度合计 107.7 km,平均侵蚀速率为 36 m/a,河口附近岸线后退较其他区域严重,如虞河口西侧,最大后退幅度为 2 700 m,侵蚀速率为 104 m/a,北胶莱河口两侧平均蚀退 1 200 m,侵蚀速率 46 m/a。目前,潍北平原海岸的许多低端已筑人工土石海堤,成为人工岸线,海岸侵蚀主要表现为堤前滩面的刷深。也就是说,海岸侵蚀不仅表现在岸线后退,岸滩也会侵蚀下切。

莱州湾东岸以砂砾质海岸为主,部分岸段为基岩海岸。2008~2012 年,莱州湾东岸(莱州段)监测砂质海岸长度 12.7 km,遭受侵蚀的岸线长度约 6.7 km,占总长的 52.3%,最大侵蚀速度为 5.3 m/a,平均侵蚀速率为 3.6 m/a,属于重度侵蚀。

4. 龙口—烟台岸段

近年来由于人工围填海规模增加,龙口—烟台人工岸线持续增加,自然岸线保有率大幅降低。2009 年监测岸线长度 203.9 km,其中遭受侵蚀的岸线约 49.7 km,占总长的 24.4%;平均侵蚀宽度 13.8 m,海岸侵蚀总面积 684 351 m²,平均侵蚀速度 4.6 m/a。

表 5-10 1996~2003、2003~2006、2006~2009 三时段海岸侵蚀统计要素对比分析

要素	1996~2003	2003~2006	2006~2009	2009~2014	1996~2009 年趋势	备注
岸线总长 (km)	157.8	167.3	203.9	246.7	↑	岸线增长多由人为扩建所引起
侵蚀岸线长(km)	35.6	28.8	49.7	9.1	↑	
人为扩建岸线长 (km)		20.6	22.3	67	↑	西部扩建规模较大
海岸侵蚀总面积 (m²)	309 949	466 873	684 351	150 338	↑	
最大侵蚀速度 (m/a)	6.65	19	25	—	↑	
平均侵蚀宽度 (m)	10.8	13.1	13.8	14	↑	
平均侵蚀速度 (m/a)	1.41	4.37	4.6	2.8	↑	

2014 年监测岸线长度 246.7 km,其中遭受侵蚀的岸线约 9.1 km,占总长的3.7%;平均侵蚀宽度 14 m,海岸侵蚀总面积 150 338 m²,平均侵蚀速度 2.8 m/a,属于重度侵蚀。

根据 1996～2003、2003～2006、2006～2009 三时段海岸侵蚀统计要素对比,该岸段海岸侵蚀面积、侵蚀速度持续增加,侵蚀速率由 2003 年的 1.41 m/a 迅速增加为 2009 年的 4.6 m/a,2014 年侵蚀岸线长度、侵蚀面积及侵蚀速率减缓。

5.青岛岸段

(1)仰口沙滩。

根据 2012～2013 年监测结果,仰口沙滩下蚀及蚀退现象不明显。总体上,仰口沙滩以细砂为主,滩面南宽北窄,宽度 50～100 m 不等;沙滩高程起伏较大,平均坡度 13.1%,普遍低于 6.5 m。监测岸线向海有礁石遮挡,且沙滩多草丛覆盖;岸滩后滨有较完善挡浪墙,防止岸线蚀退的发生。

青岛沿海濒临黄海,风暴潮频发,导致浪花击打岸滩。另外,青岛沿岸以风浪为主,年平均波高 0.9 m;潮汐属于正规半日潮,平均潮差 2.7 m 左右(源自小麦岛及大港海洋站数据)。根据《青岛统计年鉴》,青岛市年际降水量变化很大,2012 年降雨量为 632.9 mm,2010 年降雨量为 713.9 mm;最大的 2005 年达到 925.3 mm,最小的 1981 年仅有 270.9 mm,平均 735.1 mm。综上所述,青岛岸线侵蚀主要由风暴潮拍打及降雨冲刷导致,波浪及潮汐影响不大。

仰口沙滩属于崂山风景区,为国家 5A 级旅游景区,为青岛已开发沙滩之一。根据《2013 年青岛统计年鉴》,2012 年仰口沙滩所处崂山区人口密度为 958 人/平方千米,岸滩公共设施建设齐全,岸线利用以自然岸线及渔业养殖为主。沙滩并不毗邻主干道,北段与主干道 214 省道有 100～200 m 的距离。

(2)流清河沙滩。

根据 2012～2013 年监测结果,流清河沙滩位于流清河湾内,为半遮蔽型岸滩,且沙滩为裸滩,无植被覆盖;除沙滩西南端防护不完善,外缘为砾石土堆外,岸滩后滨有较完善护坡,防止了岸线蚀退的发生。虽然岸线蚀退现象不明显,但存在明显下蚀。2013 年沙滩高程下蚀 1～1.5 m,侵蚀率达 20%,侵蚀程度较为严重。流清河沙滩以中砂和粗砂为主,粒度略粗。滩面呈长条形,长度达 860 m,宽度大于 30 m;沙滩高程起伏略大,平均坡度 10.8%,普遍低于 5.7 m。相比之下,流清河岸线护坡防护较为完善,岸线蚀退风险不大,但是需关注岸滩下蚀。

流清河沙滩属于青岛崂山区旅游景区之一,是国家 5A 级旅游景区。周边旅游公共设施齐全,交通便捷,紧邻 214 省道,为崂山景区旅游专用道路。岸线利用以自然岸线为主,向陆一侧为商住区,周边无重要保护区及重要生态系统。

(3)石雀滩。

根据 2012～2013 年监测结果,石雀滩蚀退明显,半年内平均蚀退距离为 1 m,最大蚀退距离达 2 m,侵蚀面积达 200 m²,侵蚀严重。石雀滩沉积物粒径略细,以细砂为主。滩面呈长条形,长度达 1 500 m;沙滩起伏很小,高程普遍低于 3 m。石雀滩严格意义并不算沙滩,涨潮时其大部分区域都会被潮水淹没,滩面狭窄。石雀滩植被覆盖茂盛,多为灌木丛。石雀滩后滨依托土坡,没有人工外缘防护,易被侵蚀,现场也发现多处侵蚀点。石雀滩滩面狭窄,涨潮时岸线冲击较大;且后滨依托土坡,没有人工外缘防护,岸线易被侵蚀。

石雀滩位于国家 4A 旅游景区金沙滩和青岛重要景区银沙滩之间,邻近唐岛湾及竹岔岛等旅游岛,根据《青岛市黄岛区旅游发展总体规划(2011~2020)》,石雀滩是重点开发休闲旅游景观之一。目前,岸线利用以未开发岸滩及废弃人工养殖滩涂为主,风险评价范围内无重要保护区及重要生态系统。石雀滩交通便捷,紧邻环岛路,礁石和岸滩浑然天成,有广阔的开发前景。区域性指标,如潮差、波高、降雨量仰口沙滩相同,其所属黄岛区人口密度达 1 913 人/平方千米。

6.其他典型侵蚀区

(1)蓬莱市西庄岸段。

蓬莱市登州镇西庄村岸外有一著名的浅滩——登州浅滩。1985 年以后,由于在浅滩上挖沙,使浅滩迅速变小,1990 年 5 m 水深以浅的面积仅存 0.5 km²,该范围以内平均水深为 4.3 m,浅滩消浪作用消失,自栾家口到蓬莱西庄海岸,岸线以每年后退米的速度崩塌。1985 年以来侵蚀明显加剧,截止到 1994 年,海岸侵蚀毁农田 300 余亩,多处工厂、养殖场的设施被冲毁,公路被迫由蓬莱西庄村北迁到村南。至 2000 年 1 月,西庄村海岸因浅滩采砂而导致海岸侵蚀的岸段仍长达 20.08 km,受损岸段海岸后退的距离最大处达 200 m。建设的人工土石海堤,在一定程度上虽阻止了西庄附近侵蚀的速度,但人工海堤外水下侵蚀剧烈。现在蓬莱林格庄附近海岸黄土的侵蚀速率非常快,2003 年至 2008 年,侵蚀速率 2~3 m/a;2009 至 2012 年侵蚀速率为 4.6 m/a,记录山东地区第四纪气候环境演化的良好载体正在逐渐消失。

(2)牟平金山港至威海双岛港岸段。

该岸段为沙坝—潟湖海岸。近 20 年来明显侵蚀,且有自西向东呈加重趋势。原发育完好的沿岸沙堤、海岸沙丘被侵蚀切割,形成海蚀崖,植物根系裸露。据地物推算,该处海岸侵蚀速率为 1.5~2.0 m/a。1992 年第 16 号热带风暴袭击期间,该处海岸普遍后退了 6~8 m。

(3)荣成大西庄一带岸段。

该岸段近 20 年来侵蚀了数十米,大片防护林随岸沙堤和海岸沙丘塌入海中,岸边形成了 2~3 m 高的海蚀崖,其侵蚀速率最高达 1.0 m/a。1992 年第 16 号热地风暴袭击期间,荣成砂质海岸蚀退了 3~8 m,最大可达 10 m。

(4)文登五垒岛湾至乳山白沙口岸段。

该岸段长约 23 km,近期海岸全线侵蚀后退。其中,黄垒河口一代最明显,沿岸沙堤被切割,20 世纪 50 年代初建于距岸线 50 m 的沿岸沙堤上的碉堡早已塌入海中,沙堤前缘形成侵蚀陡坎。据地物推算,该岸段的侵蚀速率在 1.5~2.0 m/a。

（5）海阳凤城至丁字湾岸段。

该岸段属沙坝—潟湖海岸，近期侵蚀后退也很明显。沿岸沙堤、海岸沙丘被侵蚀切割，著名的潮里活沙丘不断萎缩，并且大部分已被海浪吞噬，现仅存其残体。据地物推算，该处海滩的侵蚀速率为 1.5～2.0 m/a。1992 年第 16 号热带风暴袭击期间，潮里沙丘附近海岸蚀退了 10～40 m。

（6）胶南市岸段。

胶南市沿海海岸全线遭受侵蚀。其中，朝阳山岸段近 30 年来后退了 100 m 以上，防护林塌入海中。胶南海水浴场附近，20 世纪 50 年代建于高潮线以上沿岸沙堤的碉堡，早已塌入海中（现距海岸约百余米）。据地物推测，其侵蚀速率可达 3 m/a 以上。1992 年第 16 号热带风暴袭击期间，胶南浴场附近海岸侵蚀后退了 3～14 m。

（7）日照石臼所北岸段。

该区域沿岸沙堤上的黑松林防护林因海岸侵蚀已部分倒入海中，沙坝已成悬崖，树根裸露。藏家荒至岚山头岸段为沙坝—潟湖海岸，近 20 年来明显遭到侵蚀，若干沙坝和滨海沙丘被切割，形成了高 3～4 m 的海蚀崖，20 世纪 50 年代建筑在涛雒沙坝上的三角洲测标早已倒入海中。70 年代以来，多次设固定桩进行海滩剖面测量，其结果表明，该岸段侵蚀速率为 1.5～6 m/a。1992 年第 16 号热带风暴袭击期间，海岸蚀退 5～6 m。

七、海洋溢油风险

（一）渤海石油勘探开发

渤海海域油气资源潜力为 120 亿～130 亿立方米，截至 2012 年年底，渤海油田累计发现三级地质储量约 55 亿吨油气当量，累计开采原油 1.91 亿吨。2010～2012 年，渤海油田连续 3 年达到年产量 3 000 万吨油当量，2011 年，渤海油气产、储量分别占国内海上油气产、储的 71.69% 和 69.93%，是我国海上油气勘探开发的主产区。目前渤海现有油气田 26 个（图 5-19），海底输油管道 270 条，管道总长度超过 1 600 km。2006 年至 2012 年，渤海油田累计实现收入 4 433 亿元，累计上缴各项税费 1 666 亿元，在此期间，累计投资及费用共计 1 420 亿元。

大规模的海洋石油勘探开发，带来巨额经济社会效益的同时，也存在着巨大的海洋溢油风险，对渤海脆弱的海洋生态环境构成极大威胁。渤海作为我国唯一半封闭型海域，海域面积小、水体交换能力差、环境容量有限，海洋资源环境承载力在四大海区中最为薄弱。随着渤海石油勘探开发和海上交通运输规模的快速增长，溢油风险及石油类污染排放已成为渤海生态环境面临的主要问题。初步统计，从 2006 年至 2012 年，渤海共发现海上溢油事件 62 起，其中油气开发溢油 20 起，船舶溢油 8 起，无主漂油 34 起。其中，2006 年长岛、垦岛海域油污染事件、蓬莱 19-3 油田溢油事故等，都对渤海生态环境造成了严重的污染损害，并对海洋渔业资源、滨海旅游活动等带来了巨大的负面影响。

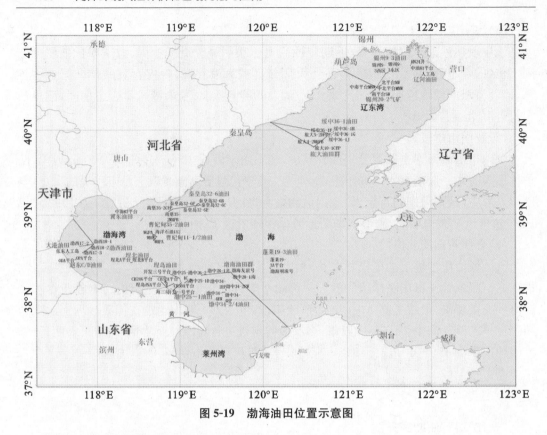

图 5-19　渤海油田位置示意图

(二)辽宁省近岸海域

(1)海上油气田开发溢油风险源识别。

海洋石油开发包括海底油气勘探、钻井、测井、井下作业、采油、采气、油气集输等多个环节,在海上油田开发过程中,由于涉及大量易燃、易爆石油和天然气产品,加上油田开发工艺、设备运行的复杂性,因而存在着发生油气泄漏、火灾和爆炸等重大事故的潜在风险,特别是在钻井和生产阶段,存在烃类物质和有害气体的释放现象,尽管这种烃类物质的释放量不大,但达到一定浓度就有可能导致火灾和爆炸,造成环境污染。

海上油田建设阶段溢油风险主要表现在以下三个方面:①井喷,海上一旦发生井喷,可能会有大量天然气和原油等物质喷出,对油田所在海区生态环境产生严重威胁。②开发过程工艺操作不当,导致原油泄漏。③海上施工期间钻井船和施工船舶的燃料油储舱破裂,以及供应船向钻井平台输油时过油软管破裂和误操作导致燃料油泄漏。海上油田营运期间由于海底输油管道断裂、原油缓冲罐破裂、外输软管破裂和穿梭油轮发生碰撞等事故等原因导致油气泄漏。

目前,辽东湾海上已存在海上采油平台多达 40 多处,主要集中在盘锦、锦州等辽东湾北部海域的辽河油田采油带,这些平台均存在油气泄漏的潜在风险,为溢油生态风险源。

(2)港口油码头溢油风险。

港口是资源配置的枢纽,是海上运输和陆上运输的节点,港口业的快速发展也为我国经济快速增长提供了强有力的保障。然而在船舶航行和作业的过程中发生的突发性

表 5-11　辽宁省近海主要海上油气田

序号	油田名称	地理位置	经纬度	类型	规模或生产能力	运行状态起始时间
1	中海油天津分公司	锦州大有乡南部海域	40°40′5.8″N	海上石油生产平台，油气混合生产	30 万吨/年	1997
			121°27′26.27″E			
2	辽河油田葵东1号构造油气开发项目	大洼县近海海域	40°39′06.88″N	生产平台	500 t/a	2011.6
			121°57′46.00″E	油气混合		
3	海南构造带油气开发项目	双台子河口南—西南部附近海域	40°47′25.71″N	生产平台	1 500 t/a	2005.11
			121°47′55.55″E	油气混合		
4	月东构造带	辽东湾浅海海域	40°43′16.62″N	生产平台	8 000 t/a	2006.12
			121°37′32.87″E	油气混合		
5	笔架岭滩涂平台	笔架岭滩涂		生产平台	2 000 t/a	2001.1
				油气混合		
6	葵花采油带	辽东湾浅海海域	40°38′12.49″N	生产平台		2005.11
			121°53′37.08″E	油气混合		

污染事故却使人类赖以生存的海洋环境资源骤然恶化。如 2010 年 4 月墨西哥湾溢油事故，泄漏石油近 500 万桶，其中 420 万桶进入墨西哥湾水域；2010 年 7 月大连新港"7·16"事故，输油管线和 10 万吨级原油罐发生爆炸，导致原油泄漏（最初估算为 1 500 t，实际高达 7 万吨，受污染海域约 430 km^2）。码头区域的管线、装卸臂、阀门及船舶等在装卸、运输过程中均有可能发生油品泄漏事故。

对于辽宁省而言，目前拥有多处成品油和原油码头，包括大连港、丹东港、营口港、盘锦港和锦州港，目前辽宁省主要油码头列于表 5-12。

表 5-12　辽宁省近岸主要港口油码头

序号	高风险溢油源	主要油品名称	油品年吞吐量	位置
1	绥中 5 万吨原油泊位和 3 000 t 成品油泊位	原油成品油	542.8 万吨	40°05′N,120°03′E
2	葫芦岛港柳条沟港区	成品油原油	199 万吨	40°43′08″N,120°57′20″E
3	锦州港股份有限公司	成品油原油	2 000 万吨	40°48′N,121°04′E
5	仙人岛港区	成品油原油	1 499.226 万吨	40°12′49.85″N,121°59′29.94″E
6	大连港石化有限公司	成品油原油	246.73 万吨	38°57′N,121°51′E

（续表）

序号	高风险溢油源	主要油品名称	油品年吞吐量	位置
7	大连福佳大化石油化工码头有限公司	原油	113 万吨	38°56′30.81″N,121°51′37.69″E
8	中国船舶燃料大连有限公司储供油基地	燃料油	90 万吨	38°58′3″N,121°54′E
9	大连港油品码头公司	成品油原油	3 370 万吨	38°59′06″N,121°53′06″E
10	大连港湾液体储罐码头	成品油原油	105 万吨	38°58′29″N,121°53′57″E

（3）航道运输溢油风险。

船舶溢油事故具有发生的突发性强、破坏性大、影响面广、事故发生前的隐蔽性大、事故发生后可控性小、事故间关联性密切、易发生衍生事故等特点，油轮在输运过程中搁浅、触礁、遇灾害天气、船舶相互碰撞等都有可能发生溢油事故，2005 年 4 月 3 日，葡萄牙籍油轮"阿提哥"（长 274.3 m，宽 43.2 m）满载近 12 万吨原油在驶进大连新港码头途中于险礁附近海域（38°57.49′N，121°59.09′E）触礁搁浅，船体坐浅在岩石上，船舶右倾 6°并发生溢油事故，浮在海面的原油顺风漂向大连开发区沿海 6 个乡镇、街道几十千米的海岸线，共 220 km² 的养殖海域被原油污染。因此油轮输运的航道亦为重要风险源，尤其是不同港口航道的交叉点、暗礁区、重要渔场等事故多发区，应引起重视。事故严重度影响因素一般包括溢油量、环境敏感程度、自然环境条件、事故预防措施和事故应急能力等几个方面。图 5-20 为辽东湾内各大港口来往船只航线。

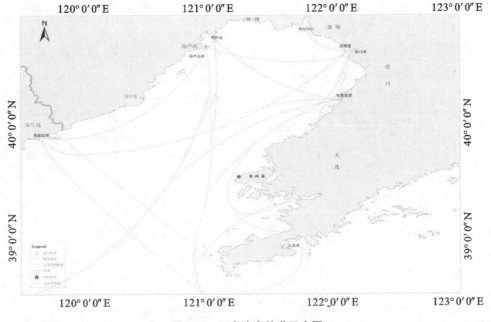

图 5-20　辽东湾内航道示意图

表 5-13　辽宁省海域近 10 发生的船舶海上溢油事故

发生时间	发生海域或经纬度	事故船类型		事故原因	溢油量
		类型	总吨(t)		
2004 年 6 月 10 日	寺儿沟码头	油船	823	装货冒舱	轻柴 0.1 t
2004 年 9 月 15 日	和尚岛港区	工程船	266	船舶倾覆	轻柴 1 t
2004 年 10 月 8 日	甘井子航道	水产品运输船	271	船舶碰撞	机舱油污水 0.2 t
2005 年 4 月 3 日	新港险礁	油船	77 399	船舶搁浅	原油 100 t
2005 年 6 月 8 日	38°47.6′N, 121°52.7′E	水产品运输船	163	船舶碰撞	燃油 0.5 t
2005 年 7 月 2 日	新港航道	油船	2 491	船舶碰撞	重柴油 200 t
2006 年 9 月 13 日	大窑湾	集装箱	6 543	加油冒舱	燃油 0.05 t
2008 年 6 月 7 日	大窑湾航道	拖船	190	船舶碰撞	滑油 0.5 t
2009 年 11 月 3 日	长兴岛	干货船	2 569	船舶沉没	燃油 0.2 t
2009 年 11 月 17 日	38°32.6′N,123°29′E	杂货船	1 580	船舶沉没	燃油 0.2 t
2009 年 11 月 17 日	38°32.6′N,123°29′E	杂货船	1 580	船舶沉没	燃油 0.2 t
2011 年 2 月 16 日	大窑湾港区 DCT 一期码头 9 号泊位	杂货船	2 574	船舶倾斜	燃油 0.05 t
2011 年 3 月 5 日	和尚岛港区 6 区码头	干货船	445	船舶沉没	燃油 0.05 t
2012 年 7 月 7 日	新港	油船	5 098	装货冒舱	灯煤 0.01 t
2013 年 4 月 15 日	大连燃供 7 区	油船	960	装货冒舱	燃油 0.6 t

辽宁省海上油气田开发主要集中在辽东湾北部海域,盘锦近海聚集了辽河油田的几个采油带,年开采量超万吨,该海域也是辽东湾主要生态敏感区,周围敏感目标有双台河自然保护区、辽东湾国家级水产种质资源保护区、蛤蜊岗贝类养殖区,该海域还是斑海豹重要栖息地和繁殖地。石油平台潜在的溢油风险将会对该海域邻近生态敏感目标造成很大威胁。

(三)天津市近岸海域

(1)油品仓储溢油风险。

天津港处于京津城市带和环渤海经济圈的交汇点上,是首都北京的海上门户、我国北方重要的对外贸易口岸,是连接东北亚与中西亚的纽带,是中国沿海港口功能最齐全的港口之一,拥有集装箱、矿石、煤炭、原油及制品、钢材、大型设备、滚装汽车、散粮、国际

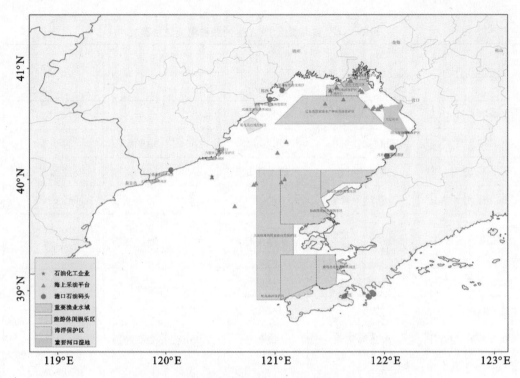

图 5-21　辽宁省近海溢油风险源与重要敏感目标关系图

邮轮等专业化泊位。天津港常年储存大量各类油品(表 5-14),这给油品泄漏带来了一定的风险。

　　事故概率可以通过事故树分析,确定顶上事件后用概率方法求得,也可以通过同类事故调查给出概率统计值,针对油品仓储溢油概率,采用后一种方法即通过同类事故调查给出概率统计值的方法。

　　根据国内外石油化工系统的调查统计,构成对环境重大影响的事故概率约为 1×10^{-5},重大事故多数集中在石油炼制系统,针对油品仓储物流,最大可行事故设定为 1×10^{-5} 应该属于较为保守的。

　　通过调查,天津沿海油品主要存储在渤西油气处理厂、天津港—南疆港区、天津港—大沽口港区、天津港—大港港区,并确定为主要风险源。

　　(2)船舶溢油风险。

　　船舶溢油事故具有发生的突发性强、破坏性大、影响面广、事故发生前的隐蔽性大、事故发生后可控性小、事故间关联性密切、易发生衍生事故等特点,油轮在输运过程中搁浅、触礁、遇灾害天气、船舶相互碰撞等都有可能发生溢油事故。天津在 2012 年进出港船舶超过了 13 万艘,大量的船舶进出为天津沿海船舶事故埋下了隐患。在 2011~2012 年,天津沿海共发生了 14 起船舶溢油事故,给海洋环境造成了一定的污染(表 5-15)。

　　通过对 2011~2012 两年天津沿海船舶溢油事故的统计,可以看出:两年间天津沿海共发生 14 起船舶溢油事故,其中 11 起为操作事故,均发生在码头;3 起为海上撞船事故,发生在航道与锚地附近,可见溢油事故多为发生在码头上的操作失误所导致的。

表5-14　天津港口油码头及沿海企业情况调查表

序号	名称	地区	经纬度	区域海洋功能区类型	主要油品种类	油品储存量	最大存储器存储量
1	渤西油气处理厂	滨海新区津沽路399号	38.981667°N, 117.666944°E	天津港北港港口航运区	原油	15 000 吨	单罐储量5 000吨
2	南疆石化小区	天津港—南疆港区	38.975625°N, 117.743354°E	天津港北港港口航运区	原油及成品油	2 087 000立方米	单罐储量5 000～50 000立方米
3	中化天津港石化仓储区	天津港—南疆港区	38.960744°N, 117.763653°E	天津港北港港口航运区	原油及成品油	95万立方米	3万～10万立方米
4	燃油供给基地	天津港—南疆港区	38.961945°N, 117.759361°E	天津港北港港口航运区	燃油	35万立方米	1万～5万吨
5	中航油仓储区	天津港—南疆港区	38.960076°N, 117.770777°E	天津港北港港口航运区	航空煤油	37万立方米	8 750～30 000立方米
6	天津汇荣石油有限公司	天津港—大沽口港区渤海十五路235号	38.951389°N, 117.741389°E	临港经济区工业与城镇用海区	原油及成品油	115 600 吨	2 050～22 500吨
7	天津港—南疆港区北侧石化作业区	天津港—南疆港区		天津港北港港口航运区	成品油、液体化工品以及内贸原油	建有约240万立方米的各类储罐	运油船吨位基本都在500～50 000吨
8	天津港—南疆港区北侧原油码头区	天津港—南疆港区		天津港北港港口航运区	原油及成品油	现为30万吨级，规划完成后预计年通过能力5400万吨。	运油船吨位基本都在500～50 000吨
9	临港经济区北区液体化工码头	天津港—大沽口港区		临港经济区工业与城镇用海区	各类化学品及原油	50万～200万吨	约40吨
10	大港港区—石化产业区	天津港—大港港区（南港工业区）		南港工业与城镇用海区	油气与剧毒类化学品	≥200万吨	≥100立方米
11	中国石油大港油田分公司	天津港—大港港区（南港工业区）		南港工业与城镇用海区	石油气	≥200万吨	≥40吨

表5-15 天津市海域2011年~2012年发生的船舶海上溢油事故

序号	日期	事故地点	事故原因	船舶名称	船舶国籍（单位）	污染状况	应急处理情况
1	2011年4月5日	临港6号码头	船员未遵守操作规程,造成货油从1甲货舱口喷出,约0.8 m³的柴油溢漏入海,导致了污染事故发生	"振洋29"轮	宁波 浙江振洋海运有限公司	轻度污染	由于污染程度较轻,未启动锚区污染应急预案,临港海事处相关人员指挥该轮船员对海面油污进行了清除
2	2011年5月23日	外运码头	由于值班轮机长疏忽,主机日用油柜分满后没有及时停止分油机工作,致使油柜冒油300 L,通过甲板透气孔溢出至甲板,有5 L左右燃料油经过甲板疏水孔流入海洋	"新豪泰"轮	泉州 石狮市安捷船务有限公司等/石狮市安捷船务有限公司	轻度污染	由于污染程度较轻,未启动锚区污染应急预案,海河海事处相关人员指挥该轮船员对海面油污进行了清除
3	2011年9月9日	新港锚区四公司G20段泊位	由于误操作的原因,致使燃油沉淀柜管路中残留的部分燃油在自身重力作用下倒流回机舱污水泵出海管路,由于污油泵出海管路出口阀和机舱通海阀没有关严,致使部分燃料油通过污油泵出口阀出口阀,舱通海阀泄露到海面上,溢油量约60 L,造成附近海域大面积污染	"穆斯塔法"轮(M. V. GO-LAM-E-MO-STAFA)轮	孟加拉籍	轻度污染	启动锚区污染应急预案,天津新港锚区相关人员指挥该轮船舶应急力量及相关人员对海面油污进行了清除
4	2011年10月26日	天津港滚装码头公司N2泊位	由于操作不当,武压水过程中导致大约100 kg豆油从右四货舱口溢出,其中大约40 kg流入海中,造成N2泊位及前沿部分水域污染	"浙舟粮油26"轮	浙江舟山市普陀海脂油运贸有限公司	轻度污染	启动锚区污染应急预案,天津北港海事处相关人员指挥该轮船员对海面油污进行了清除

（续表）

序号	日期	事故地点	事故原因	船舶名称	船舶国籍（单位）	污染状况	应急处理情况
5	2011年12月26日	天津燃供4号码头	甲板值班水手倒舱作业时由于误操作的原因，错误地将已经满舱的舱阀门打开，导致加装的货迅速的从货舱溢出约0.5 t流到"津油6"轮甲板上，其中约40 L左右的燃油通过左舷舷测板溢出入海	津油6	中国船舶燃料供应天津公司/中国船舶燃料供应天津公司	轻度污染	启动辖区污染应急预案，天津新港海事处相关人员指挥辖区应急力量及该轮船员对海面油污进行了清除
6	2012年1月29日	38°18.0′N,119°37.5′E	中海发展股份有限公司所属的"大庆75"轮与烟台打捞局所属的"德进"轮在38°18.0′N,119°37.5′E处发生碰撞，导致"大庆75"轮左舷深燃油舱破裂，左舷深燃油舱内180CST燃料油泄露入海。后经计算，确认溢油量约为13.236 m³	"大庆75"轮	中海发展股份有限公司	轻度污染	启动辖区污染应急预案，巡查支队海事处相关人员指挥辖区应急力量及该轮船员对海面油污进行了清除
7	2012年2月6日	北港辖区港埠五公司G26段	由于通向干隔舱阀门故障，导致燃油从"之海油2"轮首尖舱杂物同溢出到甲板上，大约180 kg流入海中，造成G26泊位及前沿部分水域污染	之海油2	天津市宏信船舶运输有限公司	轻度污染	启动辖区污染应急预案，北疆海事局相关人员指挥辖区应急力量及该轮船员对海面油污进行了清除
8	2012年5月20日23时	38°54′7.5″N 117°56′35.46″E	自河北省曹妃甸港出发的"赣采888"号船与从天津港驶出的"和润8"号散货船相撞，事故造成约2.86 t燃料油泄漏器	"赣采888"号		轻度污染	事故发生后天津市海洋环境监测预报中心依照《2012年天津市海洋环境监测与评价工作实施方案》,于2012年5月21日启动应急程序,对"赣采888"撞船溢油事故海域进行了应急监测

（续表）

序号	日期	事故地点	事故原因	船舶名称	船舶国籍（单位）	污染状况	应急处理情况
9	2012年5月26日	G10	伊朗伊斯兰共和国籍"阿巴（AB-BA）"轮在接受天津中燃船舶燃料有限公司供油船"津油3"轮外档左舷过驳重质燃料油过程中，发生溢油污染事故。燃料油从"阿巴"（ABBA）轮左舷NO.2燃油舱位于甲板的前后两处透气孔和甲板泄水孔溢出约40 kg，造成"阿巴"轮右舷与"津油3"轮右舷之间海面，"阿巴"轮船首右舷水域，G9段M/V YUAN TENG轮船首右舷与码头之间海面和二港池G8段泊位水域出现了浮油	阿巴"AB-BA"轮	KALAN KISH SHIPPING COMPANY	轻度污染	启动辖区污染应急预案，天津新港海事局相关人员指挥辖区应急力量及该轮船员对海面油污进行了清除
10	2012年8月20日 06:20:51	临港5号码头	卸货过程中，"鑫海湖"轮泵舱内货油泵排出管通往舷外的三个阀门设有关严，导致该轮在卸货时约13 L燃料油从货油泵舷外阀溢出海面	"鑫海湖"轮	锦州鑫海船务有限公司	轻度污染	启动辖区污染应急预案，大沽口海事局相关人员指挥辖区应急力量及该轮船员对海面油污进行了清除
11	2012年9月3日	南2	加装燃油过程中，燃油通过"JASMINE EXPRESS（茉莉快航）"轮左舷燃油舱透气孔溢出约300 kg，造成海面油污染	JASMINE EXPRESS（茉莉快航）	TRIUMPH SHIPPING LIMITED	轻度污染	启动辖区污染应急预案，天津南疆海局处相关海员及相应力量及该轮船员对海面油污进行了清除

（续表）

序号	日期	事故地点	事故原因	船舶名称	船舶国籍（单位）	污染状况	应急处理情况
12	2012年11月26日	G22	在加装燃油过程中，"华鹰"（M/VMANDARIN EAGLE）轮右舷NO.2燃油舱发生溢油污染事故，溢油从"华鹰"（M/VMANDARIN EAGLE）轮右舷NO.2燃油舱位于甲板的前后两处透气孔和甲板测量孔溢出约80 L	"华鹰"（M/VMANDARIN EAGLE）轮	新加坡	轻度污染	启动辖区污染应急预案，天津新港海事局相关人员指挥辖区应急力量及该轮船船员对海面油污进行了清除
13	2012年12月3日	中粮佳悦	由于金海洋卸货出口阀没有关严，导致约150 kg的棕榈油喷出，并有约30 kg入海	金海洋	中国香港	轻度污染	启动辖区污染应急预案，大沽口海事局相关人员指挥辖区应急力量及该轮船船员对海面油污进行了清除
14	2012年12月14日	锚地15号浮	2012年12月14日天津快航ConstiBisbance轮与津港轮15号浮附近发生碰撞事故，约1.2 m³燃油泄漏	天津快航	利比里亚	轻度污染	启动辖区污染应急预案，北疆海事局相关人员指挥辖区应急力量及该轮船船员对海面油污进行了清除

天津沿海船舶溢油风险的主要风险源基本分布在天津港南疆、大沽口及大港港区，由于出入港港区，由于出入港船舶基数较大，所以船舶发生事故，溢油概率较大，随着天津港的进一步发展，溢油概率还会进一步上升，需要重点关注。

由于船舶溢油事故多发生在码头与航道,所以船舶溢油事故的风险源定为船舶出入量大,事故多发的港口码头,分别为天津港—南疆港区、天津港—大沽口港区、天津港—大港港区。并且因为天津沿海目前正在大规模的规划建设中,很多大吨位的油品相关企业/运载码头正在建设,基于预防为主的观念,从长远角度考虑,船舶溢油量根据最大吨位油船进行统计计算。

(四)山东省近岸海域

1. 海洋溢油风险概况

石油勘探、开采、加工、贮运、使用、溢油事故等都可能造成石油污染。山东省溢油风险主要来自于油气采集、运输、存储过程产生的溢油事故以及轮船发生的溢油事故。东营地区盛产石油,油气田开发导致的漏油事故是该地发生溢油的主要风险源之一。长岛及成山头海域是连接渤海和黄海的交通要道,每年有大量船舶通过该海域,轮船溢油事故频发使该地区成为溢油风险高发区。此外,威海新港、威洋石油码头及富海华燃料油中转库设计油类储存量50余万立方米、日照港实华原油码头建有目前国内最大的原油输送管道,设计年吞吐量2 000万吨;这些港口及储油库均为潜在溢油高风险区域。

2. 滨州市溢油风险源

滨州市所辖海域没有海上石油钻井平台及相应的油气管道;套儿河港区分布着富滨码头、畅海码头、天马码头、裕泰码头等多处港口码头,近5年接纳进出港船舶约1 000艘次,船舶事故为滨州市最大溢油风险源。

3. 东营市溢油风险源

(1)油气田及其输油管路溢油风险。

东营市溢油风险主要来自油气采集和运输过程产生溢油事故,东营市海洋油气资源丰富,近海海域探明含油面积380.1 km²,储量占胜利油田石油储量的1/4以上,其中大部分分布在河口区,其他县区相对较少。除了胜利油田的2个100万吨级浅海油田——埕岛油田和孤东油田外,还有青东、垦东、埕东、飞雁滩以及桩西采油厂等中小型海上油气田分布在全市的沿海海域(表5-16)。

(2)港口、船舶溢油风险。

东营市以东营港为主,在河口区、垦利县、广饶县等沿海县区分布着许多小型渔港(表5-17)。2012年东营港共有8个油品液体化工码头投入使用,这8个码头分别是:中海油2个5万吨级原油、燃料油码头,2个5千吨级成品油码头;万通石化2个2万吨级原油、燃料油码头;宝港国际的2个5千吨级的化工码头。

东营港配套的输油管线也已逐渐成形。从东营港到中海沥青股份有限公司的输油管线输送能力为500万吨/年。另外中海石油化工有限公司筹备建设的150万吨/年的输油管线将原油直接从东营的油库管输到炼厂。

(3)溢油风险敏感区。

东营滩涂广阔,浅海水质优良,营养盐丰富,浮游生物繁盛,近海渔业资源丰富,近海滩涂尤其适合贝类生长,是中国浅海贝类资源原始分布核心区之一。东营市海水增养殖业发展势头迅猛,仅东营北部沿海的现代生态渔业示范区海水池塘及工厂化养殖面积即达1万余公顷,养殖品种有海参、对虾、蟹子及鱼类;东营辖区内分布着许多国家级海洋特别保护区,保护对象涉及贝类、鱼类及沙蚕等多种生物资源。一旦发生溢油事故,必然对邻近海域的海洋生态及水产养殖业造成重大损害。

表 5-16　东营市油气田开发风险源

序号	高风险溢油源	分布区域或岸段 (区域名称,经纬度)	主要油品名称	周边功能区类型
1	青东 5-1	37°25′36″N,119°01′59″E	探井	保护区、养殖区
2	青东 5-2	37°26′40″N,119°00′47″E	探井	保护区、养殖区
3	青东 11	37°25′12″N,118°59′12″E	探井	保护区、养殖区
4	青东 5-7	37°27′46″N,119°00′48″E	探井	保护区、养殖区
5	青东 121	37°28′02″N,119°4′19″E	探井	保护区、养殖区
6	1 号台 YX3 井场高架罐	37°19′05″N,118°56′35″E	原油	养殖区
7	2 号台 Y3-4-X14 井场高架罐	37°20′29″N,118°56′29″E	原油	养殖区
8	3 号台 Y3-2 井场高架罐	37°19′54″N,118°56′48″E	原油	养殖区
9	4 号台 Y3-1 井场高架罐	37°19′45″N,118°56′51″E	原油	养殖区
10	5 号台 YX9 井场高架罐	37°19′25″N,118°56′57″E	原油	养殖区
11	Y3-X6 井场高架罐	37°20′24″N,118°56′49″E	原油	养殖区
12	Y3-1HF 井场高架罐	37°20′17″N,118°56′56″E	原油	养殖区
13	桩西采油厂	仙河镇	石油、天然气	石油勘探、旅游
14	海洋采油厂	仙河镇	石油、天然气	石油勘探、旅游
15	利津县海域	刁口乡	石油	养殖区
16	垦东 405 井	37°51′29″N,119°08′30″E	原油	保护区、养殖区
17	垦东 403 井	37°51′48″N,119°09′55″E	原油	保护区、养殖区
18	KD80 海上平台	37°56′04″N,119°10′23″E	原油	保护区、养殖区
19	KD481 井组	37°56′24″N,119°13′29″E	原油	保护区、养殖区
20	KD34A 井组	37°54′44″N,119°07′34″E	原油	保护区、养殖区
21	KD34B 井组	37°55′09″N,119°08′28″E	原油	保护区、养殖区
22	KD34C 井组	37°55′50″N,119°09′16″E	原油	保护区、养殖区
23	KD47 海上平台	37°55′28″N,119°11′54″E	原油	保护区、养殖区

表 5-17 东营市港口分布

序号	港口名称	地理位置	年吞吐量(t)
1	东营港	河口区	$3\,000\times10^4$
2	红光渔港	垦利红光渔业办事处	710
3	小岛河渔港	垦利县永安镇	510
4	刁口渔港	利津县刁口乡	300
5	广利河渔港	东营区	
6	广饶县支脉河渔港	广饶县	

表 5-18 东营市国家级海洋特别保护区分布

序号	保护区名称	位置	面积(km^2)	主要保护对象
1	东营莱州湾蛏类生态国家级海洋特别保护区	东营区	210.24	小刀蛏等海洋资源
2	东营广饶沙蚕类生态国家级海洋特别保护区	广饶县	82.82	双齿围沙蚕为主的多种底栖经济物种
3	山东东营河口浅海贝类生态国家级海洋保护区	河口区	396.00	文蛤等底栖贝类资源
4	东营黄河口生态国家级海洋特别保护区	垦利县	926.00	黄河口海洋资源
5	东营利津底栖鱼类生态国家级海洋特别保护区	利津县	94.04	黄河口底栖鱼类

4. 潍坊市溢油风险源

表 5-19 潍坊市港口分布

序号	港口名称	地理位置	年吞吐量(万吨)
1	羊口港	寿光市小清河入海口处	120
2	寿光港	寿光市小清河入海口处	1 000
3	昌邑市下营渔港	昌邑市下营镇	6(卸货)
4	潍坊森达美港	寒亭(滨海开发区)	2 200

潍坊所辖海域无专用的油轮航道、化工、油码头,海上石油平台、炼油场所和输油管道,仅潍坊森达美港有小型油库;潍坊市溢油风险来自于船舶碰撞事故及港口储油场所。

5. 烟台市溢油风险源

(1)溢油风险源。

溢油风险源主要为运输船舶、海上油气田、港口油库及渔港等。烟台市港口多,区位优势突出,是北方重要的客滚运输中心和集装箱贸易口岸。烟台港包括芝罘湾港区、西港区、龙口港区、蓬莱港区(包括东港区和栾家口港区)四大港区及莱州、牟平、海阳、长岛等许多中小型港口。2011 年,仅芝罘湾港区完成货物吞吐量 1.1 亿吨,集装箱 140 万标准箱,旅客吞吐量约占全省港口客运的 1/4。其他可能污染源还有蓬莱市安邦油港有限公司、开发区烟台港西港区石油化工码头、莱州东方石油化工港储有限公司、山东省龙口煤炭储备配送基地项目。

据不完全统计,2005～2013 年,烟台市周边海域连续发生共 29 起溢油污染事件,危及长岛、蓬莱、龙口、招远、莱州、芝罘等县市区海域,其中发生在长岛海域的溢油事件有 17 次。长岛海域为溢油高发区,每年船舶燃料油及原油泄漏的事故有 2～3 次,对周边海域生态环境及经济发展造成了较严重影响;据初步测算,长岛县溢油污染造成的直接经济损失超过 25 亿元。近几年,烟台海域发生的溢油事件见表 5-20。

(2)溢油风险敏感目标。

烟台具淤泥质、砂质、基岩等多种海岸类型,地貌多样,适宜于多种生物的栖息繁衍;海水养殖包括池塘、工厂化、浅海筏式及底播等多种模式。烟台有海洋生态和自然保护区 16 个,其中国家级海洋特别保护区 7 个;水产种质资源保护区 10 个,其中国家级 5 个;海滨浴场和旅游度假区国家级海洋公园一个,国家 4A 或 5A 级旅游度假区 7 个,6 个省级旅游度假区。海洋保护区、水产资源保护区、养殖海区及旅游度假区遍及整个烟台近海;这些均为溢油事故敏感目标。

表 5-20　2005～2013 年烟台海域溢油事件

发生时间	发生海域	事故原因
2005 年 12 月 28 日	长岛、莱州、招远、龙口、蓬莱、烟台开发区、牟平区	中海发展"大庆 91"轮舱体破裂,原油泄漏
2007 年 3 月 4 日	芝罘区、牟平区	马来西亚籍"山姆轮"轮搁浅,燃油泄漏
2007 年 5 月 12 日	烟台开发区、芝罘区、莱山区、牟平区	韩国籍"金玫瑰"轮碰撞,燃油泄漏
2007 年 7 月 19 日	长岛	"金华夏 158"轮碰撞,燃油泄漏
2007 年 9 月 15 日	烟台正北 41 海里	"畅通"轮沉没,燃油泄漏
2007 年 10 月 28 日	牟平	朝鲜籍"君山"轮沉没,燃油泄漏
2008 年 9 月 20 日	长岛	"金华夏 158 轮"遭海上盗窃,致使油舱燃油泄漏
2012 年 2 月 12 日	烟台市北部海域	"大庆 75"轮碰撞,燃油泄漏
2007 年	长岛,共 3 次	未查到污染源
2008 年 4 月 16 日	长岛	未查到污染源
2010 年	长岛,共 4 次	未查到污染源,原油和燃料油
2011 年	长岛,共 3 次	未查到污染源,原油和燃料油
2013 年	长岛,共 3 次	未查到污染源,燃料油
2008 年 2 月 18 日	牟平区姜格镇	未查到污染源

（续表）

发生时间	发生海域	事故原因
2011 年 11 月 25 日	龙口和蓬莱海域	未查到污染源
2012 年 12 月	蓬莱海域	未查到污染源，燃料油
2013 年 3 月 25 日	蓬莱市刘家沟海域	未查到污染源，燃料油
2013 年 4 月、5 月	芝罘区，共 2 次	未查到污染源，燃料油

6. 威海市溢油风险源

威海沿海岸线最大的溢油风险源是沿海岸线分布的油库，其中，位于威海湾的威洋石油码头油库储量大，是最主要的风险源（表 5-21）；其次是沿海岸线的一些渔港码头和游艇码头的油库，数量相对较多，但油储量相对较少。

威海三面临海，作为中国沿海贯穿海上南北大通道的枢纽，是黄海与渤海港口往来的必经之地，海上交通发达，仅每年在成山头水域内航行和作业的船舶总数达 15 万艘次以上，大量的散装油类船舶通过成山头水域进出沿海各港口，海上油品年通过量近亿吨，繁忙的通航环境下，船舶溢油污染的风险也随之增大。是威海近海最容易发生的溢油风险类型。2009 年 12 月 5 日，香港籍"AFFLATUS"矿轮在刘公岛海域触礁搁浅，泄漏成品油 10 t。

威海近海无海底石油管路，同时离石油钻井平台距离也较远，海底石油管道与钻井平台的溢油突发性事故对于威海近海海域海洋环境影响较小。

表 5-21 威海市主要港口分布

序号	港口名称	地理位置	年吞吐量
1	威海港新港区	威海湾南部杨家湾东侧	油品吞吐量：18 万立方米
2	威洋石油码头	威海经区海埠村东	油品吞吐量：33.59 m³
3	中心渔港	威海市环翠区中心渔港加油站西南	油品储存量：2 000 t

7. 日照市溢油风险源

日照海域没有油气田开发，溢油潜在风险源来自于港口油库码头及船舶运输。日照港实华原油码头 2011 年 10 月建成投产，建有大型原油专用泊位，具有目前国内最大的原油输送管道，设计年吞吐量 2 000 万吨，为日照最主要溢油风险源。日照各船舶码头风险源见表 5-22。

表 5-22 日照市油气储运风险源调查表

序号	港口名称	地理位置	年吞吐量（万吨）
1	日照实华原油码头 30 万吨油码头	日照岚北港区	2 000
2	童海港业油品码头及配套罐区	日照岚山港区	190
3	日照港（集团）岚山北港区 10 万吨油码头	日照岚北港区	800

（续表）

序号	港口名称	地理位置	年吞吐量(万吨)
4	日照港(集团)岚山北港区罐区	日照岚北港区	储罐 $320×10^4$ m³
5	岚桥集团沥青项目专用码头	日照岚北港区	100
6	童海港业油品码头及配套罐区	日照岚山港区	190

8.青岛市溢油风险源

青岛市海域的主要溢油风险源为石油码头、输油管线和石化加工、储备企业,大多集中分布于青岛黄岛区石化区(图 5-22),位于胶州湾西海岸。

图 5-22　青岛黄岛区石化区

根据青岛市海洋与渔业局提供的溢油风险源资料,按石油码头、输油管线、石化储备企业归类分别列于表 5-23 至表 5-25。从表中可以看出,青岛市绝大多数溢油风险源聚集于黄岛石化区,是海洋溢油高风险区。

表 5-23　青岛石油码头概况

序号	名称	位置	吞吐量	通航密度
1	青岛海业油码头	黄岛区油港三路 7 号, 36°03′37″N,120°14′20″E	300 万吨	
2	青岛实华原油码头一期	黄岛石化区	297 万吨	324 艘
3	青岛实华原油码头二期	黄岛石化区	1 689 万吨	97 艘
4	青岛实华原油码头三期	黄岛石化区	1 880 万吨	92 艘

（续表）

序号	名称	位置	吞吐量	通航密度
5	青岛丽星物流有限公司	黄岛区辽河路以北 36°03′N～36°05′N, 120°12′E～120°13′E	320 万吨	460 艘
6	青岛红星物流实业 有限责任公司	黄岛区辽河路东北侧	19 万吨	823 艘

表 5-24　青岛输油管线概况

序号	名称	位置	拐点位置	输油规模	备注
1	青岛海业油码头有限公司	起点:青岛海业油码头有限公司 终点:青岛益佳阳鸿燃料油有限公司 分布区域:港口区	自油港三路 7 号开始,经过辽河支路、油港三号门前,至六号门前,顺辽河路南上至阳鸿库区院内,与管线接头,输油至阳鸿库区	5 000 m³/h 2.2 km 管线 2 根	2.2 km×2 两条燃料油输油管线, 管线直埋地下－2.7 m
2	中国石化销售有限公司华北分公司济南输油管理处青岛站/鲁皖管道二期东线	黄岛区海河路 99 号	起点:36°02′N,120°12′E 终点:36°02′N,120°03′E	567 万吨每年,18 km	周围输油管线:东黄老线、复线;青岛炼油厂专线;黄潍管道;天然气胶黄管道;国家原油储备基地管道;新奥在建管道
3	青岛益佳阳鸿燃料油有限公司油库至液体化工码头外管	埋地管线,辽河支路东侧绿化区	起点油库至油港西南角阀组区	DN600 管线 2 根,600 m	燃料油
4	青岛炼化公司原油、成品油管线	黄岛石化区	青岛港原油码头 36°3′3″N,120°14′23″E 液体化工码头 36°3′50″N,120°13′54″E 丽星码头 36°3′45″N,120°12′56″E 青岛炼化公司原油罐区 36°3′14″N,120°11′18″E	1 512 万吨每年	周围有输油管线 18条,总长度一百多千米

表 5-25 青岛石化企业概况

序号	名称	位置	储油量或生产量	备注
1	中国石油化工股份有限公司管道储运分公司黄岛油库	黄岛区油港二路八号 36°03′39″N,120°13′10″E	总储量为 210 万吨	原油
2	青岛环海石油化工科技开发有限公司	黄岛区千山北路 277 号		
3	青岛丽东化工有限公司	黄岛区辽河路 88 号, 东南:35°52′N,120°18′E 东北:36°02′N,120°18′E 西南:35°52′N,120°02′E 西北:36°02′N,120°02′E	储量 85 000 t	
4	中国石化销售有限公司华北分公司济南输油管理处青岛站/鲁皖管道二期东线	黄岛区海河路 99 号,36°02′N,120°10′E	柴油储量:13.5 万 m³,柴油储量:4.5 万 m³	
5	青岛益佳阳鸿燃料油有限公司	黄岛区辽河路 16 号,36°03′N,120°12′E	燃料油 21.6 万 m³	
6	青岛海华纤维有限公司	黄岛区淮河东路 55 号,36°0.2′587″N,120°11′310″E		
7	青岛炼化公司	黄岛区千山南路 827 号,36°3′14″N,120°11′18″E	37.8 万吨	
8	中国船舶燃料青岛有限公司黄岛油库	黄岛区油港路 1 号,36°02′N,120°13′E	11.8 万 m³	黄岛油库北侧、东侧 20 m 为胶州湾海域,西南侧 300 m 为中石化黄岛油库,西侧 220 m 为中石化黄岛油库
9	中海油(青岛)重质油加工工程技术研究中心有限公司	黄岛区千山北路 575 号,重石化工业区	600 t	

　　2013 年 11 月 22 日 10 时 20 分,青岛市黄岛区中石化东黄输油管道发生泄漏爆炸特别重大事故,造成 62 人死亡,受伤 136 人,原油泄漏入海,应急处置工作共协调派出清污

船只 55 艘次,海事巡逻艇 21 艇次,出动人员 1 610 余人,回收吸油毡、吸油拖缆及油水混合物约 257 t。"1122 事故"暴露的突出问题之一是输油管道与城市管网规划布置不合理。

1989 年 8 月 12 日 9 时 55 分,中国石油总公司(当时中石油、中石化未拆分)管道局胜利输油公司黄岛油库发生特大火灾爆炸事故,21 人死亡,100 多人受伤,直接经济损失 3 540 万元。喷溅和爆炸发生后,原油大量外溢,流向胶州湾,燃烧的范围迅速扩大,25 万 m² 以内一片火海,流入胶州湾水面的估计有 600 多吨,黄岛四周 102 km 海岸线受到严重污染,原油还扩散到青岛市区沿岸,几个有名的海水浴场也受到了污染。据分析黄岛油库占地 572 亩,储油量可达 70 多万 m³,黄岛油库中 61.5 万油库建在高于海平面 10 多米的地方,有些油罐距海岸线不足百米,一旦发生大的火灾爆炸事故,原油流入胶州湾造成水面大火,后果将非常严重;此外,有些油罐建在山坡上,发生爆炸喷溅时原油将四处流散。此外,油罐间一般应保持必要的间距,防止火灾发生时引起连锁反应,而发生爆炸的 4、5 号罐间距不足 10 m。

据资料,黄岛油库和港务部分自 1973 年建成投产以来,就已发生过多次事故,到 1987 年,这里共发生了 7 次重大溢油和火灾事故。

近年来,胶州湾内建设了大规模的原油码头、成品油码头、液体化工码头、液化气码头等多个危险品码头,据统计,港口的油品、液体化工品、液化气吞吐量已经从 2004 年的 3 100 万吨增加到了 2010 年的 7 200 t,同时,携带大量燃油的大型船舶到港艘数也逐年增加,年均增长约 12%,2010 年达到 1 800 艘次左右,其中,每艘大型船舶的燃油舱容量高达 6 000~10 000 t,再加上胶州湾口狭窄,航道密集,交通密度解决饱和等各种因素推高了青岛海域的溢油风险。

虽然青岛市已经初步建立了溢油应急设备库,具备了对抗 250 t 海上溢油的能力,但由于缺乏溢油监测雷达、遥感监测、航空监测、溢油漂移扩散预测系统、油样化验分析比对数据库、溢油应急专用船舶、综合性的应急反应基地等系统、装备支持,虽然"十二五"期间,将建立有溢油应急反应综合基地和建造专业溢油应急船,但目前青岛市一次性可对抗溢油清除控制能力一直处于较低的水平。

综上,青岛市近岸海域溢油风险较高,黄岛石化区为海洋溢油高风险区。

八、危险化学品泄漏风险

近年来,随着经济的快速发展,大批石化企业陆续投产运营,包括相配套的港口码头也投产使用,其生产和运输过程中均具有化学品泄漏的风险,而且一旦发生泄漏都将造成极大的环境和经济损失。

通过对北海区部分沿海城市危险化学品企业和码头情况的调查,对获得的资料和数据根据评价方法的要求进行整理,北海区沿海危险化学品企业及码头整体分布如图 5-23 所示,详细情况由于受篇幅的限制,只列出部分危险化学品码头及沿海企业概况的调查资料,见表 5-26。

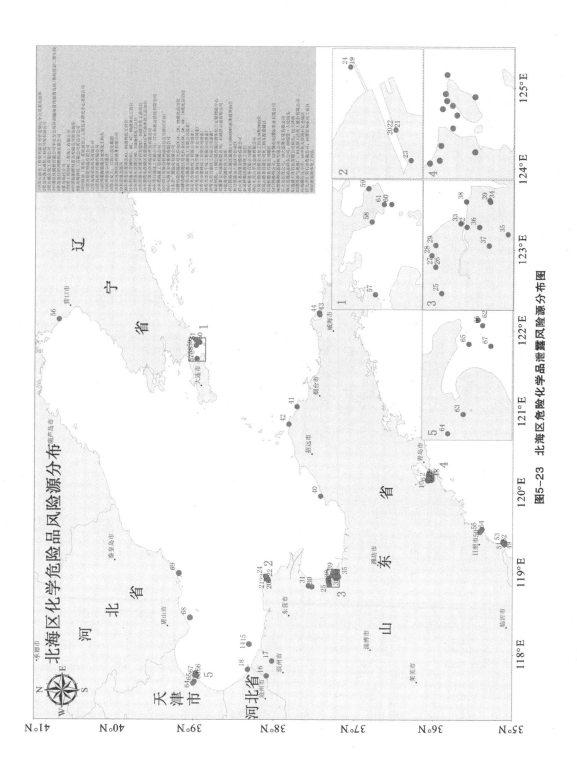

图5-23 北海区危险化学品泄露风险源分布图

表5-26　北海区危险化学品风险源统计表

序号	工程名称	概况			海域敏感目标	周围人口密度（万人/平方千米）	危险化学品分析		既往事故情况
		地区	经纬度	运行状态与起始时间			主要危险化学品种类	生产量或存储量(t/a)	
1	滨州港海港港区液体化工码头	无棣县	38°18'05.08"N～38°18'39.53"N，118°07'29.15"E～118°08'05.87"E	在建	滨州贝壳堤岛与湿地国家级自然保护区(2.5 km)、东营口浅海贝类海洋特别保护区(2.6 km)、养殖区、盐田	0.022	甲苯、苯、汽油、石油脑、燃料油、MTBE、芳烃、汽油、DMF	350万	无
2	东营港北港区	河口区	38°06'N,118°58'E	运行	黄河三角洲自然保护区、胜利油田码头、东港村、海上采油平台和管线等	0.012	液碱、二甲苯、甲醇、苯酚、氯仿和丙酮	197万	无
3	潍坊港西港区寿光作业区4#、5#、6#、7#液化品泊位	寿光市	37°16'25.19"N～37°16'33.54"N,118°58'26.19"E～118°58'58.20"E	在建	小清河航道、池塘养殖区、底播养殖区	0.052	液碱、甲醇、环氧丙烷、汽油、柴油、燃料油、煤焦油	220万	无
4	莱州港	莱州市	37°25'22.49"N,119°57'16.219"E	在建	筏式养殖区、底播养殖区	0.051	石油及制品、沥青、化工原料及制品	640万	无
5	青岛炼化公司	黄岛区	36°3'14"N,120°11'18"E	运行	港口航运区	0.083 9	原油、汽油、柴油、煤油、液化气、丙烯	377 950	无
6	大连石化公司	大连市	38°58'07.61"N,121°38'55.10"E	运行	与人类食用有关的工业用水区	2	气体、易燃液体、杂项危险物质	156万	无
7	天津港	天津市	38.965'682.19"N,117.769'660.9"E	运行	港口航运区	0.2	原油、汽油	2 689万	无

第四节　海洋环境风险评价

一、评价区域海洋环境风险总体特点

(一)赤潮风险

分析统计资料发现,2008~2014 年间,北海区共发生赤潮 99 次,各省、市按照发生次数由多到少排序分别为河北省、山东省、辽宁省、天津市、青岛市,近 1/3 的赤潮发生在河北省沿海海域,为赤潮风险高发区。具体位置而言,发生次数最多的分别为河北省沿海、天津市近岸和烟台四十里湾,7 年间均发生 9 次左右赤潮,其次为大连湾,青岛前海一线,然后为乳山近海。

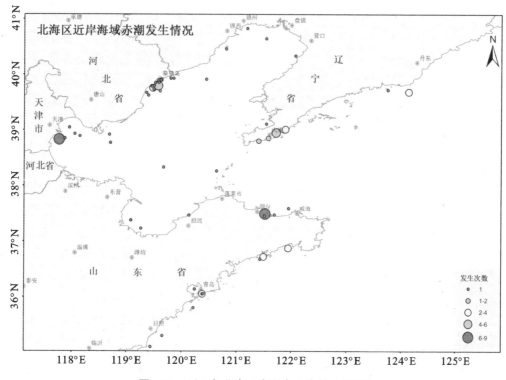

图 5-24　近 5 年北海区赤潮发生次数及位置图

从赤潮面积而言,面积小于 1 000 km² 特别是小于 100 km² 的赤潮占了大多数,分别约占总发生次数的 96.0% 和 71.7%。几次面积较大的赤潮分别为:2011-05-11~05-23 丹东鸭绿江口赤潮面积为 4 000 km²,赤潮生物为夜光藻;2005-06-16~06-18 营口鲅鱼圈赤潮面积达 2 000 km²,赤潮生物为夜光藻;2012-8-8~8-16 天津近岸海域赤潮面积达 490 km²,赤潮生物为诺氏海链藻和旋链角毛藻、中肋骨条藻;2010-9-19~11-3 天津汉沽

附近海域赤潮面积达 470 km²,赤潮生物为威氏圆筛藻、尖刺菱形藻。

就赤潮持续时间而言,绝大多数赤潮持续时间短于 20 d,占总发生次数的 91.9%,其中,大部分的赤潮持续时间短于 5 d,风险分级取值为 1 的赤潮发生次数占总发生次数的 66.7%。

从赤潮类型综合指数来看,等级为一、二、三级的赤潮类型分别为 18.2%、49.5%、32.3%,由此看见,无毒有害赤潮和鱼毒赤潮约占总发生次数的一半左右,有毒赤潮约占 1/3,而无毒无害赤潮仅占不到 2 成。

从赤潮生物种而言,以甲藻为主,其中,夜光藻占约 40%,其他甲藻占约 31%,硅藻仅占约 29%。

2008 年～2014 年,各省市赤潮的发生情况及特点分别如下:

辽宁是中国最北部的沿海省份,南濒黄海和渤海,辽东半岛斜插于两海之间,大陆海岸线约占中国海岸线的 12%,分布有大连、丹东、营口、盘锦、锦州和葫芦岛 6 市。近年来,辽宁省已成全国赤潮多发区之一,2008～2014 年间,辽宁沿海各市共监测到各类赤潮 20 余次,多发生在黄海北部即大连市至丹东市沿岸(大连,14 次;丹东 4 次),渤海各市赤潮发生频率较低(葫芦岛,1 次;锦州,1 次);引发赤潮的种类多,主要的赤潮种类有夜光藻、中肋骨条藻,其次海洋卡盾藻、尖刺伪菱形藻、赤潮异弯藻、塔玛亚历山大藻、多纹膝沟藻等引发的赤潮也有记录;赤潮发生面积多在 50 km² 以内,近 5 年赤潮发生面积较大的两次赤潮均为夜光藻赤潮,赤潮面积分别为 4 000 km²(2011 年 5 月,鸭绿江口海域)和 500 km²(2008 年 6 月,丹东市附近海域)。沿海各地市均未发生因赤潮而造成人员伤亡、渔业生产和水产养殖造成重大损失的事故。

2008～2014 年天津市近岸海域共发生 11 次赤潮,赤潮发生区域主要集中在北至汉沽增养殖区,南到临港经济区周围海域。赤潮生物以硅藻为主,此外,夜光藻和叉状角藻也曾引发赤潮。近几年来,赤潮风险增高,发生面积有增大趋势,2012 年赤潮发生面积较大,几乎覆盖整个渤海湾近岸海域,发生面积约为 490 km²。2014 年 8 月底又发生了持续时间超过 1 个月面积达 300 km² 的离心列海链藻、多环旋沟藻双相赤潮。

2010～2014 年,河北省近海共发生 30 次赤潮,居北海区首位,从发生面积而言,面积超过 1 000 km² 为 2 次,分别发生在秦皇岛—绥中沿岸海域—南戴河近岸海域和秦皇岛近岸,赤潮面积小于 100 km² 为 26 次。赤潮生物原因种以夜光藻为主,但 2010 年暴发的抑食金球藻赤潮造成的影响较大。

2008～2014 年,山东省滨州市、东营市近 7 年无赤潮发生,其他各市均有赤潮发生,从具体海域来看,莱州湾西岸、北隍城岛海域、烟台四十里湾、乳山至海阳海域和日照近海均发生过赤潮,其中以烟台市区附近的四十里湾和威海乳山近海赤潮灾害最为频繁。2008～2014 年间,烟台近海共发生各类赤潮 8 次,其中 7 次发生在四十里湾海域;威海近海共发生各类赤潮 5 次,其中 4 次发生在乳山邻近海域。从赤潮生物种来看,夜光藻赤潮最多,约占常发赤潮的 30%。其次是海洋卡盾藻及中肋骨条藻(分别占 18%)、赤潮异弯藻(14%)及红色裸甲藻(9%)等。山东省赤潮多发于春、夏、秋季,尤其以 8 月份居多,5～9 月赤潮发生次数占全年赤潮次数的 80% 以上。夜光藻赤潮多集中发生于 5 月份前后;海洋卡盾藻为有毒藻类,常发生于水温较高的 7～9 月份;红色裸甲藻赤潮主要在每年的 8 月和 9 月,发生于芝罘岛周边海域,四十里湾尤为突出。夜光藻和红色裸甲藻虽然本身不具有赤潮毒素,但是当其数量过高时会通过死亡耗氧消耗水中的大量溶解氧,从而导致鱼类和无脊椎动物死亡。

近年来,青岛胶州湾和青岛前海一线成为北黄海赤潮多发区之一,2008～2014 年,青岛市沿海共监测到各类赤潮 8 次,多发生在青岛浮山湾附近海域及胶州湾湾底附近海域,其余沿岸海域赤潮发生频率很低。引发赤潮的生物以夜光藻为主,引发赤潮的种类以夜光藻为主,统计的 7 年间引发了 5 次赤潮,其他记录的赤潮引发种类包括卡盾藻、异帽藻和旋沟藻;赤潮发生面积都很小,绝大部分小于 10 km²,统计期间面积较大的一次赤潮面积为 86 km²,赤潮引发种为卡盾藻,5 年间由夜光藻引发的赤潮面积均较小(小于 10 km²),赤潮发生期集中在春夏季,统计期间未发生因赤潮而造成人员伤亡、渔业生产和水产养殖造成重大损失的事故。

(二)绿潮风险

自 2007 年以来,浒苔绿潮在黄海海域连续周期性暴发。尤其是 2008 年青岛近岸海域高密度、大面积漂浮浒苔聚集形成的绿潮,对海洋环境、景观、生态服务功能以及沿海社会经济造成严重影响,2012 年绿潮发生期间正值亚沙会于烟台海阳市召开,为保证亚沙会顺利举行,浒苔应急处置费用高达 1.4 亿元。

绿潮形成有 3 个主要因素:形成绿潮的海藻物种、海水的富营养化以及适宜的环境条件。形态学及分子生物学研究表明浒苔不是本地种,MODIS卫星图像显示,浒苔由外长江口以北的黄海中南部漂到黄海北部的,并最终在黄海中北部山东沿岸城市的海岸堆积。通过对卫星遥感的浒苔监测信息和海面风场资料分析表明,浒苔从南向北的漂移路径与季风的方向基本一致。在 5 月中旬前后生成于黄海西北部海域,5～6 月份黄海上空维持偏南风流场,在风力作用下产生了偏北向表层海流。2008～2012 年浒苔漂移路径见图 5-25。

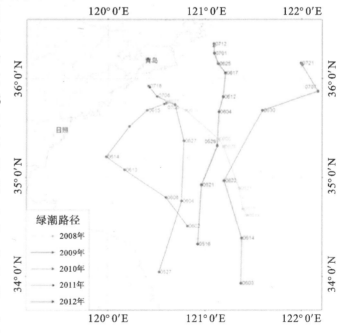

图 5-25 2008～2012 年浒苔绿潮路径

此外,Xia 等(2006)研究结果表明,夏季黄海表层(0～4 m)流场主要受风场和海岸线地形的共同影响。Yuan D L 等(2008)根据 MODIS(Moderate Resolution Imaging Spectroradiometer)观测数据得出了苏北沿岸流在夏季向北流的结论。李尧(2010)通过 Argos 漂流浮标数据分析也认为,夏季苏北沿岸为北向流,海流主要受风场支配。遥感监测也表明,5 月中旬生成于黄海中南部的浒苔在东南风的驱使下源源不断向西北方向的山东半岛漂移。左军成(2011)利用 POM(Princeton Ocean Model)模式模拟了中国东海的气候态流场,指出黄海近岸表层流冬季为南向流,而夏季却为北向流。Pang C G(2011)通过数值模拟和夏季悬浮体历史调查数据分析也得到了类似的结果。

卢健等(2014)认为苏北沿岸流在浒苔暴发及漂移过程中具有重要作用。首先,苏北沿岸流将浒苔繁殖体携带至它与长江冲淡水的交汇区生长繁殖,然后在夏季风的作用下,苏北沿岸流携带着发育成熟的浒苔以及在紫菜养殖区被丢弃的浒苔向北漂移,同时苏北沿岸水适宜的水文和营养盐条件也促进了浒苔的生长。

局地来说,以青岛为例,马艳等(2015)认为,浒苔是随海流漂移至青岛近海,而风应力是驱动海流的主要因子。他们的研究结论如下。

(1)浒苔影响青岛近海海域范围的差异及漂移路径的变化与局地的大气环境和水体环境密切相关。通常在气候平均条件下,6 月东亚夏季风环流已建立,黄海盛行偏南风。

2008 年 6 月中旬浒苔大规模影响青岛地区期间,从黄海中南部海域直至青岛近海均为一致的东风气流,海面风场存在明显的偏东风异常,与观测资料的分析一致。同时在青岛近海海域还存在明显的风速辐合及西南风和东南风的风向辐合带;与海面风场对应,在青岛南部海域附近为东南偏东表层流场,在黄海中南部海域则为明显流向东的表层流分布。在风应力作用下,浒苔首先沿风应力方向运动,随着海水的运动,柯氏力发挥作用,使漂浮在海面的浒苔输送路线向风向的右侧旋转,继续向西北偏西方向移动。在较强的东风分量及向岸的表层流的共同作用下,前期已到达青岛南部海域的浒苔不断涌入青岛沿岸,对青岛近海造成严重影响。

2009 年 6 月下旬,青岛近海明显的西南风及与海岸线接近平行的西南—东北向的表层流场是 2009 年青岛近海和沿岸受浒苔影响较小的主要原因。

(2)青岛地区夏季近海海洋表层环流主要受海面风支配,当浒苔从黄海中部漂移至青岛南部海域后,青岛近海的风是决定浒苔漂移路径的关键因素,风场的变化可以导致浒苔的不同漂移路径。即当浒苔到达青岛南部海域后,其漂移路径与海面风密切相关,风场对浒苔的漂移预测有重要的指示意义。

(3)在浒苔影响青岛近海最强期间,2009 年基本均为南至西南流场,西南流场稍多,且偏西分量较大;而 2008 年和 2010 年则为南至东南流场,以东南流场偏多,偏东分量较大。同时在浒苔小规模和大范围发展时,2010 年的风力大多比 2009 年偏大一些,这可能也是 2010 年比 2009 年浒苔对青岛近海影响更明显的原因之一。特别是 2008 年,东南流场更明显,且 6 月大雾天较多,不利于浒苔的消散。

我们总结发现,近几年来,黄海浒苔绿潮的灾害特点主要如下。

①自 2007 年来,浒苔由外海偏移至近岸,并进一步在岸滩聚集,浒苔覆盖率大,持续时间长,对沿岸产业的影响较大。由图 5-2 可知,北海区浒苔绿潮最大分布面积无明显的减少趋势。

②北海区近岸海域受影响的程度,受浒苔漂移的影响,与风场、流场有关,由浒苔漂移路径可以看出,虽然 2009 年浒苔分布及覆盖面积较大,但由于风场流场的影响,漂移偏向外海,对近岸海域影响较少。

③自 2013 年以来,北海区浒苔绿潮夹杂着数量不均的棕褐色大型藻类,与漂移浒苔伴生,采样鉴定为铜藻,别名柱囊马尾藻,为褐藻门、墨角藻目。浒苔伴生褐藻的出现应引起重视,密切关注其发生发展。

(三)水母旺发风险

青岛近岸海域水母灾害由 3 种水母形成:海月水母、沙海蜇和白色霞水母。其中海月水母无毒,主要分布在胶州湾、流清湾等海湾内的养殖区附近;沙海蜇和白色霞水母为有毒种类,主要分布在胶南—黄岛、胶州湾口、团岛—沙子口的近岸海域。水母灾害的风险表现在对直接接触的人体和养殖生物的危害,以及堵塞工业取水口的危害。青岛电厂取水口、海水浴场、养殖区等海域都是易受危害、水母旺发风险较高的海域。

大连星海湾有害水母主要为海月水母,暴发期主要集中在 7 月份。由于海月水母毒性相对较小,故对星海湾旅游度假区没有明显危害。

秦皇岛海域出现的有毒水母均为钵水母纲中的大型水母,包括沙海蜇、海蜇、海月水母、白色霞水母。根据相关调查和报道,秦皇岛海域伤人水母主要为沙海蜇和海蜇,其中沙海蜇毒性最强、危害最大。近几年海月水母数量呈增加趋势,但由于其个体和毒性小,造成的危害不大。白色霞水母毒性较大,但在秦皇岛海域出现较少。

(四)海水入侵风险

海水入侵是由于咸淡水界面压力失衡,导致海水沿着陆地含水层向陆地方向潜入的现象和过程,因此在沿海平原地区、河道区域等容易发生海水入侵。根据北海区多年监测结果,渤海滨海平原地区,主要包括辽宁锦州、山东滨州、潍坊、烟台,海水入侵最严重,风险也较高。

北海区滨海平原地区海水入侵现象普遍,这与北海区滨海平原地区人口密集,人类开发活动以农业为主,用水强度大,淡水资源稀缺有关,海水入侵对该区域人类生活及活动开发影响很大,对北海区人类活动、生产开发等带来较为严峻的考验。特别是河北省及山东莱州湾滨州市、潍坊市,海水入侵距离超 10 km,辽宁省大部分区域及山东烟台、威海海水入侵距离为几千米。

根据 2014 年 4 月测站监测结果,除河北省秦皇岛、唐山和山东省威海部分监测断面无海水入侵,其他测站均出现不同程度海水入侵现象,特别是辽宁省营口、锦州、葫芦岛、丹东和山东省潍坊、滨州均出现重度海水入侵区域。

各测站地下水水位埋深相差较大,介于 1.12～30 m 之间。相比之下,河北省地下水位略高,辽宁省和山东省地下水水位埋深相差不大。根据近 3 年结果显示,辽宁省大连市、营口市和丹东市,河北省少量测站及山东省滨州市和威海市监测断面地下水水位有下降趋势,大部分测站地下水水位下降不到 1 m;烟台市、丹东市和大连市部分测站地下水水位下降超 3 m。

综上所述,河北三省及山东莱州湾滨州市、潍坊市海水入侵范围大,但目前来看,海水入侵状况较为稳定,未有进一步加重现象。虽然目前相比之下辽宁省大部分区域海水入侵范围略小,但根据各测站 Cl⁻ 含量、矿化度含量及水位埋深监测,该区域水位有下降趋势,且海水入侵程度有加重现象,亟须进一步关注其海水入侵风险及其灾害影响。

(五)土壤盐渍化风险

环渤海地区由于受地质条件与气候因素的影响,地下水位高,地下水矿化度大,且蒸降比较高,是土壤盐渍化灾害的易发区。土壤盐渍化较严重的区域主要分布在辽宁、河北、天津和山东的滨海平原地区,分布范围一般距岸 20～30 km,主要类型为氯化物型和硫酸盐—氯化物型盐土、重盐渍化土。其中河北秦皇岛和唐山、山东滨州和烟台莱州等区域盐渍化范围呈逐年扩大趋势。

在耕地严重不足的条件下,为满足人口急剧增长对植物食品的需求,迫使人们不断扩大耕地规模,由于利用和管理不当,土壤盐渍化问题日益突出。

山东省监测区域主要为重盐渍化土和轻盐渍化土。当地海水池塘养殖业、晒盐业的发展破坏了原有的植被,把盐水引入陆地,加上区域本身地下水埋深浅、矿化度高、风暴潮等因素,使该区域土壤盐渍化比较严重,但近几年盐渍化程度趋于稳定。山东省监测区域为土壤盐渍化中高风险区,滨州无棣—沾化、莱州朱旺—海庙及威海张村一带土壤盐渍化风险为中风险;潍坊寒亭区域土壤盐渍化较严重,风险强度为高风险。通过 2010年～2012 年对青岛丁字湾和鳌山湾开展的土壤盐渍化监测,监测结果表明监测区域盐渍化程度呈现逐渐加重的趋势。

辽宁省沿海地区土壤盐渍化灾害为中低风险区,盘锦和葫芦岛地区存在风险上行的趋势,而丹东地区则风险下行,其他区域风险平稳。

(六)海岸侵蚀风险

近几十年来,受河流改道与入海河流输沙量减少、海面上升、风暴潮等自然因素及在河流上游建设水库拦蓄泥沙、沿岸挖沙及海滩采沙、不合理的海岸工程建设、海岸湿地植被和防护林破坏、不合理的滨海旅游项目建设等人为因素的影响,北海区岸滩不断遭受侵蚀,特别是砂质及淤泥质岸滩,岸线侵蚀后退的速度不断加大。日趋严重的岸线侵蚀不仅使土地资源流失,影响居民的生活,而且严重影响海洋经济的发展,因此对岸线侵蚀风险评价迫在眉睫。

其中,辽宁省葫芦岛绥中六股河—止锚湾(二河口—天龙寺)区域海岸线近年来侵蚀日趋严重。河北省滦河口至戴河口岸段岸线最大自然侵蚀速率达 14.3 m/a,最大人为侵蚀速率 98.4 m/a,侵蚀现象严重。受到多种海岸动力的作用和人为作用的影响,山东省海岸侵蚀普遍存在,是我国海岸侵蚀最为严重的省份之一。岸线侵蚀在山东省东北部淤泥质海岸及所有平直砂质海岸均有发生,基岩海岸由于抗蚀能力较强,海岸蚀退并不明显。基岩港湾海岸除湾内岸滩相对稳定或略有淤积。尤为需要指出的是,山东省砂质海岸多为旅游度假区,海岸侵蚀致使沙滩不断变窄,坡度变陡,旅游沙滩环境退化,如蓬莱西海岸、荣成大西庄、乳山白沙口、海阳凤城、胶南沿岸和日照沿岸,亟须对岸线侵蚀风险评价,进而积极采取相应修复措施。

海岸侵蚀是全球性的自然灾害,世界上一些滨海国家多年来一直关注其变化,并不断研究其防护对策。就岸线侵蚀原因,一般归结于海平面变化、水动力变化、风暴潮影响、输沙量降低或人为采砂以及海洋工程建设等。

造成砂质海岸侵蚀是多种自然因素和人为因素共同作用的结果,人为因素是造成砂质海岸侵蚀的最主要因素,主要包括:河流输沙量减少、不合理的海岸工程、前滨采砂和海岸天然屏障破坏,河流输沙量减少、不合理的海岸工程、前滨采砂会使海岸在较短的时间内遭受侵蚀,而海岸天然屏障破坏往往容易被忽视。

(七)渤海石油勘探开发溢油风险

由于近岸海域溢油评价方法尚不成熟,仅对渤海石油勘探开发溢油风险进行分析、计算和评价。

截至 2012 年年底,渤海已开发海上油田 26 个,海上采油平台 217 个,浮式储油装置(FPSO)6 座,人工岛 13 个,在渤海区作业的移动式钻井、作业平台 49 个,各类井总数 3 168 口,其中油井数 2 433 口,海底管道 270 条,总长度超过 1 600 km。根据能源发展"十二五"规划,2014~2015 年,除了现有在生产油气田打一些调整井进行剩余油挖潜外,利用新设施钻开发井工作量为 250~280 口,平台为 16~18 座。

根据获取的渤海油田生产井和输油管道资料,结合海洋溢油风险评价方法,计算了渤海各油田的年溢油风险概率,结果见表 5-27。从计算结果中可以看出:埕岛油田的溢油风险最高,每年发生 1 t 以上溢油事故的概率超过 4%,发生 10 t 以上溢油事故的概率超过 1.7%;绥中 36-1 油田、冀东油田、蓬莱油田群、秦皇岛 32-6 油田、渤中 25-1 油田和曹妃甸油田群的溢油风险也较高,每年发生 1 t 以上溢油事故的概率都超过 1%。

表 5-27　渤海油田每年溢油风险表

序号	油田名称	生产井数	管道条数	管道长度 (km)	1 t 以上 溢油概率	10 t 以上 溢油概率	100 t 以上 溢油概率
1	埕北油田	58	0	0	0.40%	0.20%	0.10%
2	渤南油田群	47	8	102.95	0.73%	0.30%	0.13%
3	渤西油田群	63	5	91	0.74%	0.32%	0.15%
4	秦皇岛 32-6 油田	173	6	11.19	1.37%	0.66%	0.32%
5	曹妃甸油田群	137	7	41.17	1.20%	0.56%	0.27%
6	渤中 34 油田群	62	9	48.814	0.75%	0.33%	0.15%
7	绥中 36-1 油田	264	13	98.08	2.34%	1.09%	0.52%
8	锦州 20-2 气矿	24	4	67.9	0.40%	0.16%	0.07%
9	锦州 9-3 油田	52	3	7.95	0.45%	0.21%	0.10%
10	旅大油田群	107	3	75.2	0.96%	0.45%	0.21%
11	南堡 35-2 油田	56	2	34.7	0.51%	0.24%	0.11%

（续表）

序号	油田名称	生产井数	管道条数	管道长度（km）	1 t以上溢油概率	10 t以上溢油概率	100 t以上溢油概率
12	渤中 3-2 油田	7	0	0	0.05%	0.02%	0.01%
13	渤中 25-1 油田	145	8	25.2	1.25%	0.59%	0.28%
14	蓬莱油田群	202	5	19.34	1.56%	0.76%	0.37%
15	渤中 28-2 南油田	75	4	22.1	0.66%	0.31%	0.15%
16	旅大 27-2/32-2 油田	40	1	13.5	0.33%	0.16%	0.08%
17	锦州 25-1 油田	22	4	126.04	0.35%	0.14%	0.06%
18	锦州 25-1 南油气田	60	0	0	0.41%	0.21%	0.10%
19	秦皇岛 33-1 油田	5	1	10.6	0.08%	0.03%	0.01%
20	渤中 19-4 油田	23	2	12.9	0.23%	0.11%	0.05%
21	辽河油田	21	0	0	0.14%	0.07%	0.04%
22	埕岛油田	301	71	109.884	4.07%	1.73%	0.76%
23	埕岛西 A 区块	28	0	0	0.19%	0.10%	0.05%
24	新北油田	53	6	20.034	0.56%	0.25%	0.11%
25	大港油田	48	4	23.1	0.48%	0.22%	0.10%
26	赵东油田 C/D 区块	78	0	0	0.54%	0.27%	0.14%
27	埕岛东部区块	26	7	28.015	0.41%	0.17%	0.07%
28	冀东油田	295	0	0	2.04%	1.02%	0.51%
29	月东一块油田	80	0	0	0.55%	0.28%	0.14%
30	赵东油田 C-4 区块	29	1	4.5	0.23%	0.11%	0.05%
31	老河口油田	6	0	0	0.04%	0.02%	0.01%
32	桥东油田	2	0	0	0.01%	0.01%	0.003%

（八）危险化学品泄漏风险

北海区危险化学品风险源资料收集情况表明部分风险源数据不完整，根据收集来的资料，码头（如日照港）、石化公司（如大连石化公司）、石化公司码头、化工公司（如寿光市万泰化工有限公司溴素厂）为北海区主要的危化品泄漏风险源。

2013 年北海区危险化学品风险源统计共有 69 例，分布主要集中莱州湾、渤海湾、胶州湾及大连湾，其中山东省沿海有 55 例，另外辽宁大连也有部分危险化学品风险源分布，数量为 6 例，天津市有 6 例危险化学品风险源，河北省有 1 例危险化学品风险源，危险化学品企业规模在 200 万吨以上和 50 万吨以下的较多，约占到总数的 33% 和 36%，规模在 50 万～200 万吨的危险化学品企业数量占总数的 31%。

北海区危险化学品的主要类别为原油或成品油等易燃液体,苯系物、溴素等化工原料,部分化工企业存有液碱等腐蚀性危险化学品。历史事故方面,仅大连石化公司 2013年发生过油罐爆炸事故,其余企业均无历史事故记录。

参考文献

[1] Xia C, Qiao F, Yang Y, et al. Three-dimensional Structure of the Summertime Circulation in the Yellow Sea from a Wave-tide-circulation Coupled Model[J]. Journal of Geophysical Research: Oceans(1978-2012), 2006, 111(CII): CIIS03. 1-CIIS03. 9.

[2] Pang C G, Yu W, Yang Y, et al. An Improved Method for Evaluating the Seasonal Variability of Total Suspended Sediment Flux Field in the Yellow and East China Seas[J]. International Journal of Sediment Research, 2011, 26(1): 1-14.

[3] Yuan D L, Zhu J R, Li C Y, et al. Cross-shelf Circulation in the Yellow and East China Seas Indicated by MODIS Satellite Observations[J]. Journal of Marine Systems, 2008, 70(1/2): 134-149.

[4] 李尧. 中国东部近海夏季环流特征及其动力机制[D]. 青岛: 中国科学院海洋研究所, 2010.

[5] 卢健, 张启龙, 李安春. 苏北沿岸流对浒苔暴发及漂移过程的影响, 海洋科学, 2014, 38(10): 83-89.

[6] 马艳, 郭丽娜, 黄容, 等. 2008-2010 年青岛近海浒苔暴发气象条件及其漂移特征, 气象与环境学报, 2015, 31(4): 89-96.

[7] 左军成, 徐珊珊, 石少华, 等. 东中国海环流对 2008 年浒苔事件的影响[J]. 河海大学学报: 自然科学版, 2011, 39(5): 561-568.

二、评价区域各类海洋环境风险评价

(一)赤潮灾害风险评价

根据 2008～2014 年的历史资料,进行北海区赤潮灾害风险评价,评价结果见表5-28。

从表中可以看出,高风险、中风险、低风险所占的比例分别为 12.1%,76.8% 和 11.1%。

其中,高风险区多集中在赤潮高发区,主要为秦皇岛—绥中沿岸海域、天津汉沽附近海域至天津港航道以北(汉沽和北塘近岸)、烟台市四十里湾。

中风险区主要集中在赤潮发生次数较多海域,或者赤潮高发但发生海域不是高敏感区两类,主要为以大连湾、星海湾、大窑湾为主的大连市近岸海域、丹东鸭绿江口和大鹿岛、营口鲅鱼圈、锦州娘娘宫、丹东东港赤潮监控区、北戴河赤潮监控区、曹妃甸附近海域、辽东湾底、河北秦皇岛近岸海域、渤海湾北部海域、天津近岸海域、山东莱山附近海域、烟台长岛县海域、乳山文登交界海域、乳山和日照近海、青岛胶州湾、青岛浮山湾附近海域等各处。

低风险集中在赤潮低发或者低敏感海域,主要分布在大连龙王塘、金州湾、葫芦岛市菊花岛附近海域、河北戴河口、昌黎新开河附近、寿光小清河口海域等各处。

表 5-28 北海区赤潮风险评价结果统计表(面积单位:km²)

序号	日期	地点	成灾面积	致灾因子	孕灾因子	风险值
1	2008-02-27~03-04	大连湾	108	1.3	1	中风险
2	2010-06-16~06-26	大连湾	20	2.1	1	中风险
3	2011-07-05	大连湾 大连港附近海域	1.2	1.4	1	中风险
4	2011-07-06	大连湾 棉花岛渔港政附近海域	10	1	1	低风险
5	2011-09-27~09-28	大连湾 泊石湾海水浴场附近海域	10	1.8	1	中风险
6	2012-08-06	大连湾	15	1.4	1	中风险
7	2008 年 8 月	星海湾	5	1.8	1	中风险
8	2011-07-01~07-03	星海湾公园附近海域	1	1.4	1	中风险
9	2009-08-11~08-13	金州湾	15	1	1	低风险
10	2010-08-15~08-16	大窑湾	52.5	1.8	1	中风险
11	2010-09-05~09-06	大窑湾(大孤山南部海域)	30	1.8	1	中风险
12	2012-07-26~07-28	大窑湾	1	1.4	1	中风险
13	2011-07-11~07-13	大连市龙王塘渔港和郭家沟渔港附近海域	0.002	1.4	1	中风险
14	2012-7-11~7-13	大连市龙王塘	40	1.8	1	中风险
15	2008-06-16~06-21	丹东市鸭绿江口	500	1.7	1	中风险
16	2011-05-23~05-26	丹东市鸭绿江口 东港赤潮监控区	20	1.4	1	中风险
17	2011-05-11~05-23	丹东市鸭绿江口	4 000	2	1	中风险
18	2008-06-16~06-21	丹东市大鹿岛	130	1.7	1	中风险
19	2005-06-16~06-18	营口市鲅鱼圈	2 000	2	1	中风险
20	2009-07-03~07-05	锦州市娘娘宫	1.5	1.4	1	中风险
21	2009-07-29~08-04	葫芦岛市菊花岛	10	1.4	1	中风险
22	2014-05-30~6-13	辽东湾东部海域	110	1.4	1	中风险
23	2013-6-19~20	辽东湾西部	5	1.4	1	中风险
24	2010-5-14~15	秦皇岛北戴河赤潮监控区	4.5	1.4	1	中风险
25	2010-6-7~10	曹妃甸附近海域	25	2.7	1	高风险
26	2010-6-26	辽东湾中部	1.5	1.3	1	中风险

（续表）

序号	日期	地点	成灾面积	致灾因子	孕灾因子	风险值
27	2010-6-24～7-12	秦皇岛—绥中沿岸海域,南戴河近岸海域	3 350	1.4	1	中风险
28	2010-7-24～30	秦皇岛—北戴河赤潮监控区	20	1.8	1	中风险
29	2011-8-1～4	北戴河附近海域中直浴场附近	2.4	1.8	1	中风险
30	2011-8-2～3	北戴河附近海域中直浴场、戴河口、平水桥南、国务院浴场等靠岸一侧海域	4	1	1	低风险
31	2011-8-4～5	北戴河附近海域中直浴场、平水桥南	3	1	1	低风险
32	2011-8-4～5	北戴河附近海域戴河口附近海域	3	1	1	低风险
33	2011-8-4～5	北戴河附近海域洋河口外近岸海域	1.7	1.4	1	中风险
34	2011-5-30	河北昌黎新开口附近海域	20	2.7	1	高风险
35	2011-6-17～21	河北秦皇岛附近海域北戴河赤潮监控区	0.02	2.4	1	高风险
36	2011-6-17	河北秦皇岛附近海域北戴河鸽子窝一直延伸至抚宁昌黎分界线附近	180	1.3	2	低风险
37	2012-6-8	秦皇岛附近海域		1.4	1	中风险
38	2012-7-16～8-2	渤海湾西部(天津驴驹河贝类增养殖区)		1.4	1	中风险
39	2012-8-28～29	秦皇岛东山浴场附近海域	1.3	2.1	1	中风险
40	2012-8-30～31	秦皇岛山海关石河口附近海域	4.5	2	2	中风险
41	2012-10-4～10	秦皇岛东山浴场至集装箱码头近岸海域	20	1.4	2	中风险
42	2013-5-25～26	秦皇岛戴河口至金山嘴附近海域	2	1.4	1	中风险
43	2013-6-3～4	秦皇岛戴河口至金山嘴附近海域	10	1.4	1	中风险
44	2013-6-9～12	秦皇岛港东锚地至戴河口附近海域	16	1.4	1	中风险

序号	日期	地点	成灾面积	致灾因子	孕灾因子	风险值
45	2013-6-18～22	秦皇岛东山浴场至金山嘴附近海域	7.06	1.8	1	中风险
46	2013-6-18～20	渤海湾北部海域	0.000 025	1.4	1	中风险
47	2013-6-23～27	秦皇岛港东锚地	4	1.4	1	中风险
48	2014-05-31～6-1	秦皇岛东山浴场	0.1	1.4	1	中风险
49	2014-05-15～8-7	河北秦皇岛近岸海域	2 000	3	1	高风险
50	2014-06-11～12	河北秦皇岛近岸海域	75	1.4	1	中风险
51	2014-06-13～15	河北秦皇岛近岸海域	228	1.7	1	中风险
52	2014-09-01～4	秦皇岛浅水湾附近海域	8	1.8	1	中风险
53	2014-09-15～19	秦皇岛西浴场附近海域	1.1	1	1	低风险
54	2013-6-26～7-2	渤海湾北部海域	50	1.7	1	中风险
55	2014-09-13～17	渤海中部海域	400	2.1	2	中风险
56	2008 年 7 月	天津近岸海域	30	1.7	3	中风险
57	2009 年 4 月	天津近岸海域	30	1.3	3	中风险
58	2009 年 6 月	天津近岸海域	30	1.7	3	中风险
59	2009 年 8 月	天津近岸海域	300	1.6	3	中风险
60	2010-5-24～6-12	天津港航道以北至汉沽海域	237	2	3	高风险
61	2010-9-19～11-3	汉沽附近海域	470	2.3	3	高风险
62	2012-7-16～8-2	天津近岸海域	44	1	3	低风险
63	2012-8-8～8-16	天津近岸海域	490	1.6	3	中风险
64	2013-7-5～7-8	天津临港经济区东部海域	154	1.3	3	中风险
65	2013-7-16～25	天津汉沽至天津港航道附近海域	100	1.7	3	中风险
66	2014-08-26～9-30	天津滨海旅游区附近海域	300	2.3	3	高风险
67	2008-8-29	烟台市四十里湾	1.65	1.8	1	中风险
68	2008-9-5	烟台市四十里湾	1	1.4	1	中风险
69	2008-10-20	烟台市四十里湾	9.42	1	1	低风险
70	2009-8-10～15	乳山文登交界海域	100	2.1	2	中风险
71	2009-8-20～31	烟台市四十里湾	42.04	2.1	3	高风险
72	2009-4-11～17	乳山市小青岛西南海域	20	1.7	1	中风险
73	2009-5-26～6-3	乳山市小青岛东南海域	30	1.7	1	中风险

（续表）

序号	日期	地点	成灾面积	致灾因子	孕灾因子	风险值
74	2009-7-21～8-4	乳山文登交界海域	150	2.4	1	高风险
75	2010-9-13～18	烟台四十里湾马山寨、草埠附近海域	3.45	2.1	3	高风险
76	2010-9-6～10	烟台四十里马山寨、草埠附近海域	6.02	1	1	低风险
77	2010-9-6～7	牟平西山北头附近海域	3	1.8	1	中风险
78	2010-8-20～31	烟台市四十里湾	42.04	2.1	3	高风险
79	2010-8-7	烟台市四十里湾	2.76	1.8	1	中风险
80	2010-7-21～8-4	乳山至文登沿岸海域	150	2.1	1	中风险
81	2010-5-26	海阳至乳山附近海域	550	1.7	1	中风险
82	2010-5-7～12	日照附近海域	580	2	1	中风险
83	2010-4-11～17	乳山市小青岛西南至南黄岛外沿岸海域	20	1.7	1	中风险
84	2011 年 6 月至 8 月	烟威近海	不详	2.4	1	高风险
85	2012-10-25～29	烟台四十里湾马山寨海域	5	1.8	1	中风险
86	2012 年 8 月	寿光市小清河口海域	不详	1	1	低风险
87	2012-5-4～31	岚山区虎山以东	60	2	1	中风险
88	2013-2-13～3-15	寿光市老河口海域	66	1.6	1	中风险
89	2014-03-26～28	山东莱山—招远附近海域	66	1.4	1	中风险
90	2014-08-28～9-5	山东烟台东泊子至养马岛东北部附近海域	19	2.1	1	中风险
91	2014-9-21～23	山东烟台长岛县海域	890	2.1	1	中风险
92	2008-8-7～9	青岛灵山岛东北部海域	86	1.8	1	中风险
93	2008-6-29～30	青岛胶州湾跨海大桥附近	20	1.8	1	中风险
94	2009-4-3	青岛五四广场附近海域	0.002	1.4	1	中风险
95	2009-4-17	青岛音乐广场附近海域	0.001 5	1.4	1	中风险
96	2012-5-8～11	青岛市市南区浮山湾	10	1.4	1	中风险
97	2012-9-14～17	青岛市浮山湾附近海域	0.4	1.8	1	中风险
98	2013-5-2～3	青岛浮山湾附近海域	0.039	1.4	1	中风险
99	2014-04-14～15	青岛市奥帆基地附近海域	0.01	1.4	1	中风险

(二)绿潮灾害风险评价

(1)危险度评价。

根据近年的北海区浒苔分布图,估算覆盖率。

绿潮危险度计算:根据历史监测资料,选取危险度指标为平均最大覆盖率、平均持续时间、发生次数,并分别赋予权重,风险等级分为低、中、高三个等级,见表5-29。

表 5-29　绿潮危险度指标与等级划分标准

序号	危险度指标	权重	低风险1	中风险2	高风险3
1	平均最大覆盖率	0.5	$C<30\%$	$30\%\leq C<60\%$	$C\geq60\%$
2	平均持续时间 T(天/次)	0.3	$T<20$	$20\leq T<40$	$T\geq40$
3	发生次数 A	0.2	$A<2$	$2\leq A<5$	$A\geq5$

绿潮危险度计算:

$$H_H = \sum_{i=1}^{n} a_i F_i$$

式中,H_H 表示致灾因子危险度,a_i 表示致灾因子危险度评估中第 i 个指标的权重值,其值利用层次分析法确定,F_i 为致灾因子危险度评估中第 i 个指标的赋值。

以各市近岸海域为一评价区域,分为如日照段、青岛段以胶州湾为界,分为青岛南、青岛北岸段,烟台(海阳)段和威海段。该评价区域的覆盖率可通过陆岸巡视、浒苔在岸滩的堆积情况、遥感图片等进行分析。

表 5-30　北海区近岸海域绿潮危险度评估

区域	危险度值 H_H	等级	颜色标识
日照	$0.5\times3+0.3\times2+0.2\times3=2.7$	高	
青岛	$0.5\times3+0.3\times2+0.2\times3=2.7$	高	
海阳	$0.5\times3+0.3\times2+0.2\times3=2.7$	高	
乳山	$0.5\times2+0.3\times1+0.2\times2=1.7$	中	
其他省市	$<0.5\times1+0.3\times1+0.2\times1=1$	低	

(2)易损度评价。

烟台(海阳)、青岛、日照、威海(乳山)近海受浒苔影响期间,近岸海域均受到浒苔的影响,各市受影响区域见表5-31至表5-34。

表 5-31　海阳市近岸海域绿潮发生情况

海洋功能区	中心点经纬度	起止时间	面积	绿潮海域敏感区	周边海域敏感区	受影响的范围和程度
旅游区、养殖区	33°50′N,119°31′E 至 36°49′N,122°30′E	2008-06-28	1 940	养殖区、海阳千里岩海域国家级水产种质资源保护区、海阳万米海滩海洋资源国家级海洋特别保护区	养殖区、保护区、旅游区	严重
	33°50′N,119°31′E 至 36°49′N,122°30′E	2009-07-14	1 940	养殖区、海阳千里岩海域国家级水产种质资源保护区、海阳万米海滩海洋资源国家级海洋特别保护区	养殖区、保护区、旅游区	严重
	33°50′N,119°31′E 至 36°49′N,122°30′E	2010-07-10	1 940	养殖区、海阳千里岩海域国家级水产种质资源保护区、海阳万米海滩海洋资源国家级海洋特别保护区	养殖区、保护区、旅游区	严重
	33°50′N,119°31′E 至 36°49′N,122°30′E	2011-07-27~8-9	1 940	养殖区、海阳千里岩海域国家级水产种质资源保护区、海阳万米海滩海洋资源国家级海洋特别保护区	养殖区、保护区、旅游区	严重
	33°50′N,119°31′E 至 36°49′N,122°30′E	2012-06-08~8-21	1 940	养殖区、海阳千里岩海域国家级水产种质资源保护区、海阳万米海滩海洋资源国家级海洋特别保护区	养殖区、保护区、旅游区	严重
	33°50′N,119°31′E 至 36°49′N,122°30′E	2013-06-23~8-6	1 940	养殖区、海阳千里岩海域国家级水产种质资源保护区、海阳万米海滩海洋资源国家级海洋特别保护区	养殖区、保护区、旅游区	严重

表 5-32　青岛近岸受绿潮影响的主要滨海风景区

旅游休闲娱乐区名称	经纬度	级别	面积（hm²）	信息介绍
崂山风景区	36°05′N~36°19′N,120°24′E~120°42′E	国家 5A 级旅游景区	44 600	规划面积 446 km²,其中风景游览区面积 161 km²,绕山海岸线 87.3 km

（续表）

旅游休闲娱乐区名称	经纬度	级别	面积（hm²）	信息介绍
青岛海滨风景区	36°04′N，120°19′E	国家 4A 级旅游景区	500	位于青岛市区南部沿海一线，东西长约 25 km，南北宽约 3 km。海域则有团岛湾、青岛湾、汇泉湾、太平湾、浮山湾等海域及所含岛、礁、海滩等
金沙滩景区		国家 4A 级旅游景区	105	位于山东省青岛市经济技术开发区内，呈月牙形东西伸展，全长 3 500多米，宽300 m

表 5-33　日照市近岸海域绿潮发生情况

海洋功能区	起止时间	面积（km²）	绿潮海域敏感区	周边海域敏感区	受影响的范围和程度
旅游区、养殖区、港口	2007-6-11～7-28	1.6 万	旅游区、养殖区、港口	旅游区、养殖区、港口	严重
	2008-6-14～7-29	2.2 万	旅游区、养殖区、港口	旅游区、养殖区、港口	严重
	2009-6-14～7-29	1.8 万	旅游区、养殖区、港口	旅游区、养殖区、港口	严重
	2010-6-4～8-20	2.3 万	旅游区、养殖区、港口	旅游区、养殖区、港口	严重
	2011-5-19～8-29	2.6 万	旅游区、养殖区、港口	旅游区、养殖区、港口	严重
	2012-5-22～8-17	2.4 万	旅游区、养殖区、港口	旅游区、养殖区、港口	严重
	2013-6-4～8-7	3.0 万	全部	旅游区、养殖区、港口	严重

表 5-34　青岛近岸受绿潮影响的主要保护区

保护区名称	总面积（hm²）	主要保护对象	类型	级别	保护区各功能分区面积及详细坐标
青岛大公岛岛屿生态系统省级自然保护区	1 603.23	岛陆及海洋生态系统和生物多样性。重点保护珍稀海鸟和候鸟及其栖息繁殖地，其次为皱纹盘鲍、刺参等海珍品，岛上珍稀动物和鱼类等海洋生物及它们的生存环境	海洋和海岸生态系统类型	省级	大公岛保护区范围是以下 4 点依次连线以内区域①35°58′06″N，120°30′54″E；②35°56′37″N，120°30′27″E；③35°57′18″N，120°26′39″E；④35°58′48″N，120°27′05″E。包括大公岛，小屿和五丁礁。保护区内设核心区和试验区。核心区为大公岛南坡及南部海域，南部海域外设缓冲带，其他区域为试验区。核心区20.05 hm²，试验区1 583.18 hm²

（续表）

保护区名称	总面积（hm²）	主要保护对象	类型	级别	保护区各功能分区面积及详细坐标
胶南灵山岛省级自然保护区	3 283.2	海岛周围海域及海洋生物资源、岛上的林木资源、鸟类资源以及海岛的地质地貌		省级	地理坐标为①35°48′21″N,120°10′42″E;②35°45′18″N,120°12′06″E;③35°43′38″N,120°09′42″E;④35°45′24″N,120°07′00″E。保护区核心区面积922.6 hm²,缓冲区面积2 129.4 hm²,试验区面积231.2 hm²
青岛文昌鱼水生野生动物市级自然保护区	6 181	文昌鱼及其生存环境,以及该海域的底栖海洋生物资源及其生存环境	野生动物类型	市级	位于①35°57′00″N,120°20′15″E;②36°01′00″N,120°20′15″E;③36°01′00″N,120°25′49″E和④35°57′00″N,120°25′49″E四点连线范围以内的海域,核心区以南沙为中心的附近海域,由①35°57′57″N,120°20′45″E;②36°00′18″N,120°20′45″E;③36°00′18″N,120°24′49″E和④35°57′57″N,120°24′49″E四点连线范围以内的海域,面积26.53 km²;缓冲区为核心区外围由①35°57′45″N,120°20′25″E;②36°00′30″N,120°20′25″E;③36°00′30″N,120°25′19″E和④35°57′45″N,120°25′19″E四点连线范围以内的海域,面积10.88 km²。试验区为核心区和缓冲区以外的海域部分,总面积24.41 km²
灵山岛皱纹盘鲍、刺参国家级水产种质资源保护区	2 500	主要保护对象有皱纹盘鲍、刺参,其他保护物种包括海胆、文昌鱼、海藻等	水产种质资源类型	国家级	位于35°48′21″N,120°10′42″E;35°45′18″N,120°12′06″E;35°43′38″N,120°09′42″E;35°45′24″N,120°07′00″E四点连线范围以内的岛屿和海域,试验区面积1 577.4 hm²

受绿潮影响的主要功能区有:捕捞区,养殖区(网箱养殖、滩涂养殖和筏架养殖),浴场及滨海旅游度假区,居民聚居区,海洋保护区和港口等。防灾减灾能力越高,可能遭受潜在损失就越小,绿潮灾害风险可能就越小。防灾减灾能力包括应急管理能力、减灾投入、资源准备等。

表 5-35　绿潮易损指标与等级划分

序号	易损度指标	权重	低损害 1	中损害 2	高损害 3
1	功能区划类型	0.5	矿产资源利用区、海水资源利用区、工程用海区	其他养殖区、港口航运区、电厂等工业用海区、沿岸居民聚居区	捕捞区、网箱养殖、滩涂养殖和阀架养殖、浴场及滨海旅游度假区、保护对象为生物或生态系统的保护区
2	管理制度	0.2	专门的领导和工作小组,制订了详细的应急预案及工作方案,方案切实可行	专门的领导和工作小组,制订了应急预案及工作方案,方案较为简单	缺少切实可行的应急预案或工作方案
2	减灾投入保障	0.3	专项经费能够保障对灾害的应对及响应;浒苔处置人力物力充足,满足重点区域浒苔的处理	专项经费基本能够保障对灾害的应对及响应;浒苔处置人力物力基本满足重点区域浒苔的处理	专项经费不足以保障对灾害的应对及响应;浒苔处置人力物力不足,仅能保障少数重点区域浒苔的处理

2008 年为确保奥运会免受绿潮灾害影响,山东省、青岛市及烟台市政府专门成立市绿潮应急处置指挥部,加强绿潮监视监测和预警预报,全力组织海上拦截、打捞和岸线清理工作。随后几年,各市均制订了应急预案及工作方案,但经费的安排及保障尚有不足。

易损度评价模型

$$H_V = \sum_{i=1}^{n} b_i V_i$$

式中,H_V 表示易损度,b_i 表示致灾因子易损度评估中第 i 个指标的权重值,其值利用层次分析法确定,V_i 为致灾因子易损度评估中第 i 个指标的赋值。

$$易损度\ H_V = 0.5 \times (功能区划赋值) + 0.2 \times 1 + 0.3 \times 2 \begin{cases} 0.5 \times 3 + 0.8 = 2.3 \\ 0.5 \times 2 + 0.8 = 1.8 \\ 0.5 \times 1 + 0.8 = 1.3 \end{cases}$$

(3)风险强度计算

绿潮灾害风险的评估模型

$$H_R = H_H \times H_V$$

式中,H_R 表示绿潮灾害风险指数。

(三)水母旺发风险评价

水母旺发具有偶然性,同一片海域并不是每年都会发生水母灾害,每年的灾害程度也不同。水母暴发通常会持续一段时间,暴发期间其数量变化很大。基于风险最大化的原则,针对同一片海域,选择水母的最大密度值进行风险评价。若同一海域发生多种水母灾害,针对每种水母分别计算其风险值,选择其中最高值作为该海域的风险值。

1.青岛近岸海域

依照上述原则,青岛近岸海域水母灾害各评价指标的统计情况见表 5-36。胶南—青岛近岸海域、胶州湾口不属于此次评价针对的重点功能区,故未参与评价。

表 5-36 青岛近岸各评价海域水母旺发风险评价指标统计值

评价海域	功能区类型	水母灾害种类	水母毒性	最大水母密度（个/m²）	水母伞径（cm）	灾害持续时间(天)
青岛电厂取水口	港口和工业取水口	海月水母	无毒	0.25	13.2	100
青岛第一海水浴场	浴场和度假区	沙海蜇 白色霞水母	有毒	<0.001	60 40	60
青岛流清湾	渔业水域及增养殖区	海月水母 沙海蜇	无毒 有毒	0.002* 0.01	9~20 60	—
红岛近岸海域	渔业水域及增养殖区	海月水母	无毒	0.002	20	—

注:* 此处采用 2012 年的调查数据。2009 年的调查密度虽然高于 2012 年,但只是某一小块区域有极高的密度,不能代表这一海区,故未采用。"—"表示未知。

根据 2009～2014 年青岛近岸海域水母灾害发生情况,针对青岛电厂取水口邻近海域(胶州湾东侧)、青岛第一海水浴场、青岛流清湾、胶州湾口、红岛近岸海域(胶州湾底)这 5 个区域,计算了水母灾害的风险指数(表 5-37 和 5-38)和风险等级(表 5-39)。

表 5-37 青岛近岸各评价海域水母旺发风险评价指标权重

评价海域	水母毒性权重	水母密度权重	水母伞径权重	灾害持续时间权重
青岛电厂取水口	0.2	0.3	0.3	0.2
青岛第一海水浴场	0.6	0.2	0.1	0.1
青岛石老人海水浴场	0.6	0.2	0.1	0.1
青岛流清湾	0.4	0.3	0.2	0.1
红岛近岸海域	0.4	0.3	0.2	0.1

表 5-38 青岛近岸各评价海域水母旺发风险评价指标分级及取值

评价海域	水母灾害种类	水母毒性等级取值	水母密度等级取值	水母伞径等级取值	灾害持续时间等级取值
青岛电厂取水口	海月水母	1	2	2	3
青岛第一海水浴场	沙海蜇 白色霞水母	3	1	3	3
青岛石老人海水浴场	沙海蜇	3	1	3	1*

(续表)

评价海域	水母灾害种类	水母毒性等级取值	水母密度等级取值	水母伞径等级取值	灾害持续时间等级取值
青岛流清湾	海月水母沙海蜇	3	1	3	1*
红岛近岸海域	海月水母	1	1	2	1*

注：＊红岛近岸海域灾害持续时间未知，按最短时间赋值为1。

表 5-39　青岛近岸各评价海域水母旺发风险等级

评价海域	风险指数	风险等级	颜色标识
青岛电厂取水口	2.0	中风险	
青岛第一海水浴场	2.6	高风险	
青岛石老人海水浴场	2.4	高风险	
青岛流清湾	2.2	高风险	
红岛近岸海域	1.2	低风险	

根据评价结果，青岛第一海水浴场、青岛石老人海水浴场、青岛流清湾三处海域为水母灾害的高风险区，其主要风险为有毒水母对人体和养殖生物的危害；青岛电厂取水口为水母灾害的中风险区，其主要风险为水母密度过大时对工业取水口的堵塞危害；红岛近岸海域为水母灾害的低风险区，该海域的水母旺发未对养殖业形成危害。

2. 大连近岸海域

大连近岸海域水母灾害各评价指标的统计情况见表5-40。根据大连近岸海域2013年水母灾害发生情况，计算了水母灾害的风险指数（表5-41）和风险等级（表5-43）。根据评价结果，大连近岸大连湾、星海湾两处海域均为水母灾害的低风险区，水母旺发未产生明显的危害。

表 5-40　大连近岸各评价海域水母旺发风险评价指标统计值

评价海域	功能区类型	水母灾害种类	水母毒性	最大水母密度（个/m²）	水母伞径（cm）	灾害持续时间（天）
大连湾	港口航运区	—	—	—	—	—
星海湾	浴场和度假区	海月水母	无毒	0.11	10.6	60

表 5-41　大连近岸各评价海域水母旺发风险评价指标权重

评价海域	水母毒性权重	水母密度权重	水母伞径权重	灾害持续时间权重
大连湾	0.2	0.3	0.3	0.2
星海湾	0.6	0.2	0.1	0.1

表 5-42　大连近岸各评价海域水母旺发风险评价指标分级及取值

评价海域	水母灾害 种类	水母毒性 等级取值	水母密度 等级取值	水母伞径 等级取值	灾害持续时间 等级取值
大连湾	—	0	0	0	0
星海湾	海月水母	1	2	2	3

表 5-43　大连近岸各评价海域水母旺发风险等级

评价海域	风险指数	风险等级	颜色标识
大连湾	0	低风险	
星海湾	1.5	低风险	

3.秦皇岛海域

秦皇岛海域水母灾害各评价指标的统计情况见表5-44。根据秦皇岛海域2013年水母灾害发生情况,选择较为严重的沙海蜇水母灾害计算了水母灾害的风险指数(表5-45)和风险等级(表5-46)。根据评价结果,秦皇岛海域为水母灾害的高风险区,应高度警惕有毒水母对度假区游客的人身伤害。

表 5-44　秦皇岛海域水母旺发风险评价指标统计值

评价海域	功能区类型	水母灾害 种类	水母毒性	最大水母密度 (个/平方米)	水母伞径 (cm)	灾害持续时间 (天)
秦皇岛海域	浴场和度假区	海月水母 沙海蜇	无毒 有毒	0.32 <0.01	20 50	30 40～50

表 5-45　秦皇岛海域水母旺发风险评价指标权重

评价海域	水母毒性 权重	水母密度 权重	水母伞径 权重	灾害持续时间 权重
秦皇岛海域	0.6	0.2	0.1	0.1

表 5-46　秦皇岛海域水母旺发风险评价指标分级及取值

评价海域	水母灾害 种类	水母毒性 等级取值	水母密度 等级取值	水母伞径 等级取值	灾害持续时间 等级取值
秦皇岛海域	海月水母 沙海蜇	1 3	2 1	2 3	3 3

注:灾害持续时间未知,按最低赋值为1。

表 5-47　秦皇岛海域水母旺发风险等级

评价海域	风险指数	风险等级	颜色标识
秦皇岛海域	2.6	高风险	

(四)海水入侵风险评价

根据海水入侵风险评价方法,结合北海区海水入侵特点及其周边自然环境、开发环境现状,对各测站海水入侵程度、地下水位埋深、近3年海水入侵程度变化及地下水位变化、周边人口密度、单位面积耕地比例等进行综合分析,计算海水入侵危险度及易损度,以进行北海区海水入侵风险评价。其中,各测站海水入侵程度、地下水位埋深、近3年海水入侵程度变化及地下水位变化采用北海区2012~2014年3年监测数据;周边人口密度、单位面积耕地比例以地市为单位进行统计。

根据2014年监测结果及各评价指标情况计算海水入侵危险度、易损度及风险评价指数。结果显示,北海区海水入侵危险度介于1.0~2.7之间,平均值为1.8,中值为2.0,各测站海水入侵危险度以中、高级为主,分别占测站总数的49%及51%。根据北海区海水入侵危险度等级分布图(图5-26),辽宁锦州、河北沧州及山东莱州湾附近区域海水入侵危险度普遍为高级,其他区域危险度多为中级。结果反映了北海区滨海平原地区生态环境脆弱,海水入侵出现概率极大。

图5-26 北海区海水入侵危险度等级分布图

北海区海水入侵易损度介于1.0~3.0之间,平均值为2.3,中值为2.4。各测站海水入侵易损度以中、高级为主,高易损度站位占测站总数的93%,中易损度站位占测站总数7%,其中中易损度站位主要位于辽宁丹东,北海区海水入侵易损度等级分布见图5-27。

综合分析,北海区海水入侵风险指数介于1.0~6.6之间,平均值为4.2,中值为4.0。相比之下,海水入侵风险以中风险为主,低风险、中风险、高风险分别占25%,52%和23%。图5-28表明,北海区滨海平原地区海水入侵以中风险为主;相比之下,辽宁丹东、河北秦皇岛和唐山、山东威海海水入侵多为低风险,河北沧州和山东潍坊海水入侵多为高风险,其他区域均为中风险。

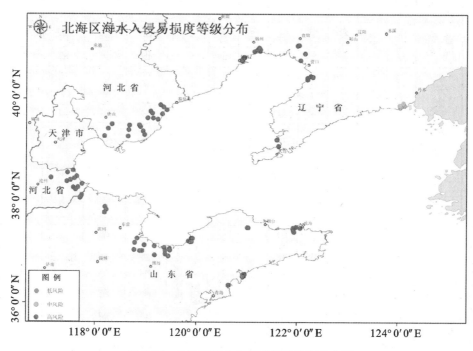

图 5-27 北海区海水入侵易损度等级分布图

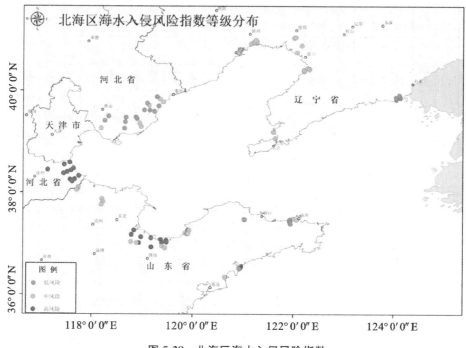

图 5-28 北海区海水入侵风险指数

表5-48　2014年北海区海水入侵监测结果及风险评价

地市	断面名称	Cl⁻		矿化度		危险度	易损度	风险指数	风险等级	风险等级标识
		范围(mg/L)	海水入侵程度	范围(g/L)	海水入侵程度					
大连	大连甘井子区断面	96~232	无入侵	0.662~1.152	无入侵-轻度入侵	1.0~1.9	2.4	2.4~4.7	中风险	
大连	金州区断面	528~560	轻度入侵	1.734~1.832	轻度入侵	1.9	2.4	4.7~4.7	中风险	
营口	营口西崴子断面	99.94~13 979.38	无入侵-严重入侵	0.85~36.95	无入侵-严重入侵	1.6~2.3	2.0	3.2~4.7	中风险	
营口	营口西河口断面	20.32~13 493.96	无入侵-严重入侵	2.65~30.23	严重入侵	1.8~2.5	2.0	3.6~5.0	中风险	
盘锦	盘锦清家乡北密村	172.84~212.34	无入侵	0.808~1.324	无入侵-轻度入侵	1.5~1.7	2.0	3.1~3.5	中风险	
盘锦	盘锦清水乡永红村	167.9~562.95	无入侵-轻度入侵	0.939~0.958	无入侵	1.5~1.7	2.0	3.1~3.5	中风险	
锦州	锦州何屯断面	598~750	轻度入侵	2.407~2.902	轻度入侵	2.0	2.0	4.0~4.0	中风险	
锦州	锦州崔屯断面	531~2 266	轻度入侵-严重入侵	2.701~5.447	轻度入侵-严重入侵	2.0~2.7	2.0	4.0~5.3	中风险	
葫芦岛	龙港区北港镇	174.35~15 073.96	无入侵-轻度入侵-严重入侵	0.70~9.5	无入侵-严重入侵	1.5~2.2	2.0	3.1~4.3	中风险	
葫芦岛	龙港区连湾镇	225.01~17 587.06	无入侵-轻度入侵-严重入侵	0.41~24.9	无入侵-严重入侵	1.4~2.2	2.0	2.8~4.3	中风险	
丹东	东港西线断面	62~4 710.5	无入侵-轻度入侵-严重入侵	0.565~10.288	无入侵-轻度-严重入侵	1.0~2.3	1.0	1.0~2.4	低风险	
丹东	丹东长山断面	250~2 854.5	轻度入侵-严重入侵	0.4~1.23	无入侵-轻度入侵	1.7~2.1	1.0	1.7~2.1	低风险	

(续表)

地市	断面名称	Cl⁻ 范围(mg/L)	Cl⁻ 海水入侵程度	矿化度 范围(g/L)	矿化度 海水入侵程度	危险度	易损度	风险指数	风险等级	风险等级标识
秦皇岛	秦皇岛抚宁断面	56.72~3 630.08	无入侵-严重入侵	0.17~15.48	无入侵-严重入侵	2.0	2.0	2.3~5.3	中风险	
	秦皇岛昌黎断面	110.6~283.6	无入侵-轻度入侵	0.98~1.16	无入侵-轻度入侵	2.0~2.7	2.0	2.5~3.1	低风险	
	秦皇岛马比店乡断面	8.51~45.38	无入侵	0.14~0.81	无入侵	1.5~2.2	2.0	2.0~2.0	低风险	
唐山	唐山梨树园村断面	22.69~170.16	无入侵	0.14~0.94	无入侵	1.4~2.2	2.0	2.4~2.8	低风险	
	唐山南堡镇马庄子断面	42.54~1 043.65	无入侵-轻度入侵	0.14~4.41	无入侵-严重入侵	1.0~2.2	2.4	2.4~5.3	中风险	
	唐山陡河沿沽村断面	5.67~697.66	无入侵-轻度入侵	0.21~2.04	无入侵-轻度入侵	1.0~2.0	2.4	2.4~4.8	低风险	
沧州	沧州岐口村断面	393.5~650.5	轻度入侵	1.04~1.65	轻度入侵	2.0	3.0	6.0~6.0	高风险	
	沧州邸家堡断面	397.0~641.6	轻度入侵	1.13~1.63	轻度入侵	2.0	3.0	6.0~6.0	高风险	
	沧州冯家堡断面	505.2~620.4	轻度入侵	1.41~1.56	轻度入侵	2.0	3.0	6.0~6.0	高风险	
滨州	滨州无棣县	874.73~919.71	轻度入侵-严重入侵	2.64~3.44	轻度入侵-严重入侵	1.8~2.0	2.0	3.6~4.0	中风险	
	滨州沽化县	959.7~1 199.63	轻度入侵-严重入侵	2.23~2.83	轻度入侵	1.6~2.0	2.0	3.3~4.0	中风险	

（续表）

地市	断面名称	Cl⁻ 范围(mg/L)	Cl⁻ 海水入侵程度	矿化度 范围(g/L)	矿化度 海水入侵程度	危险度	易损度	风险指数	风险等级	风险等级标识
潍坊	滨海断面	14.91~8 878.27	无入侵—严重入侵	0.27~13.8	无入侵—严重入侵	1.6~2.2	3.0	4.8~6.6	高风险	
	昌邑柳疃断面	970.32~57 598.48	轻度入侵—严重入侵	2.54~101	轻度入侵—严重入侵	1.8~2.2	3.0	5.3~6.6	高风险	
	昌邑下营断面	310.98~12 892.68	轻度入侵—严重入侵	1.35~22.42	轻度入侵—严重入侵	1.8~2.2	3.0	5.3~6.6	高风险	
	寒亭断面	2 045.19~25 458.66	严重入侵	1.46~75.33	轻度入侵—严重入侵	2.0~2.2	3.0	5.0~6.6	高风险	
	寿光断面	814.32~36 084.81	轻度入侵—严重入侵	2.53~145.60	轻度入侵—严重入侵	1.9~2.2	3.0	5.8~6.6	高风险	
烟台	烟台朱旺断面	364.89~8 097.49	轻度入侵—严重入侵	0.681~13.846	无入侵—轻度入侵—严重入侵	1.8~2.6	2.4	4.3~6.2	高风险	
	烟台海庙断面	349.89~4 148.71	轻度入侵—严重入侵	0.769~2.206	无入侵—轻度入侵	1.9~2.1	2.4	4.6~5.0	中风险	
威海	威海张村断面	26.49~3 049.05	无入侵—严重入侵	0.26~6.74	无入侵—严重入侵	1.4~2.6	2.0	2.7~5.2	中风险	
	威海初村断面	26.99~177.44	无入侵	0.33~0.88	无入侵	1.2~1.6	2.0	2.4~3.2	低风险	
青岛	丁字湾A断面	150~18 800	无入侵—轻度入侵—严重入侵	0.49~424	无入侵—严重入侵	1.3~2.7	2.4	3.2~6.4	中风险	
	丁字湾B断面	89~17 900	无入侵—严重入侵	0.57~987	无入侵—严重入侵	1.0~2.7	2.4	2.4~6.4	高风险	
	丁字湾C断面	129~325	无入侵—轻度入侵	0.24~5.64	无入侵—严重入侵	1.3~2.3	2.4	3.2~5.6	中风险	

(五)土壤盐渍化风险评价

1. 土壤盐渍化风险评价

根据评价方法,土壤盐渍化风险评价确定危险度指标为水位埋深、地下水矿化度和土壤全盐量,易损度指标为人口密度和单位面积耕地。根据监测资料,结合周边区域自然环境及社会经济环境现状,简要阐述监测区域风险评价指标现状,并进行土壤盐渍化风险评价指标等级划分。

2014 年北海区土壤盐渍化风险评价结果见表 5-49。

辽宁省沿海地区土壤盐渍化风险为中低风险区,风险强度在 2.0～6.8 之间,平均值为 4.1。盘锦风险强度为中风险;锦州盐渍化类型均为盐土,营口主要是重盐渍化土,这两个地区土壤全盐量和地下水矿化度较高,存在风险上行的趋势,而丹东地区由于人口较少,耕地比例不大,风险强度较低。与 2013 年风险评价结果相比,辽宁省近岸海域风险强度趋于稳定,各别区域(营口)风险存在上行的趋势。营口区域由于地下水矿化度较 2013 年高,风险强度由低风险转变为中风险。

河北省沿海地区土壤盐渍化风险为中低风险区,风险强度在 2.6～5.3 之间,平均值为 3.8。河北省监测区域非盐渍化土主要分布在秦皇岛和唐山,盐土主要分布在沧州。秦皇岛和唐山土壤含盐量和地下水矿化度较低,风险强度为中低风险;沧州水位埋深较浅,人口密度和耕地比例较大,风险强度为中风险。

表 5-49　2014 年北海区土壤盐渍化风险评价结果

评价区域		监测断面	风险强度	风险级别	风险标识	2013 年风险级别
辽宁省	营口	西崴子断面	4.3～6.8	中风险	▭	低风险
		西河口断面	4.0～5.8	中风险	▭	
	盘锦	唐家乡石庙子村	3.2	中风险	▭	中风险
		平安乡哈吧村	3.8	中风险	▭	
	锦州	何屯断面	4.2～4.2	中风险	▭	中风险
		崔屯断面	4.2～4.8	中风险	▭	
	葫芦岛	龙港区北港镇	2.5～5.0	中风险	▭	中风险
		龙港区连湾镇	2.5～5.0	中风险	▭	
	丹东	长山镇	2.0～5.2	低风险	▭	低风险
		北井子镇	2.6～4.0	中风险	▭	

（续表）

评价区域		监测断面	风险强度	风险级别	风险标识	2013年风险级别
河北省	秦皇岛	抚宁断面	2.6~3.8	中风险		/
		昌黎断面	2.6~3.2	中风险		/
		马坨店乡断面	2.6~2.6	低风险		/
	唐山	梨树园村断面	4.0~4.0	中风险		/
		南堡镇马庄子断面	4.0~4.8	中风险		/
		陡沿沽村断面	4.0~4.0	中风险		/
	沧州	岐口村断面	3.3~5.3	中风险		/
		赵家堡断面	3.3~5.3	中风险		/
		冯家堡断面	4.3~4.3	中风险		/
山东省	滨州	无棣县	3.2~4.8	中风险		中风险
		沾化县	3.2~3.8	中风险		中风险
	潍坊	滨海断面	2.0~3.8	中风险		/
		昌邑柳疃断面	3.2~3.2	中风险		/
		昌邑下营断面	3.2~3.2	中风险		/
		寒亭断面	6.3~7.2	高风险		高风险
		寿光断面	3.3~5.0	中风险		/
	烟台	朱旺断面	3.3~4.0	中风险		中风险
		海庙断面	2.5~4.0	中风险		中风险
	威海	张村断面	3.5~5.3	中风险		中风险
		初村断面	3.3~6.0	中风险		中风险
	青岛	丁字湾A断面	3.3~6.8	高风险		高风险
		丁字湾B断面	3.3~6.8	高风险		高风险
		丁字湾C断面	3.3~6.5	中风险		/

备注:若断面各测站风险强度不同,一般采用"少数服从多数"原则;若比例相同采用"就高不就低"原则。

山东省土壤盐渍化评价结果见表 5-49。山东省沿海地区土壤盐渍化风险为中高风险区,风险强度在 2.0~7.2 之间,平均值为 4.1。滨州无棣及沾化水位埋深小,加上盐田及海水养殖把盐水引入陆地等人为因素影响,导致区域土壤盐渍化风险程度为中风险;潍坊寒亭和寿光地下水矿化度和土壤含盐量高,导致区域土壤盐渍化较严重,从而成为土壤盐渍化风险度最高区域,潍坊其他监测区域为中度风险;烟台朱旺—海庙及威海张村一带土壤盐渍化程度较轻,为土壤盐渍化中度风险区域。青岛丁字湾地下水和矿化度较高,导致监测区域为土壤盐渍化中高风险区域。与 2013 年风险评价结果相比,山东省近岸海域风险强度趋于稳定。

(六)海岸侵蚀风险评价

各岸线侵蚀风险评价指标特征如下:

(1)辽宁省。

①葫芦岛绥中六股河—止锚湾(二河口—天龙寺)岸段。

该岸段侵蚀速率为 0.4~1.6 m/a,属于轻度、中度岸线侵蚀。岸线类型以砂质岸线为主,沙滩滩面略宽,有少量植被覆盖。海岸线附近水动力较弱,河口向海方向有拦门沙坝;潮差 2.06 m,浪高不到 1 m,全年未出现风暴潮;降雨较为充沛,降雨量达 642 mm/a。

该岸段为自然岸线,邻近滨海道路,周边居住人口不多,约 284 人/平方千米,周边无特殊生态系统及保护区等,岸线侵蚀对社会经济影响不大。

②营口沙岗镇—团山镇,归州—白沙湾岸段。

该段岸线侵蚀速率为 1~2 m/a,属于中度岸线侵蚀。岸线类型为淤泥质、砂质,区间有国家团山海蚀地貌海洋保护区。岸滩略窄,宽度少于 20 m,滩面覆盖少量灌木丛,向海方向有拦门沙坝。

岸线利用类型主要为盐田及海洋工程,邻近主干道,附近有省级旅游景观,人口密度达 489 人/平方千米。

(2)河北省。

2008 年至 2013 年间主要对河北省滦河口至戴河口岸段进行了重点监测,侵蚀速率 8~98.4 m/a,蚀退严重,岸线蚀退主导因素(特别是 2013 年)为人工取沙等活动。

滦河口至戴河口岸滩以砂泥质及人工岸线为主,岸滩宽阔,无植被覆盖,向海方向无遮蔽屏障。邻近海域以不正规半日潮为主,最高潮水位为 2.05 m,平均高潮水位为 1.73 m。潮流为不正规半日潮流,涨潮流向西南,落潮流向东北,呈往复流。近海区由于地势开阔,潮流强度较弱,最大潮流流速为 0.9 海里/时,一般为 0.5~0.7 海里/时。沿岸昌黎县年降雨量平均为 695.6 mm,年际降雨量变化大,以夏季最多,冬季最少(《昌黎县旅游发展规划纲要(2006—2010 年)》)。

昌黎县人口密度约 372 人/平方千米,岸线开发利用比例不高。岸线利用类型包括自然岸线、渔业养殖及海洋工程,其中以自然岸线所占比例最大,主要用于旅游开发,包括有著名的昌黎黄金海岸国家自然保护区。

（3）山东省。

①滨州市岸段。

由于风暴潮等冲击，滨州市岸线侵蚀速率大于 3 m/a，属于重度岸线侵蚀。滨州市海岸滩面较窄，无植被覆盖，平时海洋水动力较弱，潮差平均 1.9 m，浪高低于 0.3 m。岸段侵蚀主要受风暴潮影响，岸线主要为自然岸线，向海无人工防护，存在水下沙坝，存在岸线侵蚀风险；特别是滨州旺子岛贝壳堤岛与湿地国家级自然保护区周边，岸线侵蚀风险亟须关注。

②黄河三角洲岸段。

本文黄河三角洲岸段主要为黄河口至小青河口岸段。2008～2011 年，由于黄河水沙供给缺乏，海岸线遭受侵蚀迅速蚀退，平均侵蚀速率达 122.0 m/a。该段岸线类型为淤泥质，周边为黄河口生态旅游区，岸线侵蚀防护迫在眉睫。

③莱州湾岸段。

2008～2012 年莱州湾岸段平均侵蚀速率为 3.6 m/a，属于重度侵蚀。该段岸线类型为砂质岸线，滩面较宽，岸线蚀退风险中等，但是需密切关注岸线下蚀。周边以农渔业开发为主，无主要交通干道及敏感目标。

④龙口—烟台岸段。

近年来由于人工围填海规模增加，龙口—烟台人工岸线持续增加，自然岸线保有率大幅降低。岸线侵蚀速率由 2003 年的 1.41 m/a 迅速增加为 2009 年的 4.6 m/a，2014 年侵蚀岸线长度、侵蚀面积及侵蚀速率减缓。该岸段属于烟台蓬莱，岸线周边有交通主干道及旅游景区（蓬莱阁），岸线侵蚀风险易损度较高。

⑤青岛岸段。

青岛多为砂质或基岩岸线，局部岸段存在较为明显的侵蚀现象，特别是石雀滩等岸段，滩面狭窄，涨潮时海水淹没滩面，受波浪冲击岸线侵蚀较为严重。青岛多为旅游岸线，且部分岸段无人工防护，岸线侵蚀对社会经济、人身安全影响较大，岸线侵蚀风险亟须关注。

2. 岸线侵蚀风险评价

根据岸线侵蚀风险评价方法，根据岸线侵蚀监测数据，结合其周边海洋水文、地质地貌及社会开发程度等风险评价指标，分析监测区域岸线侵蚀风险强度，讨论北海区岸线侵蚀风险现状及治理措施。根据监测资料，对北海区 10 个岸段进行了岸线侵蚀风险评价，其中辽宁省 2 个岸段，河北省 1 个岸段，山东省 7 个岸段。

根据北海区岸线侵蚀风险评价风险度及易损度对比图（图 5-29），监测岸线风险度及易损度均为中、高级，表明监测岸段岸线侵蚀程度较高，岸线侵蚀对周边生态环境、经济社会发展等影响较大。其中，山东北部莱州湾黄河口—小清河口岸段及莱州湾东岸岸段、青岛石雀滩风险度达高级；营口沙岗镇—团山镇—归州—白沙湾岸段及滨州市无棣旺子岛岸段易损度达高级。

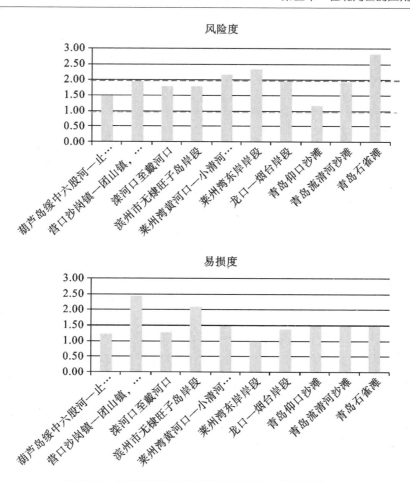

图 5-29 北海区岸线侵蚀风险评价风险度及易损度对比

根据北海区岸线侵蚀风险评价指数（表 5-50）及北海区岸线侵蚀风险评价图（附图6），北海区监测岸段岸线侵蚀以中、低风险为主，其中辽宁营口沙岗镇—团山镇—归州—白沙湾、山东滨州市无棣旺子岛岸段、莱州湾黄河口—小清河口岸段和青岛石雀滩岸线侵蚀均为中风险，风险评价指数分别为 4.53,3.77,3.24 和 4.19,其他岸段为低风险。

表 5-50 北海区岸线侵蚀风险指数

监测岸段	风险度	易损度	风险指数	风险标识
葫芦岛绥中六股河—止锚湾 （二河口—天龙寺）	1.49	1.23	1.83	
营口沙岗镇—团山镇,归州—白沙湾	1.96	2.45	4.79	
滦河口至戴河口	1.81	1.28	2.32	
滨州市无棣旺子岛岸段	1.80	2.10	3.77	
莱州湾黄河口—小清河口岸段	2.17	1.49	3.24	

监测岸段	风险度	易损度	风险指数	风险标识
莱州湾东岸岸段	2.36	1.00	2.36	
龙口—烟台岸段	2.00	1.38	2.74	
青岛仰口沙滩	1.19	1.50	1.78	
青岛流清河沙滩	1.94	1.496	2.90	
青岛石雀滩	2.85	1.47	4.19	

3. 原因分析

根据北海区岸线侵蚀风险评价，北海区岸线侵蚀现象普遍，特别是营口沙岗镇—团山镇—归州—白沙湾、滨州市无棣旺子岛岸段、莱州湾黄河口—小清河口岸段和青岛石雀滩均为中度风险。

不同岸段诱发岸线侵蚀风险原因不同。辽宁省营口沙岗镇—团山镇—归州—白沙湾主要为砂质岸滩，沙滩多裸露，侵蚀严重，侵蚀速率最高达 4 m/a；并且，岸线周边多为海洋工程开发，邻近交通主干道及国家团山海蚀地貌海洋保护区，岸线一旦发生侵蚀导致的社会及经济损失较大，即岸线侵蚀风险评价中易损度指标偏高。

山东省滨州市无棣旺子岛岸段和莱州湾黄河口—小清河口岸段位于山东省东北部，为淤泥质岸段。两段岸线侵蚀严重，特别是黄河口—小清河口岸段最大侵蚀速率达 122 m/a。除此之外，两段岸线区间分布有滨州旺子岛贝壳堤岛与湿地国家级自然保护区及黄河三角洲国家级自然保护区，岸线侵蚀对自然保护区带来严峻挑战。青岛石雀滩属于天然沙滩，以其独特"石、滩、崖"的自然地貌形成著名的旅游景观。但是，该段岸滩滩面较窄，且缺少天然屏障或人工护岸，风暴潮等对岸滩冲刷严重，蚀退速率达 4 m/a，侵蚀现象严重，岸线侵蚀风险评价中风险度指标偏高。

根据北海区岸线侵蚀现状，其岸线侵蚀风险原因如下：

①沙滩多为裸滩，且无水体遮蔽屏障，部分岸线无护坡或护坡损坏。

②风暴潮冲击岸线是短期岸线侵蚀的主要原因，海平面变化导致岸线侵蚀是一长期过程，需要以后密切关注。

③人类挖沙、拦沙坝等工程导致入海输沙量减少，岸滩供给不平衡。

④对重点海洋工程、旅游景观及生态系统保护区等未能做到合理保护，开发过重。

⑤规划建设不合理，对岸线侵蚀严重地区应避开重要交通线路或海洋工程建设，尽量减少经济及社会损失。

（七）渤海石油勘探开发溢油风险评价

（1）渤海石油勘探开发溢油危险度。

图 5-30 为渤海石油勘探开发溢油危险度等级图。

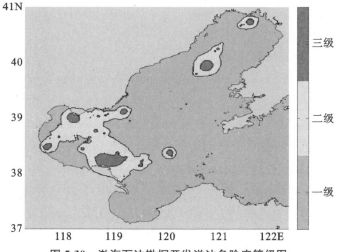

图 5-30　渤海石油勘探开发溢油危险度等级图

从图中可以看出,溢油危险度等级为高的海域多分布在渤海湾和辽东湾,渤海湾主要位于海湾西北、西南以及黄河口北部海域(渤西、南堡、埕岛等油田区),辽东湾主要位于海湾中部以及东北部海域(绥中、锦州、辽河等油田区),渤海中部蓬莱 19-3 油田海域溢油危险度等级也为高,溢油危险度等级为高的海域总面积约 0.24 万平方千米,占渤海总面积的 3%;高溢油危险度等级海域的附近海域为中溢油危险度等级海域,其总面积约 1.36 万平方千米,占渤海总面积的 18%;其他海域为低溢油危险度等级海域,总面积约 6.1 万平方千米,占渤海总面积的 79%。

(2)渤海石油勘探开发溢油易损度。

图 5-31 为渤海石油勘探开发溢油危险度等级图。从图中可以看出,溢油高度敏感区主要分布在三大湾近岸海域,总面积约为 1.34 万平方千米,占渤海总面积的 17%,溢油低度敏感区主要分布在渤海中部海域,总面积约为 3.16 万平方千米,占渤海总面积的 41%,其他海域为溢油中度敏感区,总面积约为 3.2 万平方千米,占渤海总面积的 42%。

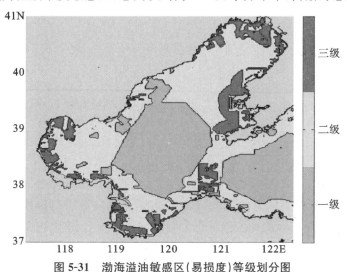

图 5-31　渤海溢油敏感区(易损度)等级划分图

（3）渤海石油勘探开发溢油风险度。

再根据计算结果将溢油风险分为高、中、低三级。

(八)危险化学品泄漏风险评价

通过对北海区沿海危险化学品企业和码头的资料数据收集,结合周边自然环境及社会经济环境现状的调查,筛选并确定危险化学品风险评价指标及其权重,根据风险评价模型计算北海区沿海区域危险化学品泄漏风险程度。根据风险评价数据编制北海区危险化学品风险评价及区划图件,分析北海区危险化学品风险状况、风险源及风险影响,为环境保护及风险防治提供管理措施及技术保障。

通过对沿海各市危险化学品企业和码头的资料收集,采用危险化学品评价方法中的风险指数模型进行评价,即风险(R)＝危险度(P)×易损度(C),其中危险度评价指标有:危险化学品储存量、毒性/爆炸性、既往事故情况和最大存储容器容量,易损度评价指标包括:居民密度、生物资源、旅游资源、港口工业资源,具体的危险化学品码头及沿海企业风险评价指标赋值及权重请见表5-51。

表5-51 危险化学品码头及沿海企业风险评价指标赋值及权重

评价指标		权重	指标赋值		
			1	2	3
危险度 P	危险化学品储存量（万吨）	0.31	≤50	50～200	≥200
	毒性/爆炸性	0.35	易燃、其他化学品	爆炸性、有毒气体	剧毒气体
	既往事故情况	0.19	≤100	100～400	≥400
	最大存储容器储存量（t）	0.15	≤10	10～40	≥40
易损度 C	人口密度（万人/平方千米）	0.35	<0.1	0.1～1	≥1
	生物资源	0.35	与人类食用有关的工业用水区	水产养殖区	海洋渔业水域、海上自然保护区和珍稀濒危海洋生物保护区
	旅游资源	0.20	滨海风景旅游区	人体直接接触海水的海上运动或娱乐区	海水浴场
	港口工业资源	0.10	海洋开发作业区	海洋港口水域	一般工业用水区

针对北海区危险化学品风险源资料收集情况,部分风险源数据不完整,因此仅根据目前已收集到的包含完整信息的北海区危险化学品风险源进行风险评价,根据评价方法,北海区的危险化学品风险源各指标得分与最终风险得分如表5-52所示。

从表中可以看出,北海区危险化学品低风险风险源占多数,为46例,占总数量的76％,中风险风险源数量为18例,占总数的24％,无高风险风险源。其中风险度最高的风险源为日照港岚山港区中作业区和岚山港务有限公司化工码头 1♯和 2♯泊位,风险度为 4.6,青岛环海石油化工科技开发有限公司、青岛丽东化工有限公司、中国石化销售有限公司华北分公司济南输油管理处青岛站/鲁皖管道二期东线和青岛益佳阳鸿燃料油有限公司风险等级最低,为 0.9。虽然部分危险化学品风险源等级较低,但并不是对其的关注度就相应的要低,比如南疆石化小区、天津大沽化工股份有限公司等天津企业虽然风险度是低风险,但是化学品均为高危险性化学品,并且单罐的存储量均很大,也需要给予重视。

表 5-52　危险化学品风险源风险程度划分结果

序号	单位名称	风险等级	风险指数	颜色标识
1	中国石油化工股份有限公司管道储运分公司黄岛油库	低风险	1.46	
2	青岛环海石油化工科技开发有限公司	低风险	0.9	
3	青岛丽东化工有限公司	低风险	0.9	
4	中国石化销售有限公司华北分公司济南输油管理处青岛站/鲁皖管道二期东线	低风险	0.9	
5	青岛益佳阳鸿燃料油有限公司	低风险	0.9	
6	青岛炼化公司	低风险	1.73	
7	邱博工程材料(青岛)有限公司	低风险	1.7	
8	中国船舶燃料青岛有限公司黄岛油库	低风险	1.2	
9	青岛明洋化工有限公司黄岛分公司	低风险	1.53	
10	中海油(青岛)重质油加工工程技术研究中心有限公司	低风险	1.0	
11	青岛丽星物流有限公司	低风险	2.0	
12	青岛海业油码头有限公司	低风险	1.46	
13	青岛红星物流实业有限责任公司	低风险	2.7	
14	滨州港海港港区液体化工码头	低风险	2.92	
15	滨州港套尔河港区	低风险	2.86	
16	鲁北化工	低风险	2.35	
17	埕口盐化集团	低风险	1.45	
18	套尔河港区滨州港务有限公司	低风险	1.90	
19	东营港北港区	中风险	3.62	

（续表）

序号	单位名称	风险等级	风险指数	颜色标识
20	东营港东营港区 3♯、4♯ 液体化工泊位	中风险	3.62	
21	东营港东营港区 5♯、6♯、7♯、8♯ 液体化工泊位	中风险	4.18	
22	东营港东营港区 9♯、10♯ 液体化工泊位	中风险	3.62	
23	东营港东营港区四突堤 3♯、4♯ 液体化工品泊位	中风险	3.62	
24	东营港东营港区南港池 14♯～17♯ 液体化工品泊位	低风险	2.36	
25	东营国光卤水综合开发有限公司	低风险	1.45	
26	东营昌通化工有限公司	低风险	1.45	
27	山东新远盐化有限公司	低风险	1.45	
28	东营海惠工贸有限公司	低风险	1.45	
29	中国石化股份胜利油田分公司清河采油厂	低风险	1.45	
30	山东海宏实业集团有限公司	低风险	1.45	
31	东营广源盐化有限公司	低风险	1.45	
32	潍坊港西港区寿光作业区 1♯、2♯、3♯ 液化品泊位	中风险	3.13	
33	潍坊港西港区寿光作业区 4♯、5♯、6♯、7♯ 液化品泊位	中风险	3.36	
34	寿光市海惠天源化工有限公司溴素厂	低风险	2.75	
35	寿光市瑞海化工有限公司溴素厂	中风险	2.75	
36	寿光市永康化学第二分公司溴素厂	低风险	2.75	
37	寿光市德林化工有限公司溴素厂	低风险	2.75	
38	寿光市宏宇化工有限公司溴素厂	低风险	2.75	
39	寿光市万泰化工有限公司溴素厂	中风险	2.75	
40	莱州港	中风险	3.55	
41	烟台港西港区液体化工仓储物流中心	低风险	2.92	
42	蓬莱安邦油港有限公司	低风险	2.62	
43	威洋石油有限公司	低风险	2	
44	富海华液体化工油库	低风险	2	

（续表）

序号	单位名称	风险等级	风险指数	颜色标识
45	日照港岚山港区童海2×10 000 DWT 液体散货泊位	低风险	2.62	
46	日照港岚山港区中作业区	中风险	4.64	
47	山东童海港业股份有限公司	低风险	2.62	
48	岚桥集团液体化工泊位	中风险	3.24	
49	岚桥港务有限公司罐区	低风险	2.62	
50	山东岚山孚宝仓储有限公司	中风险	4.02	
51	岚山港务有限公司化工码头1♯和2♯泊位	中风险	4.64	
52	岚山港务有限公司化工码头配套罐区	中风险	4.02	
53	岚桥港务有限公司罐区	低风险	2.62	
54	日照海明公司	中风险	3.24	
55	中国石化国际事业有限公司	低风险	2	
56	盘锦和运新材料有限公司	低风险	1.1	
57	大连石化公司	中风险	3.33	
58	大连港石化有限公司	低风险	2.2	
59	大连港油品码头公司	中风险	3.65	
60	福佳·大化码头	低风险	1.3	
61	逸盛大化石化有限公司码头	中风险	3.46	
62	天津港	低风险	2.55	
63	渤西油气处理厂	低风险	1.815	
64	天津大沽化工股份有限公司	低风险	2.541	
65	南疆石化小区	低风险	1.771	
66	中化天津港石化仓储区	低风险	1.43	
67	天津汇荣石油有限公司	低风险	1.3	
68	曹妃甸石化工业区	低风险	1.4	
69	京唐港液体化工码头	低风险	1.3	

第五节 海洋环境风险区划

一、风险区划图件总体制作说明

(1)参照"北海区 2014 年海洋环境风险评价方法"图件编制要求,所有图件均使用软件 ArcGIS10.0 绘制而成。

(2)图件投影采用高斯—克里格投影,WGS-84 坐标系,高程基准为国家 85 高程。

(3)所有专题图件均采用 A4 幅面。

(4)图件包含一定陆域范围,其主要地理要素包括市县界线、海岸线和文字标注等。

(5)图件必要的整饰内容,包括图廓、图名、比例尺和图例。

二、风险区划

(一)赤潮风险

根据管理需要,形成赤潮危险度区划图和赤潮风险区划图两份图件。赤潮风险区划网格大小:$1' \times 1'$,网格是赋值最小单元,网格内无论部分或全部面积有赤潮发生,都判断为有赤潮发生。

将赤潮频率、面积、严重程度等危险度指标的评价结果落在划分好网格的底图上,形成赤潮危险度区划图。

将根据敏感区面积比例计算得到的赤潮易损度结果赋值给每个网格,与赤潮危险度区划图叠加,形成赤潮风险区划图(附图 1)。赤潮危险度划分为高、中、低三个等级,等级标准与颜色标识见表 5-53,赤潮风险区划等级划分为低、中、高三个等级,等级标准与颜色标识见表 5-54。

表 5-53 赤潮危险度划分及颜色标识

危险度高低	危险度划分标准	颜色标识
低危险度	0～1	
中危险度	1～2	
高危险度	2～3	

表 5-54　赤潮风险区划等级划分及颜色标识

风险等级	风险强度	颜色标识
低风险	$H_R \leqslant 3$	
中风险	$3 < H_R \leqslant 6$	
高风险	$6 < H_R \leqslant 9$	

评价结果表明：高风险区域约占评价海域的 2.96％，中风险区域约占评价海域的 14.4％，低风险区域约占评价海域的 82.6％。

其中，辽宁省沿海除了大连市的星海湾、丹东市的鸭绿江口、大鹿岛为赤潮中度风险海域以外，其余赤潮海域均属于赤潮低风险海域。

天津近岸海域风险较高的区域主要分布在汉沽贝类增养殖区以及北塘附近海域，具体为汉沽浅海生态系统海洋特别保护区附近海域以及永定新河北治导线以北的滨海旅游休闲娱乐区和临近的汉沽农渔业区。

山东近岸海域中，烟台四十里湾为赤潮高风险区，威海乳山近海及日照近海为赤潮中风险区，其他海域为赤潮灾害低风险区。青岛市赤潮多发海域为中风险，具体为浮山湾和胶州湾北部。

(二)绿潮风险

以各市近岸海域为评价单元，风险区划网格大小：$1' \times 1'$。按照上述指标分别计算各评价单元的危险度、易损度及风险指数。

(1)绿潮危险度分布图(HH)：反映绿潮发生的概率及绿潮灾害的严重性。

结合历年北海区海域绿潮分布图，按各市历年绿潮发生情况进行分析，由危险度评估指标计算各市海域的危险度值，见表 5-55，绘制北海区危险度分布图(图 5-32)。

表 5-55　北海区近岸海域绿潮危险度评估

区域	危险度值 H_H	等级	颜色标识
日照	$0.5 \times 3 + 0.3 \times 2 + 0.2 \times 3 = 2.7$	高	
青岛	$0.5 \times 3 + 0.3 \times 2 + 0.2 \times 3 = 2.7$	高	
海阳	$0.5 \times 3 + 0.3 \times 2 + 0.2 \times 3 = 2.7$	高	
乳山	$0.5 \times 2 + 0.3 \times 1 + 0.2 \times 2 = 1.7$	中	
其他省市	$< 0.5 \times 1 + 0.3 \times 1 + 0.2 \times 1 = 1$	低	

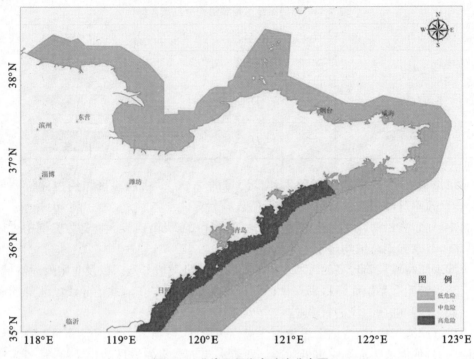

图 5-32 北海区绿潮危险度分布图

(2)绿潮区划(H_R)。

根据危险度分布图,将管辖海域进行网格化,网格大小为 $1' \times 1'$,由 ArcGIS 软件导出每个网格的危险度值。

根据功能区划,将渔业用海、保护区、旅游用海区域赋值为 3,港口航运区易损度赋值为 2,其他用海为 1,由 ArcGIS 软件导出每个网格的易损度值。

风险强度计算:

根据每个网格的危险度、易损度赋值,对每个网格的风险强度进行计算:

$$H_R = H_H \times H_V$$

根据表 5-56 对每个网格的风险强度进行等级划分,最终形成北海区(主要是黄海中部)绿潮风险区划图(图 5-33)。

表 5-56　绿潮风险等级划分标准与颜色标识标准

风险等级	风险强度	颜色标识
低风险	$0 \leqslant R < 3$	
中风险	$1 \leqslant R \leqslant 6$	
高风险	$6 < R \leqslant 9$	

由图可以看出,北海区绿潮的高风险区主要集中在山东省海阳、青岛、海阳近岸海域,乳山市海域属于中风险区,其他省市近岸海域偶有或无绿潮发生历史,属于低风险区。

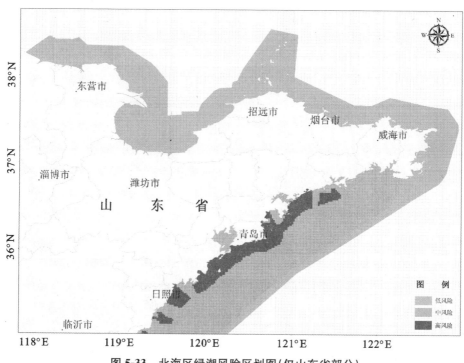

图 5-33 北海区绿潮风险区划图(仅山东省部分)

具体而言,青岛辖区沿岸池塘养殖区和浅海养殖区;崂山区沿岸风景旅游区;市南海滨风景区(包括奥帆中心及临近海域、一浴、二浴、三浴、六浴等海水浴场);青岛大公岛岛屿生态系统省级自然保护区、胶南灵山岛省级自然保护区及邻近海域为绿潮高风险区,主要集中在距岸约 16 km 范围之内。

(三)水母风险

根据水母旺发风险评价方法,水母旺发风险等级划分为 3 级,形成水母旺发风险区划图,其分辨率为 $1' \times 1'$ 网格,不同风险度和危险度等级采用不同颜色标识,等级标准及颜色标识见表 5-57。

表 5-57 水母旺发风险区划专题图制作图例说明

等级标准	颜色标识	图例说明
低风险		面状,其中填充颜色为 RGB(0,197,255),轮廓无填充
中风险		面状,其中填充颜色为 RGB(255,170,0),轮廓无填充
高风险		面状,其中填充颜色为 RGB(255,0,0),轮廓无填充

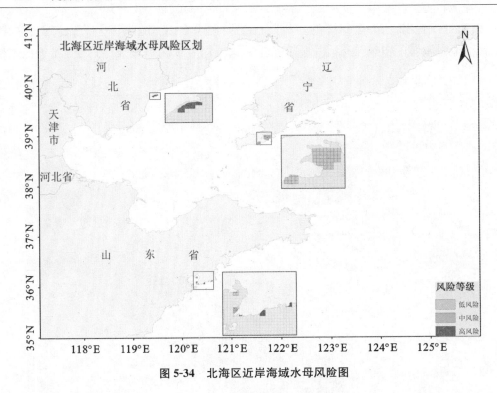

图 5-34　北海区近岸海域水母风险图

北海区近岸海域水母风险图见图 5-34,从图中可以看出,青岛第一海水浴场、石老人海水浴场、青岛流清湾、秦皇岛近岸几处海域为水母灾害的高风险区,其主要风险为有毒水母对人体和养殖生物的危害。

(四)海水入侵

(1)各监测断面海水入侵风险。

根据海水入侵风险评价方法,结合北海区海水入侵特点及其周边自然环境、开发环境现状,对各测站海水入侵程度、地下水位埋深、近 3 年海水入侵程度变化及地下水位变化、周边人口密度、单位面积耕地比例等进行综合分析,以进行北海区海水入侵风险评价。其中,各测站海水入侵程度、地下水位埋深、近 3 年海水入侵程度变化及地下水位变化采用北海区 2012~2014 年三年监测数据;周边人口密度、单位面积耕地比例以地市为单位进行统计。

表 5-58　2014 年北海区海水入侵风险评价结果

地市	断面名称	风险强度	风险级别	风险强度标识
大连	大连甘井子区断面	2.4~4.7	中风险	
	金州区断面	4.7~4.7	中风险	
营口	营口西崴子断面	3.2~4.7	中风险	
	营口西河口断面	3.6~5.0	中风险	

（续表）

地市	断面名称	风险强度	风险级别	风险强度标识
盘锦	盘锦唐家乡北窑村	3.1～3.5	中风险	
	盘锦清水乡永红村	3.1～3.5	中风险	
锦州	锦州何屯断面	4.0～4.0	中风险	
	锦州崔屯断面	4.0～5.3	中风险	
葫芦岛	龙港区北港镇	3.1～4.3	中风险	
	龙港区连湾镇	2.8～4.3	中风险	
丹东	东港西线断面	1.0～2.4	低风险	
	丹东长山断面	1.7～2.1	低风险	
秦皇岛	秦皇岛抚宁断面	2.3～5.3	中风险	
	秦皇岛昌黎断面	2.5～3.1	低风险	
	秦皇岛马坨店乡断面	2.0～2.0	低风险	
唐山	唐山梨树园村断面	2.4～2.8	低风险	
	唐山南堡镇马庄子断面	2.4～5.3	中风险	
	唐山陡沿沽村断面	2.4～4.8	低风险	
沧州	沧州岐口村断面	6.0～6.0	高风险	
	沧州赵家堡断面	6.0～6.0	高风险	
	沧州冯家堡断面	6.0～6.0	高风险	
滨州	滨州无棣县	3.6～4.0	中风险	
	滨州沾化县	3.3～4.0	中风险	
潍坊	滨海断面	4.8～6.6	高风险	
	昌邑柳瞳断面	5.3～6.6	高风险	
	昌邑下营断面	5.3～6.6	高风险	
	寒亭断面	5.0～6.6	高风险	
	寿光断面	5.8～6.6	高风险	

地市	断面名称	风险强度	风险级别	风险强度标识
烟台	烟台朱旺断面	4.3~6.2	高风险	■
	烟台海庙断面	4.6~5.0	中风险	■
威海	威海张村断面	2.7~5.2	中风险	■
	威海初村断面	2.4~3.2	低风险	■
青岛	丁字湾 A 断面	3.2~6.4	中风险	■
	丁字湾 B 断面	2.4~6.4	高风险	■
	丁字湾 C 断面	3.2~5.6	中风险	■

分析表明,海水入侵风险度介于 1.0~2.7 之间,平均值为 1.8,中值为 2.0,各测站海水入侵风险度以中、高值为主,分别占测站总数的 49% 及 51%。说明北海区滨海平原地区生态环境脆弱,海水入侵出现概率极大。

海水入侵易损度介于 1.0~3.0 之间,平均值为 2.3,中值为 2.4,各测站海水入侵易损度以中、高值为主,易损度高值站位占测站总数的 93%。结果表明,海水入侵对北海区人类活动、生产开发等带来较为严峻的考验。这与北海区滨海平原地区人口密集,人类开发活动以农业为主,用水强度大,淡水资源尤为珍贵相一致;海水入侵对该区域人类生活及活动开发影响很大。

综合分析,各断面海水入侵风险评价介于 1.0~6.6 之间,平均值为 4.2,中值为 4.0。相比之下,海水入侵风险以中风险为主,低风险、中风险、高风险分别占 25%,52% 和 23%。

(2)区域海水入侵风险。

结合各测站海水入侵风险评价,对监测断面、站位较密集的地区(如潍坊),进行海水入侵风险区域评价,区域风险指数取各测站风险指数均值,并绘制相应风险区划图。

2014 年北海区海水入侵风险区划评价见表 5-59。

表 5-59　海水入侵风险评价等级划分及颜色标识

风险等级	风险指数	颜色标识
低风险	SWI<3	■
中风险	3≤SWI<6	■
高风险	SWI≥6	■

表 5-60　海水入侵风险区域评价

地市	风险指数	风险等级	颜色标识
大连	4.1	中风险	
营口	4.1	中风险	
盘锦	3.3	中风险	
锦州	4.3	中风险	
葫芦岛	3.5	中风险	
丹东	1.8	低风险	
秦皇岛	2.9	低风险	
唐山	3.2	中风险	
沧州	6.0	高风险	
滨州	3.7	中风险	
潍坊	6.2	高风险	
烟台	5.0	中风险	
威海	3.1	中风险	
青岛	4.9	中风险	

　　结果表明,除河北秦皇岛及辽宁丹东之外,北海区滨海平原地区海水入侵以中、高风险为主,海水入侵风险形势严峻,特别是河北沧州、山东潍坊地区海水入侵风险尤为严重,为海水入侵高风险。

　　究其原因,河北秦皇岛沿海区域海水入侵程度不高,近3年地下水位变化不大,使得海水入侵状况未进一步恶化;辽宁丹东海水入侵程度不高,且该区域人口较少,耕地比例不大,海水入侵易损度较低,相应海水入侵风险有限。因此,河北秦皇岛与辽宁丹东海水入侵为低风险。但是由于愈来愈严重的地下水开采等因素,对于该类低风险区仍应密切关注,对已有海水入侵区域积极进行改善,防止导致海水入侵风险加重因素的发生。

　　其他监测区域均为海水入侵中、高风险区,特别是河北沧州、山东潍坊地区,多年来均为盐碱地,海水入侵程度严重;且监测区域人口密度大,耕地等用水产业占较大比重,海水入侵致使易损度较高,导致海水入侵风险尤为严重。因此,应积极采取措施如控制地下水开采、加强植被保护、种质耐碱植被等改善土壤土质、合理控制围填海等用海项目，以防止海水入侵状况持续恶化，阻止海水入侵风险继续加大。

(五)土壤盐渍化风险

通过分析表明，北海区土壤盐渍化风险强度在 2.0～8.1 之间，平均值为 4.3，监测站土壤盐渍化风险强度以中风险为主，占测站总数的 76%，说明北海区滨海平原地区由于受地质条件与气候因素的影响，水位埋深小，地下水矿化度大，土壤全盐量高，且蒸降比较高，是土壤盐渍化灾害的易发区。

通过土壤盐渍化风险评价结果，在地图上通过颜色的不同标注其不同的风险评价结果。土壤盐渍化风险等级划分为 3 级，不同等级采用不同颜色标识，等级标准及颜色标识如表 5-60 所示(红色，高风险；黄色，中风险；蓝色，低风险)。

表 5-61　土壤盐渍化风险评价等级划分及颜色标识

风险等级	风险指数	颜色标识	图例说明
低风险	R<3		点状，其中填充颜色为 RGB(0,197,255)，轮廓无填充
中风险	3≤R≤6		点状，其中填充颜色为 RGB(255,170,0)，轮廓无填充
高风险	R>6		点状，其中填充颜色为 RGB(255,0,0)，轮廓无填充

(六)海岸侵蚀风险

根据岸线侵蚀风险评价，对监测岸段进行风险区划划分，划分单元是监测岸段所在 $1' \times 1'$ 网格。

评价表明，辽宁省的营口沙岗镇—团山镇和归州—白沙湾、山东省滨州市无棣旺子岛岸段和莱州湾黄河口—小清河口岸段、青岛市的石雀滩为中度风险。

(七)渤海石油勘探开发溢油风险

图 5-35 为渤海石油勘探开发溢油风险区划图。渤海石油勘探开发溢油风险计算可知，溢油风险等级为高的海域主要分布在渤海湾和辽东湾，渤海湾主要位于海湾西北、西南以及黄河口北部海域(渤西、南堡、埕岛等油田区)，其中，辽东湾高风险区主要位于海湾中部以及东北部海域(绥中、锦州、辽河等油田区)，总面积为 0.33 万平方千米，约占渤海总面积的 4%；高溢油风险海域的附近海域、三大湾近岸海域以及渤海中部蓬莱 19-3 油田区为中溢油风险海域，总面积约 2.12 万平方千米，占渤海总面积的 28%；其他海域为低溢油风险海域，总面积约 5.25 万平方千米，占渤海总面积的 68%。

(八)危险化学品泄漏风险

附图 7 给出了北海区危险化学品风险源风险程度的分布示意图，从图中可以看出北海区危险化学品风险源比较集中，以港口为中心分布比较集中，其中莱州湾，渤海湾、大连湾及胶州湾分布较多。

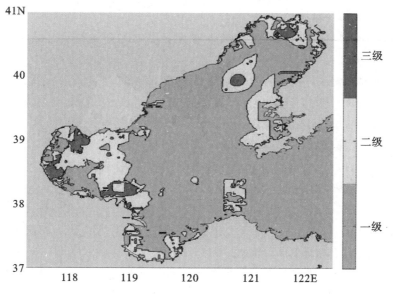

图 5-35　渤海石油勘探开发溢油风险区划图

第六节　结论与建议

一、主要结论

（1）北海区主要海洋环境风险。

北海区主要的海洋环境风险包括溢油、海水入侵和土壤盐渍化、赤潮灾害、绿潮灾害、岸线侵蚀、危险化学品泄漏等。

（2）主要海洋环境风险级别。

北海区这几种海洋环境风险以中低风险为主，但除了岸线侵蚀风险和危化品泄漏风险以外，其他几种风险都有高风险区。

其中，溢油风险源主要分布在渤海湾、辽东湾以及山东东营近海、青岛黄岛区及大连港近岸等。海水入侵高风险区主要分布在烟台莱州市朱旺—海庙一带。土壤盐渍化高风险主要分布在山东潍坊寒亭和青岛丁字湾。岸线侵蚀风险主要分布在辽宁营口沙岗镇—团山镇，归州—白沙湾岸段、山东莱州湾黄河口—小清河口岸段及莱州湾东岸岸段、青岛石雀滩岸段。赤潮高风险区多集中在赤潮高发区，主要为秦皇岛—绥中沿岸海域、天津汉沽附近海域至天津港航道以北（汉沽和北塘近岸）、烟台市四十里湾。绿潮灾害高风险区主要分布在山东半岛南岸的日照、青岛、海阳近岸海域。危险化学品泄漏风险源主要位于莱州湾、渤海湾、胶州湾及大连湾，主要风险以港口为中心分布比较集中，危险化学品种类以原油或成品油等易燃液体为主，存有苯系物、溴素等化工原料，部分化工企业存有液碱等腐蚀性危险化学品。

（3）各地主要海洋环境风险。

辽宁省主要的海洋环境风险包括溢油、赤潮灾害、海水入侵和土壤盐渍化、危险化学品泄漏等风险。

天津市主要的海洋环境风险包括赤潮风险、溢油风险、危险化学品泄漏风险。

河北省主要的海洋环境风险包括赤潮风险、海水入侵、水母旺发、土壤盐渍化等风险。

山东省主要的海洋环境风险包括岸线侵蚀、海水入侵和土壤盐渍化、溢油、危险化学品泄漏、绿潮灾害、赤潮灾害风险等风险。

（4）2008～2014年，北海区赤潮风险以中低风险为主，高风险区主要为秦皇岛—绥中沿岸海域、天津汉沽附近海域至天津港航道以北（汉沽和北塘近岸）、烟台市四十里湾，其他各个省、市均分布有赤潮中风险区，具体如下：

辽宁省沿海除了大连市的星海湾、丹东市的鸭绿江口、大鹿岛为赤潮中度风险以外，其余赤潮海域均属于赤潮低风险海域。

天津市近岸海域5月高风险区主要为汉沽贝类增养殖区以及北塘附近海域，高风险区约占天津市评价海域的2.96％；8月份赤潮高风险区面积比5月份大，主要分布在汉沽贝类增养殖区以及北塘附近海域，高风险区约占天津市评价海域的16.3％。

河北省秦皇岛—绥中沿岸为赤潮高风险区，秦皇岛市北戴河区为赤潮中风险区。

山东省近岸海域中烟台四十里湾为赤潮高风险区，威海乳山近海及日照近海为赤潮中风险区，其他海域为低赤潮风险海域。

（5）山东省近岸海域大多易受到浒苔的影响，辖区沿岸分布有不少池塘养殖区、浅海养殖区、滨海旅游区、浴场及保护区等。浒苔由外海漂移而来，并不断生长增殖，每年夏季近岸海水的温度、营养盐以及气象条件适宜其生长，因近岸海域易损区域较大，因此浒苔绿潮风险持续较高，但发展趋势趋于稳定。北海区绿潮的高风险区主要集中在山东省海阳、青岛、海阳近岸海域，乳山市海域属于中风险区，其他省市近岸海域偶有或无绿潮发生历史，属于低风险区。

（6）青岛第一海水浴场、青岛石老人海水浴场、青岛流清湾、秦皇岛近岸4处海域为水母灾害的高风险区，其主要风险为有毒水母对人体和养殖生物的危害；青岛电厂取水口为水母灾害的中风险区，其主要风险为水母密度过高时对工业取水口的堵塞危害；青岛红岛近岸海域、大连星海湾为水母灾害的低风险区，上述海域的水母旺发未对养殖业和旅游业形成危害。

（7）2014年北海区海水入侵风险评价结果显示，北海区沿海滨海平原地区海水入侵风险程度不一，中、低、高三种风险均有出现。总体来看，风险评价指数以中风险为主，高风险测站主要分布在河北沧州、山东潍坊及烟台等地，低风险测站主要分布在辽宁丹东、河北秦皇岛及唐山、山东威海等地。通过对密集测站综合分析进行海水入侵风险区划，结果显示辽宁丹东及河北秦皇岛为海水入侵低风险区域，河北沧州及山东潍坊为海水入侵高风险区域，其他监测地区为海水入侵中风险区域。

因此，对北海区滨海平原地区应积极采取措施如控制地下水开采、加强植被保护、种质耐碱植被等改善土壤土质、合理控制围填海等用海项目，以防止海水入侵状况持续恶化,阻止海水入侵风险继续加大。

(8)北海区土壤盐渍化风险强度以中风险为主,说明北海区滨海平原地区由于受地质条件与气候因素的影响,水位埋深小,地下水矿化度大,土壤全盐量高,且蒸降比较高,是土壤盐渍化灾害的易发区。

其中,辽宁省沿海地区土壤盐渍化风险为中低风险区,锦州和营口主要是重盐渍化土,这两个地区土壤全盐量和地下水矿化度较高,存在风险上行的趋势,而丹东地区由于人口较少,耕地比例不大,风险强度较低。

河北省沿海地区土壤盐渍化风险为中低风险区,非盐渍化土主要分布在秦皇岛和唐山,盐土主要分布在沧州。秦皇岛和唐山土壤含盐量和地下水矿化度较低,风险强度为中低风险;沧州水位埋深较浅,人口密度和耕地比例较大,风险强度为中风险。

山东省沿海地区土壤盐渍化风险为中高风险区,滨州无棣及沾化水位埋深小,加上盐田及海水养殖把盐水引入陆地等人为因素影响,导致区域土壤盐渍化风险程度为中风险;潍坊寒亭地下水矿化度和土壤含盐量高,导致区域土壤盐渍化较严重,从而成为土壤盐渍化风险度最高区域,其他监测区域为中度风险;烟台朱旺—海庙及威海张村一带土壤盐渍化程度较轻,为土壤盐渍化中度风险区域。青岛监测区域为土壤盐渍化中高风险区域。

(9)近年来,北海区岸线侵蚀现象较为普遍,2014 年继续对北海区 10 个岸段进行了岸线侵蚀风险评价,其中辽宁省 2 个岸段,河北省 1 个岸段,山东省 7 个岸段(青岛 3 个岸段)。与 2013 年相比,各监测岸段岸线侵蚀风险指标变化不大。相比之下,营口沙岗镇—团山镇—归州—白沙湾、滨州市无棣旺子岛岸段、莱州湾黄河口—小清河口岸段和青岛石雀滩均为中风险,其他区域岸线侵蚀为低风险。归结其原因,该中风险岸段除了岸线侵蚀速率、岸滩特征等指标计算风险度较高外,该岸段邻近保护区、旅游景观等敏感目标,岸线侵蚀导致易损度较高,相应岸线侵蚀风险较高。

岸线侵蚀风险评价中,评价岸段的岸线侵蚀风险度及易损度均为中、高级,反映了北海区岸线侵蚀潜在风险较大,需要密切关注岸线动态,以做到未雨绸缪,减少岸线侵蚀灾害风险。

(10)北海区危险化学品总体风险度在中低水平,并且风险源以港口为中心分布比较集中,其中莱州湾、渤海湾、大连湾及胶州湾分布较多;危险化学品种类以原油或成品油等易燃液体为主,存有苯系物、溴素等化工原料,部分化工企业存有液碱等腐蚀性危险化学品;危险化学品风险源周围敏感目标以港口航运区、海洋保护区及养殖区及滨海旅游区为主,部分风险源靠近人类直接接触海水的海上娱乐区;北海区危险化学品风险源总体储量较高,大于 50 万吨的危险化学品风险源占到了总风险源的 64%,大部分风险源最大存储容器储存量较低,部分不详。

二、对策与建议

(一)赤潮灾害

(1)加强赤潮易发海域的监视监测预警工作。

在赤潮易发时段和易发海域加强监视监测工作,发现水质要素和水文气象要素变化异常,具备赤潮暴发的可能条件时,及时向当地政府发布赤潮灾害预警。

(2)强化政府在赤潮管理方面的职能,加强对赤潮减灾和防灾工作的重视,加大对赤潮管理工作的投入。

(3)控制富营养化物质入海负荷量、严格控制陆源污染的入海总量,尤其是有机污染物的入海。

(二)绿潮灾害

(1)加强绿潮的研究工作,从绿潮发生、发展的机理,物理化学因子等方面进行研究,制定科学合理的防治措施。

(2)加强浒苔监测预警预报。

绿潮发生时,充分利用卫星、船舶、飞机、岸站观测点、渔业志愿船等进行实况监视,对近岸海域和陆域巡航巡视,根据监视及流场、风场变化预测发展变化情况,指导地方政府科学防治。

(3)加强浒苔处置方面的管理和投入。

根据近几年积累的有效经验,浒苔绿潮发生时,组织设置浒苔拦截网、启动海上清理打捞及岸线清理准备工作,加强财政预算和组织管理,绿潮发生登陆时,及时清理,将浒苔绿潮的危害降到最低,根据青岛市历年绿潮的处置经验,需加大海上打捞的力度并增加投入。

(4)做好资源化利用工作。

由于湿浒苔产生量大、含盐分,且易腐败造成次生污染,不能作为普通垃圾堆置或填埋,更不能在海边填埋处理。开展浒苔的无害化处理,加强浒苔产品开发利用的研究。

(三)水母灾害

(1)海洋监测部门应加强对上述中、高风险海域的水母监测,做到提前预警水母的数量和漂移方向,主要为海水浴场、工业用海水单位和海水养殖户提供服务。

(2)海水浴场应竖立水母警示牌,告知游客注意避让水母和水母蜇伤的处理方法,浴场管理部门每天打捞清理浴场内的水母。

(3)水母大量暴发时,相关部门应组织水母的打捞处置工作。

(4)水母旺发风险评价的指标体系还需进一步完善,增加对其他海洋功能区的评价方法;在实际评价过程中,可能还会对评价指标权重和各指标的分级阈值进行调整。

(四)海水入侵风险

(1)避免地下水过量开采,注重对沿岸地下水的补给,在沿海地区兴建各种蓄水工程,充分利用汛期降水,加快地表水的入渗,转化为地下水。

(2)统一淡水资源规划,保证一定的河流径流量;入海河流中、上游修建水库、挡水闸及截潜流工程,导致地下水补给量不足,大潮海水沿河道上溯加速海水入侵。

(3)针对海水入侵较重的区域,加强海水入侵相关风险评价,开展地下水动力平衡研究,合理分配控制地下水的开采量。

(五)土壤盐渍化风险

(1)避免地下水过量开采,保护海岸带含水层中的淡水和海水平衡。注重对沿岸地下水的补给,在沿海地区兴建各种蓄水工程,充分利用汛期降水,加快地表水的入渗,转化为地下水。

(2)入海河流中、上游修建水库、挡水闸及截潜流工程,导致地下水补给量严重不足,大潮海水沿河道上溯加速了海水入侵;统一规划,合理调剂,保证一定的河流径流量。

(3)加强对海水池塘养殖、盐田项目的建设论证,避免人为抬高海水水位。

(4)节约农田灌溉用水,减少地下水开放式灌溉,植树造林,改善环境,建设生态农业,限制地下水开采。

(5)对沿海使用海水作业生产的企业和个人加强管理,防止将海水随意排放到陆地,形成土壤积盐。

(六)海岸侵蚀风险

岸线是重要的海洋资源之一,对岸线的保护至关重要。根据岸线侵蚀原因,防灾措施应主要致力于水动力冲刷防护及沙滩养护,主要建议如下。

(1)完善人工护岸,特别注重生态岸线建设,植被覆盖可以减少水土流失,加固岸线;

(2)加强水体遮蔽屏障修建,在岸滩之外水域即减弱风暴潮、潮流等水动力冲刷,如丁坝、潜坝、拦门沙等建设,在保堤的同时进行保滩;

(3)在海滩上进行生态修复,种植沙滩植被可以达到因滩促淤的目的;

(4)加强入海河流及岸滩的科学管理,杜绝盲目开发,注重岸滩生态文明建设。

(七)海洋溢油风险

(1)加强储油设备的维护保养,加大安全检查力度,制定健全的规范制度。

(2)加强海上交通管理,减少船舶事故发生。

(3)建立溢油应急体系,有效应对溢油污染事故。

(4)建立溢油应急组织管理机构,建立溢油监视监测体系。

(5)不断开展演习活动,提高实际作战能力。

(八)危化品泄漏风险

(1)制定详细的事故防范措施和应急措施。为减小化学危险品事故发生的概率,并减小发生事故后对环境造成的影响,应采取详细的事故防范措施和应急措施。具体包括码头溢油事故防范措施;储罐火灾风险减缓措施,在突发事故情况下泄漏的物料、消防废水和雨水控制措施,防止污染外界水体;以及输油管道油品输送风险防范措施等。

(2)制订详细快速有效的危险化学品风险应急预案,并能得到有效实行。

(3)制定完善的安全管理制度并得到有效执行,进行经常性的安全检督促,发现隐患及时整改。

第七节　附　图

附图1　北海区近岸海域赤潮风险区划

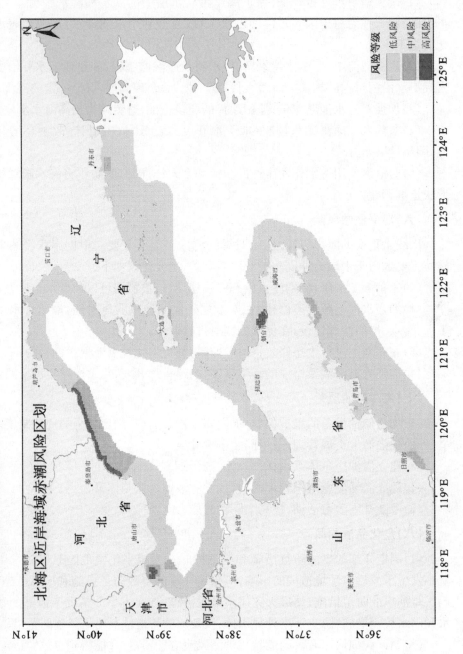

附图2　北海区近岸海域绿潮风险区划

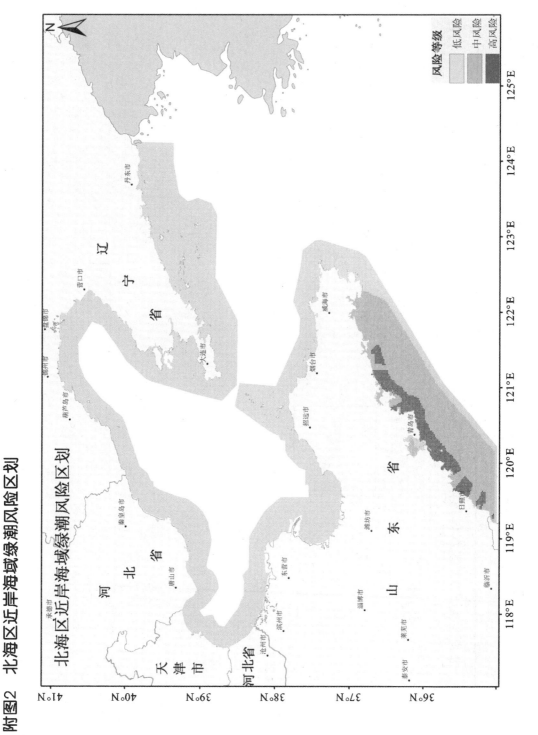

北海区近岸海域绿潮风险区划

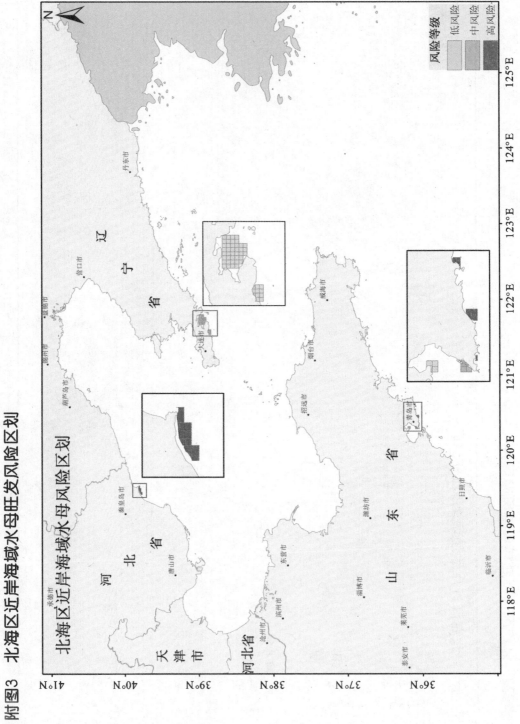

附图3 北海区近岸海域水母旺发风险区划

附图4　北海区近岸海水入侵风险区划

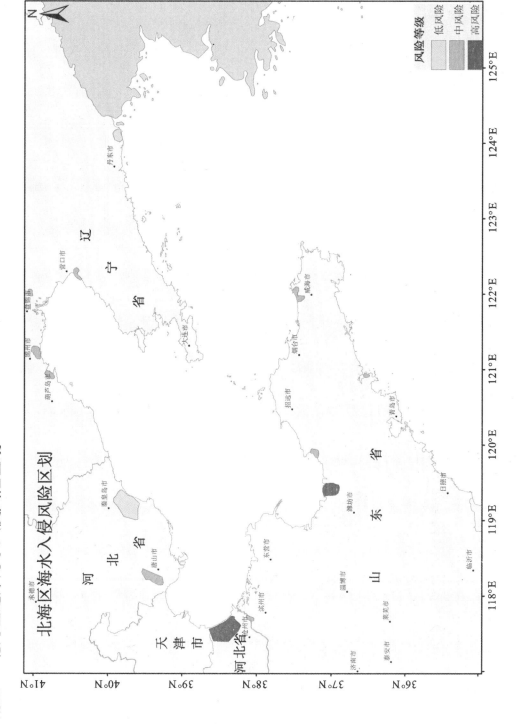

北海区海水入侵风险区划

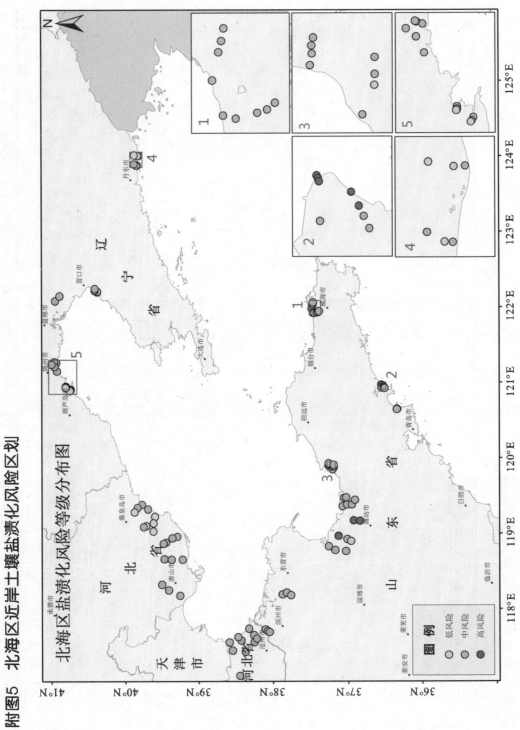

附图5　北海区近岸土壤盐渍化风险区划

附图6　北海区近岸岸线侵蚀风险区划

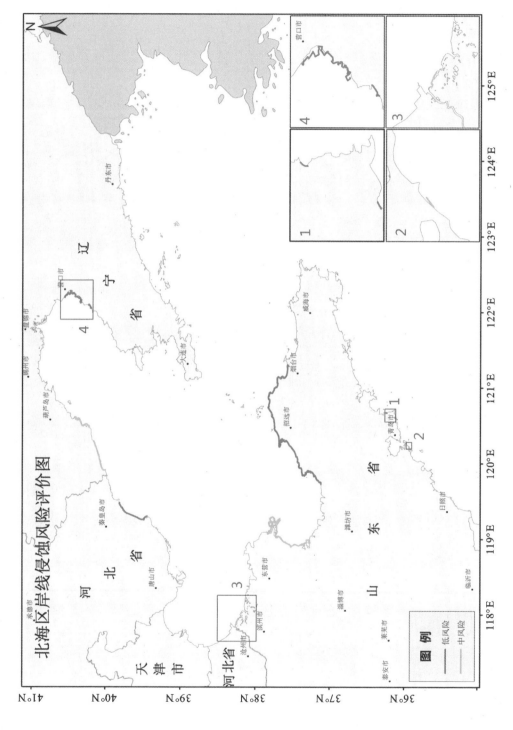

北海区岸线侵蚀风险评价图

附图7　北海区近岸海域危化品泄露风险区划

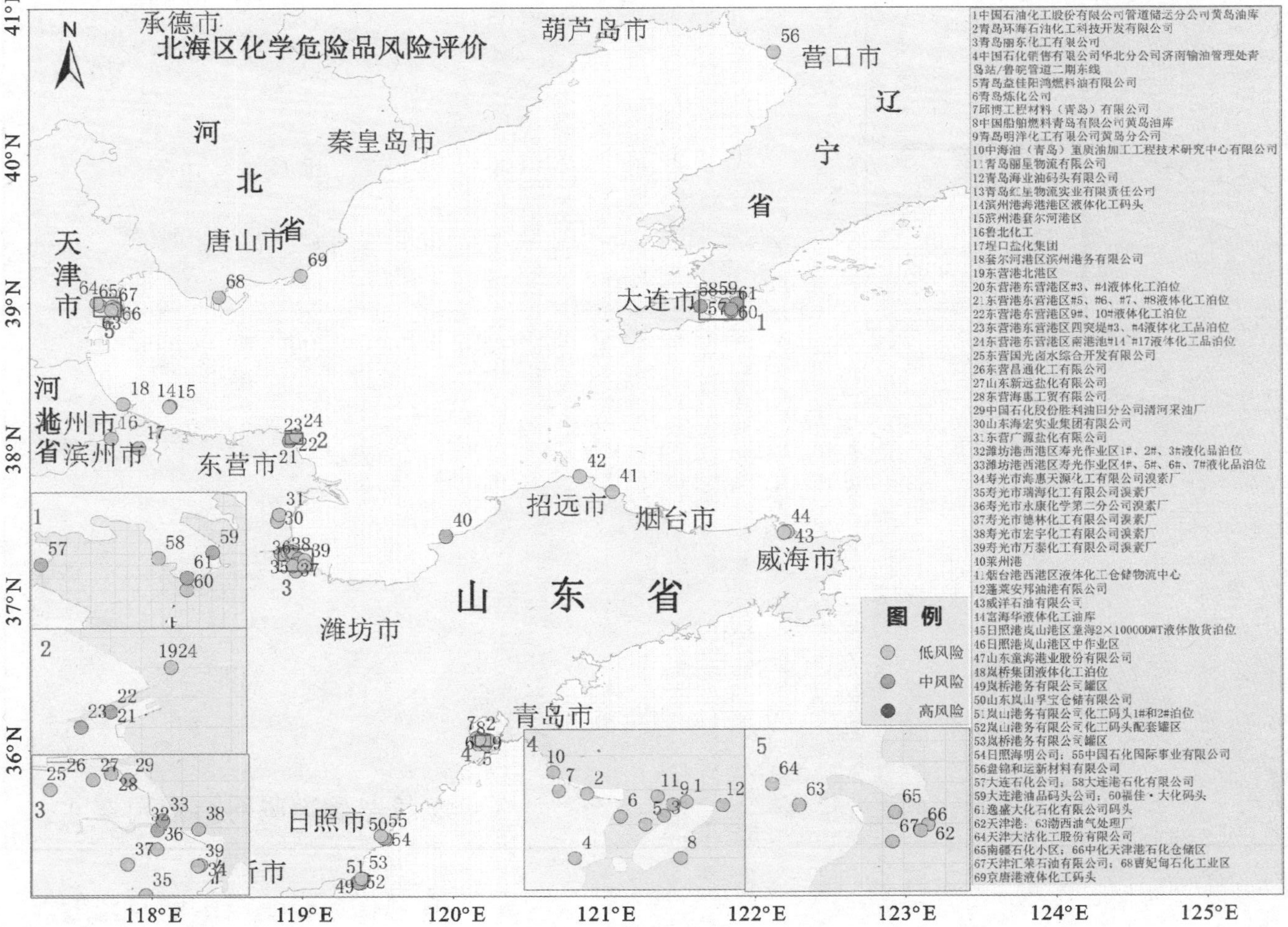

北海区化学危险品风险评价

图例
低风险　中风险　高风险

1 中国石油化工股份有限公司青岛储运分公司黄岛油库
2 青岛环瑞石油化工科技开发有限公司
3 青岛顺东化工有限公司
4 中国石化销售有限公司华北分公司济南销售管理处岸壁
乌东管线管道二期国际长线
5 青岛益佳恒阳然体科油有限公司
6 青岛矿业化公司
7 届国工程材料（青岛）有限公司
8 中国明耀新材料有限公司青岛分公司
10 中海油（青岛）重油加工有限公司黄岛油库
11 青岛国星生物制有限公司
13 青岛汇丰物流实业有限责任工
14 滨州利港务港油体化工码头
15 斥州港盘管不河港区
16 北化工
17 钓口青化集团
18 海兴河港区滨州港务有限公司
19 青洛港北港区
20 东营东方港区#3、#4液体化工泊位
21 东营港东港区#5、#6、#7、#8液体化工泊位
22 东营港东港区#9、10#液体化工泊位
23 东营港东港区南突堤#3、#4液体化工品泊位
24 东营港东港区南突堤#11、#17液体化工品泊位
25 东营国光海水综合开发有限公司
26 营昌通化工有限公司
27 山东莱国盐化有限公司
28 东营莱工贸有限公司
29 中国石化股份胜利科油田公司河河采油厂
30 山东广富盐实业股份有限公司
31 东营广富盐油体有限公司
32 东营沾西港区#3、#4液体化工作业区
33 东营港西港区#5、#6、#7液体化工作业区
34 光市垦海天原化工有限公司海业厂
35 光市永康化学第二分公司溴素
36 光市永发化工有限公司溴素
37 光市宜金林化工有限公司溴素
38 光市宜宇化工有限公司溴素
39 光市万泰化工有限公司溴素
40 光市城区化学仓物质中心
42 建安西港区海丰化工仓物所中心
43 威海石港化工油厂
44 建安山进区荣海X10000M#液体散货卸油
14 日照临山山进区中伴业股份有限公司
16 山东安东旅业股份有限公司罐区
18 滨港务有限公司罐区
19 滨港务有限公司罐区
50 山东联海工仓储有限公司码头和油坞位
51 山东联海工仓储有限公司罐区
52 建澳林业有限公司罐区
53 威滨海码有限公司罐区
54 中锦新材料有限公司
56 盈大连港有限公司码头
57 大连港海江化工有限公司码头
58 大连港油石工程有限公司
59 盈大化石气大连有限公司仓储库
62 天津港大化有限公司仓储库
64 天津大沽化工股份有限公司码头
65 南港石化小区、66#中化天津港石化仓储库
67 天津新工公石油有限公司码头
68 营唐唐港液体化工业区
69 营唐唐港液体化工码头

附图8　北海区近岸海域高风险分布

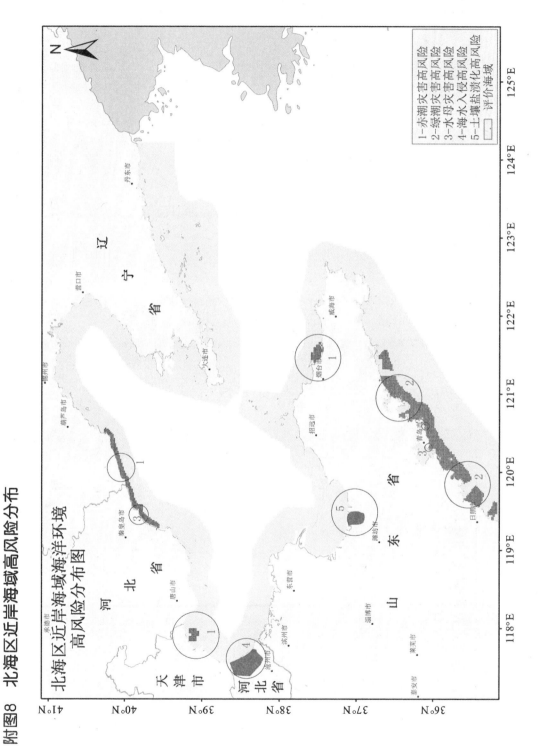

北海区近岸海域海洋环境高风险分布图

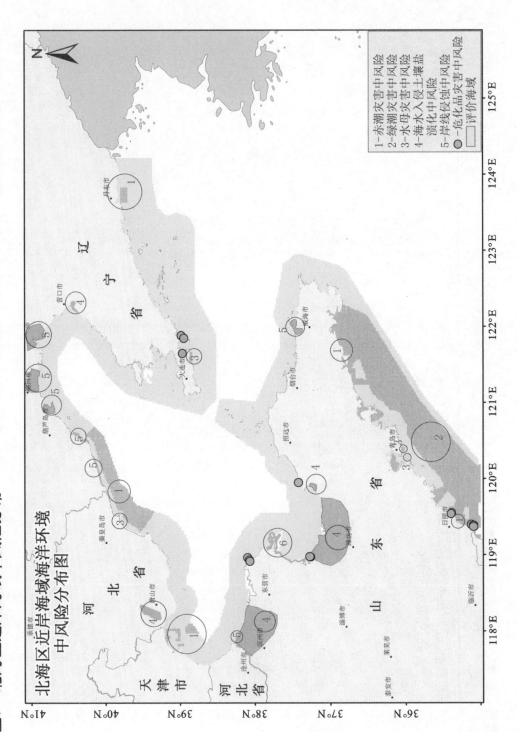

附图9　北海区近岸海域中风险分布